Zu diesem Buch

«Nicht minder verrückt als ‹lluminatus!›. Inspiriert vom Katzenexperiment des Quantenphysikers E. Schrödinger führt uns der Autor in ‹Das Universum nebenan›, in Science-fiction-artige Gefilde. Politiker werden zu Verschwörern, Kriminelle zu Gurus, Sex zum reinen ‹Plastikorgasmus›, Geschichte zum unendlichen Verwirrspiel. Das von ätzendem Humor und subversivem Gedankengut durchdrungene, scheinbar unrealistische Puzzle wird zu einem erschreckenden, faszinierenden und realistischen Spiegel einer beinahe schon ausgeflippten (amerikanischen) Gesellschaft.» («Die Weltwoche»)
«Schrödingers Katze ist ein Frontalangriff auf Ihre Lachmuskeln und Ihre Intelligenz.» («Südwest Presse»)
Robert Anton Wilson, geboren am 18. Januar 1932 in New York, studierte Mathematik, Elektrotechnik, Englisch, Pädagogik und graduierte schließlich in Psychologie. Nach diversen Jobs, unter anderem als Mitarbeiter von «Playboy», ist er heute Vizepräsident des Institute for the Human Future in Berkeley. Berühmt wurde er durch die zusammen mit Robert Shea geschriebene, inzwischen legendäre Pop-Trilogie «Illuminatus! – Das Auge in der Pyramide» (rororo Nr. 22271), «Illuminatus! – Der goldene Apfel» (rororo Nr. 22272) und «Illuminatus! – Leviathan» (rororo Nr. 22273).
Von Robert Anton Wilson erschienen als rororo-Taschenbücher außerdem: «Die Illuminati-Papiere» (Nr. 15191) und «Cosmic Trigger» (Nr. 15649).

Robert Anton Wilson

Schrödingers Katze
Das Universum nebenan

Eine spektakuläre Unwirklichkeit
und ganz anders als jene, die Alice
(im Wunderland) sah.

Aus dem Amerikanischen
von Pociao

rororo

Rowohlt

8. Auflage November 2001

Veröffentlicht im Rowohlt Taschenbuch Verlag GmbH,
Reinbek bei Hamburg, Januar 1984

Umschlaggestaltung Berndt Höppner
Gesetzt aus der Times Lasercomp bei LibroSatz, Kriftel
Druck und Bindung Clausen & Bosse, Leck
Printed in Germany
ISBN 3 499 15287 8

In Wirklichkeit schläfst du.
Du träumst nur, daß du wach bist.

Terranische Archive, 2803:

New York war ein Stadtstaat oder eine Insel im Mittelwesten von Unistat. Es scheint ein Zentrum religiöser Verehrung gewesen zu sein; viele kamen hierher und wanderten, vermutlich in tiefe Meditation versunken, in einer riesigen weiblichen Statue herum, wahrscheinlich eine Göttin dieser Primitiven. Viele Sachverständige identifizierten diese Gottheit als Columbia, Marilyn Monroe, Liberty oder Motherfucker – alles Namen, die in den Schriften von Unistat häufig vorkommen. Ihr wahrer Name wird vielleicht niemals bekanntwerden.

Der echten Miss Portinari

Caveat Lector

Die drei Bände von *Schrödingers Katze* können in beliebiger Reihenfolge gelesen werden.
Das heißt, dieser Band kann vor, nach oder zwischen den Folgen *Der Zauberhut* oder *Die Brieftauben* gelesen werden.
Außerdem können diese Bände vor oder nach den drei Folgen der *Illuminatus*-Triologie und vor oder nach *Die Masken der Illuminaten* gelesen werden.
Der Autor dankt Dr. Blake Williams für die Erlaubnis, Material aus seinen Gesprächen, Briefen, Tagebüchern usw. zu zitieren, das für Dr. Williams' zwölfbändige Studie *Quantum Physics as a Branch of Primate Psychology* bestimmt ist.
Alles in diesem Buch ist Fiktion. Es hat niemals eine *People's Ecology Party* oder eine terroristische Vereinigung namens P. O. E. gegeben. Die Regierungen von Lousewart und Hubbard sind erfunden. Es gibt kein verschwundenes Plutonium, und Einstein, Malik, Bohr, Wildeblood, Chaney und Schrödinger existieren nur in der Phantasie. Staatsmänner lügen nicht, religiöse Führer sind niemals Diebe, und den Buddhisten zufolge habe ich das alles erfunden – innerhalb und außerhalb des Buches.
Manche der in diesem Band offengebliebenen Fragen werden in *Der Zauberhut* und *Die Brieftauben* beantwortet.
Im Anhang findet sich ein Glossar für Leser, denen die Quantenphysik noch eine Nummer zu groß erscheint.

Cave Canem

Robert Anton Wilson

Schrödingers Katze

Nicht ehe das Männliche weiblich
und das Weibliche männlich wird,
sollt ihr das himmlische Königreich erlangen.

Jesus, *Thomas-Evangelium*

Ouvertüre

Als Joe Malik beschloß, nicht länger den Herausgeber für das *Confrontation*-Magazin zu spielen, sondern statt dessen einen Roman zu schreiben, war er vierundsechzig Jahre alt und ging auf die dreißig zu.

Das lag an der FOREVER-Formel.

Joe hatte so was ähnliches wie FOREVER erwartet, aber als es dann tatsächlich auf den Markt kam, war er doch ein bißchen überrascht. Nach seinem sechzigsten Geburtstag hatte er sich schon bekümmert damit abgefunden, daß es für ihn eh zu spät sein würde. Als es dann ein Jahr später in den Drugstores auftauchte, gehörte er zu den ersten Kunden.

Sobald er realisiert hatte, daß ein ganz neues Leben vor ihm lag, erinnerte sich Joe daran, daß er einmal Romanschriftsteller werden wollte, ehe er sich damit abgefunden hatte, daß er regelmäßig Geld verdienen mußte. Aber das lag schon zweieinhalb Ehefrauen zurück, seine Kinder waren erwachsen, und er war jetzt endlich frei.

Das Haus, das Joe in Cos Cob kaufte, stammte noch aus der Kolonialzeit und verschlang fast ein Drittel seiner Ersparnisse, aber es war genau der Ort, den ein Schriftsteller seiner Meinung nach zum Schreiben brauchte. Es gab einen Fluß in der Nähe, sogar mit Enten, und einen Vorortzug, der ihn nach Manhattan zurückbrachte, wenn ihm der Sinn nach intellektueller Aufmunterung stand; und der Schnee von Connecticut war diesen Winter so weiß wie die Schaumkronen von Tahiti.

Joe fing mit einer recht vagen Vorstellung an: Er würde einen Roman über einen Mann schreiben, der einen Roman schrieb. Er beschloß, seinen Protagonisten Robert Anton Wilson zu nennen. Das Ganze bildet einen hübschen Kreis – WASP am Anfang und am Ende, aber geheimnisvoll südosteuropäisch in der Mitte. Als nächstes beschloß Joe, Wilson in Kalifornien anzusiedeln, mitten im Zentrum der evolutionären Kräfte, die den Planeten veränderten.

Um Wilsons Bewußtsein zu erweitern, versetzte Joe ihn nach Berkeley, also dahin, wo's wirklich rundgeht, und ließ ihn im Schmelztiegel der Ewigen Revolution schmoren. Ein Haus hoch über den Hügeln von Berkeley verschaffte ihm die nötige Perspektive; von dort aus überblickte er vier wimmelnde menschliche Ameisenhaufen – Berkeley, Oakland, San Francisco und Daly City. Er gab ihm eine Frau und vier Kinder, um ihn an harte Arbeit zu gewöhnen, und überhäufte ihn mit jeder Menge Schwierigkeiten, damit Wilson einen Sinn für Ironie entwickeln konnte.

Dann setzte er den Schriftsteller an die Arbeit.

Wilson begann mit seiner Komödie über Quantenphysik, die er *Schrödingers Katze* nannte.

Unglücklicherweise ließ er aus einer perversen Laune heraus auch Malik als eine der Figuren im Buch auftreten. Das führte schnell zu Komplikationen: Malik fand es reichlich verwirrend, gleichzeitig inner- und außerhalb des Buches zu leben.

Aber schlimmer noch, er traf all seine Freunde wieder, und sogar Leute, die er nur flüchtig kennengelernt hatte. Alle irgendwie abscheulich und pervers *verändert,* und zwar in einer derart makabren Art und Weise, daß sie ihm beinahe wie Karikaturen vorkamen. Und einige, Joe selbst eingeschlossen, hatten sich so total verändert, daß es schon fast an Surrealismus grenzte.

Er fing an zu glauben, daß Wilson zuviel Ironie entwickelt hatte und sich darüber ärgerte, eine Romanfigur zu sein. Er schien zu versuchen, Malik die Kontrolle über das Buch zu entreißen.

Langsam und unmerklich schien die Illusion Wirklichkeit zu werden. Joe begann sich mit seiner Rolle im Buch zu identifizieren. Allmählich glaubte er, daß Wilson *ihn* geschaffen hatte. Er saß in seiner eigenen Falle.

Klappe 1

Reinheit der Substanz

Das Universum spaltet sich beständig in eine gewaltige Anzahl von Unterabteilungen, die alle aus den messungsgleichen Wechselwirkungen zwischen den Myriaden seiner Komponenten resultieren. Außerdem spaltet jeder Quantenübergang, der auf irgendeinem Stern, in irgendeiner Galaxie im entferntesten Winkel unseres Universums stattfindet, unsere lokale Welt auf der Erde in Myriaden von Kopien ihrer selbst.

Bryce S. DeWitt, «Quantenmechanik und Realität», *Physics Today,* September 1970

Schau nicht zurück

Geschichte ist ein Alptraum, aus dem keiner von uns erwachen kann.

Stephen Prometheus in C. G. Jungs *Odysseus*

Die Mehrheit der Terra-Bewohner hatte sechs Beine. Sie hatten Territorialstreitigkeiten und Politik und Kriege und ein Kastensystem. Außerdem verfügten sie über soviel Intelligenz, daß sie es schafften, mehrere Milliarden Jahre auf diesem öden Klotz von Planeten zu überleben.

Aber wir beschäftigen uns ja hier nicht mit der Mehrheit der Terra-Bewohner. Wir befassen uns nur mit einer winzigen Minderheit – den domestizierten Primaten, die Städte bauten, Symphonien schrieben und Dinger wie *tic-tac-toe* und die Integralrechnung erfanden. Zur Zeit unserer Geschichte hielten sich diese Primaten für *die* Terra-Bewohner schlechthin. Die sechsbeinige Mehrheit und andere Lebensformen auf diesem Planeten kamen in ihrem Denken fast gar nicht vor.

Die zivilisierten Primaten von Terra hatten eine verächtliche Bezeichnung für die sechsbeinige Mehrheit. Sie nannten sie «Wanzen».

Es gab eine Spezies auf Terra, die in enger Verbindung mit den domestizierten Primaten lebte. Das war eine Abart der domestizierten Raubtiere, die *Hunde*. Die Hunde liebten die Primaten sehr, und jede Spezies hatte eine Menge von der anderen gelernt, indem sie sie nachahmte.

Die Hunde hatten gelernt, so etwas Ähnliches wie *Schuld, Vorwurf, Trauer* und andere Eigenschaften der domestizierten Primaten zu simulieren.

Die domestizierten Primaten hatten gelernt, *Treue, Würde, Heiterkeit* und andere Eigenschaften dieser Raubtiere nachzuahmen.
Die Primaten behaupteten, die Hunde genausosehr zu lieben wie die Hunde sie liebten. Trotzdem behielten die Primaten das beste Fressen für sich. Die Hunde bemerkten das natürlich sofort, soviel war sicher, aber sie liebten die Primaten so innig, daß sie ihnen verziehen.

Ein Hund wurde berühmt. Eigentlich waren er und sie eine Gruppe von Hunden, aber unter dem Namen Pawlowsche Hunde erlangten sie kollektives Ansehen.
Die Sache mit dem Pawlowschen Hund war die, daß er oder sie automatisch auf automatisch verabreichte Stimuli reagierten. Der Pawlowsche Hund war auch der Grund dafür, daß ein paar domestizierte Primaten, besonders die Wissenschaftler, glaubten, das Verhalten aller Hunde wäre gleichermaßen mechanisch. Das brachte sie dazu, auch über andere Säugetiere, einschließlich sich selbst, nachzudenken.
Die meisten Primaten ignorierten jedoch diese philosophische Herausforderung. Sie kümmerten sich um ihren eigenen Kram, in der festen Überzeugung, daß *sie* nicht mechanisch reagierten.

Die Tatsache von dem verschwundenen Plutonium sickerte Mitte der siebziger Jahre zum erstenmal durch. Zuerst schwappte eine kleinere Welle von Panik über diejenigen, die sich gewöhnlich über solche Sachen aufregten, und es machten sogar ein paar deftige Sprüche über eine Regierung die Runde, die so inkompetent war, daß sie nicht mal die Kontrolle über ihre eigenen Superwaffen behalten konnte.
Die Terraner, eine dumpfe und schläfrige Rasse, hörten einfach auf,

sich den Kopf darüber zu zerbrechen. Der entscheidende Mechanismus für die zerstörerischste Waffe, die auf diesem trägen Planeten je erfunden worden war, befand sich in unbekannten Händen, richtig, aber dieser Gedanke war auch nicht beunruhigender als die Tatsache, daß viele der bekannten Hände, die Zugang zu Plutonium hatten, zu Personen gehörten, die keineswegs in jeder Beziehung vernünftige Menschen waren. (Vgl. *Terranische Archive:* Nixon, Richard Milhouse, Karriere).

Selbstverständlich konnte sich jedermann an das Gemetzel bei den Olympischen Spielen von 1972 in München erinnern, als die Organisation Schwarzer September, eine Splittergruppe der Palästinensischen Befreiungsfront, einen Haufen unschuldiger Sportler und Zuschauer erschossen hatte, um die Weltöffentlichkeit auf ihre eigenen Probleme aufmerksam zu machen. Oder an den Fall Patty Hearst von 1973 und diverse Diplomaten und Industriebosse, die von irgendwelchen Schwachköpfen entführt oder hingerichtet worden waren. Aber trotzdem wollte niemand daran glauben, daß derart wunderliche Gestalten in den Besitz des nun schon lange verschwundenen Plutoniums kommen oder sich in den Kopf setzen könnten, dieses Material in einer noch viel übleren Weise zu mißbrauchen, als es die Unistat-Regierung in Hiroshima und Nagasaki getan hatte.

Solche Gedankengänge führten mit ziemlicher Sicherheit zu Schlaflosigkeit, und die irdischen Primaten waren nun mal eine Rasse, die sehr zum Schlafen und Träumen neigte; tatsächlich behauptete G. I. Gurdjieff, ein galaktischer Geheimagent, der lange Zeit unter ihnen gelebt hatte, daß die Terraner die meiste Zeit schliefen – sogar wenn sie träumten, wach zu sein.

Die Philosophie der Primaten in jener Epoche wurde von einem ihrer populärsten Helden, Mr. Satchel Paige, in dem Aphorismus «Schau nicht zurück, etwas könnte an dir profitieren», zusammengefaßt. Das war eine bequeme Philosophie für schlafsüchtige Menschen.

Das Plutonium wurde zu immer höheren Preisen gehandelt und vermarktet.

Die Mehrheit der Primaten döste weiter.

Für die Verwendung atomarer Waffen wurde im allgemeinen ein Primat namens Albert Einstein verantwortlich gemacht. Sogar Einstein selbst hatte sich dieser Meinung angeschlossen. Er war Pazifist und machte sich schreckliche Vorwürfe darüber, was mit seinen wissenschaftlichen Entdeckungen geschehen war.
«Ich hätte besser Klempner werden sollen», sagte Einstein kurz vor seinem Tod.
In Wirklichkeit war die Entdeckung der Atomenergie das Resultat aus der Arbeit jedes einzelnen Wissenschaftlers, Handwerkers, Ingenieurs, Technikers, Philosophs und Hanswursts, der je auf Terra gelebt hatte. Die Nutzung von Atomenergie als *Waffe* war das Resultat aller politischen Entscheidungen, die seit den ersten Territorialstreitigkeiten unter den Wirbeltieren getroffen worden waren.
Die meisten Primaten auf Terra verstanden nichts von den komplizierten Zusammenhängen der Kausalität. Sie bildeten sich ein, alles sei auf *eine einzige* Ursache zurückzuführen. Dieser simple philosophische Irrtum war auf dem Planeten so weit verbreitet, daß die Primaten sich angewöhnt hatten, sich und den anderen Primaten mehr Ruhm als verdient zuzuschustern, solange alles gutging. Das machte sie übermäßig eingebildet.
Sie gaben sich und den anderen aber auch mehr Schuld, als sie verdienten, wenn die Dinge schlecht standen. Und das wiederum verursachte ihnen kolossale Schuldkomplexe.
So ist das normalerweise immer auf primitiven Planeten, die die Quantenkausalität noch nicht begriffen haben.

Auf Terra wurde die Quantenkausalität erst verstanden, als die Physiker das Rätsel von Schrödingers Katze lösten.
Schrödingers Katze wurde bei der Masse der Primaten nie so

berühmt wie der Pawlowsche Hund, aber das lag daran, daß eine Katze schwerer zu verstehen ist als ein Hund.
Der Pawlowsche Hund ließ sich in einfachen mechanischen Metaphern begreifen. Um Schrödingers Katze zu verstehen, mußte man erst mal die Gleichungen der Quanten-Wahrscheinlichkeitswellen kapiert haben. Nur wenige Primaten waren so auf Draht, daß sie die Gleichungen lesen konnten, und nicht mal die verstanden sie. Das lag daran, daß diese Gleichungen zu besagen schienen, daß die Katze tot und gleichzeitig lebendig war.

Jede Figur in diesem Buch sieht von einem bestimmten Blickwinkel aus wie ein Pawlowscher Hund. Wenn man ihn oder sie jedoch aus einer anderen Perspektive betrachtet, sieht man Schrödingers Katze.

Der Heimwerker

> O Gott mir ist es gleich was sie alle sagen diese Intellektuellen ich fragte sie wer hat die Welt geschaffen wenn nicht Gott können sie das beantworten natürlich nicht Gott wie sein Schwanz sich anfühlte in mir ein endloser Tag Gott und diese hübschen Rosen Gott
>
> Molly Blumenkraft in C. G. Jungs *Odysseus*

Schon 1976 druckte eine Gruppe von Paranoikern aus Chicago mit dem Namen Nihilistische Anarchistenhorde (NAH) ein einfaches Poster mit Anweisungen zur Herstellung von Atomwaffen. Sie verschickten sie in Umschlägen ohne Absenderangabe an die aggressivsten und verbittertsten Personen und Gruppen der Vereinigten Staaten. Die NAH betrachtete diese Versandaktion als Witz und Warnung zugleich und weigerte sich, die Tatsache anzuerkennen, daß sie die Adressaten damit natürlich auch anstachelte. Wenn ihre Art von Humor im nachhinein geschmacklos wirkt, so müssen

wir uns vor Augen halten, daß die siebziger Jahre ein ungewöhnlich schizoides und gewalttätiges Jahrzehnt waren.
Die NAH hatte auch schon Aufkleber verschickt; darauf standen Sprüche wie:

REGISTRIERT KAPITALISTEN, NICHT WAFFEN!

oder

HUPEN SIE, WENN SIE BEWAFFNET SIND!

oder

FRESST DIE REICHEN BONZEN!

Sie hatten sogar einen Gummistempel und verschönerten damit die Werbeflächen in der Subway mit nihilistischen Slogans: BEWAFFNET DIE ARBEITSLOSEN: SILVESTERAUFSTAND IM STADION.
Aber mit dem Atomwaffen-zum-Selbermachen-Poster, das den Titel «Bastelbogen Nr. 4» hatte, übertrafen sie sich selbst. So sah es aus:

BASTELBOGEN Nr. 4 aus einer Serie von 30. Sammelt sie alle!
EINE EINFACHE ATOMBOMBE
FÜR DEN HEIMWERKER

Es ist nichts Kompliziertes an einer Atom- (oder Neutronen-) bombe. Wenn genug Spaltmaterial (Uran 235 oder Plutonium 239) zusammengebracht wird, um eine kritische Masse zu bilden, explodiert es. Der Trick besteht darin, die Teile so schnell zusammenzubringen, daß es zu einer ordentlichen Detonation kommt, bevor die Bombe sich selbst zerfetzt. Das ist mit Hilfe von gewöhnlichen Sprengstoffen relativ einfach (siehe unten).
Man schätzte später, daß die Nihilistische Anarchistenhorde, bei der die meisten Mitglieder von der Fürsorge lebten, im Verlauf der nächsten vier Jahre (1976–1980) nur etwa 200 000 Exemplare verschicken konnte, ehe ihr das Projekt zu langweilig wurde. Bei den Postgebühren dieser Zeit kostete sie das alles zusammen rund 26 000 Dollar, und auch nur die Tatsache, daß viele von ihnen «mehrfach stempeln gingen» (d. h. Fürsorge von verschiedenen Staaten gleichzeitig erhielten), ermöglichte ihnen eine solche Leistung.

Viele der gleichermaßen paranoiden und aggressiven Personen, die das Poster in ihrem Briefkasten fanden, hatten jedoch Zugang zu Fotokopierern und waren genauso verzweifelt wie die Mitglieder der NAH selbst. Man schätzte später, daß um 1981 über zehn Millionen Exemplare des «Bastelbogens Nr. 4» im Umlauf waren. Schließlich erreichte eins von ihnen die P. O. E.-Gruppe, die auf eine solche Idee nur gewartet hatte. Der Planet als solcher döste weiter.

Der Nihilismus war im 19. Jahrhundert in Rußland erfunden worden. Es war eine Philosophie, die sich auf Materialismus, Skeptizismus und der leidenschaftlichen Forderung nach sozialer Gerechtigkeit begründete. Natürlich dauerte es nicht lange, bis ein paar Geistesgestörte daraus einen Vorwand für Gewalt gemacht hatten und Nihilismus ein Synonym für Schrecken geworden war.
Mit dem Anarchismus verhielt es sich ähnlich. Er war im 19. Jahrhundert in Frankreich erfunden worden und basierte ebenfalls auf Materialismus, Skeptizismus und der leidenschaftlichen Forderung nach sozialer Gerechtigkeit. Er faszinierte dieselben Typen wie der Nihilismus und geriet ebenfalls schnell in Verruf.
Die Nihilistische Anarchistenhorde bildete sich ein, mit der Wahl dieses Namens den gesunden und vernünftigen Kern von Nihilismus und Anarchismus wiederherzustellen. In Wirklichkeit machten sie sich selbst was vor. Sie kosteten es nämlich nach Strich und Faden aus, mit ihrem Namen jedermann in Panik zu versetzen.

Alternative Texte

Genau das ist der Sinn des gesunden Menschenverstands – verrückt zu werden.

Eric Temple Bell,
Mathematik: Die Königin der Wissenschaften.

Galaktische Archive:

Der ursprüngliche Titel eines Großteils dessen, was wir mit diesem Werk unter dem Titel *Schrödingers Katze* vorliegen haben, lautete *Das Universum nebenan.* Das Buch wurde als Fortsetzung von *Illuminatus!* geplant, aber nachdem mehrere Lektoren hintereinander bei der Lektüre Nervenzusammenbrüche erlitten, ordneten die Verleger in ihrer Not an, daß sämtliche Manuskripte von Robert Anton Wilson mit diesem Titel ungeöffnet an ihn zurückgeschickt wurden. Ein paar fotokopierte Exemplare zirkulierten daraufhin unter Wilsons Bewunderern in der Gegend von Houston, Texas (der Region, die heute West-Mexico heißt). Abgesehen von solchen okkulten Kreisen erfuhr jedoch kein Mensch etwas von ihrer Existenz.

«Im allgemeinen wollen die Leute gar nicht, daß eine neue Form der Prosaerzählung den abgedroschenen ‹Roman› ablöst», schrieb Wilson in einem Brief an seinen Freund Malaclypse den Jüngeren. «Seit *Odysseus* hat es auch keinen ernst zu nehmenden Versuch dazu gegeben.» Dabei ließ er *Illuminatus!* ganz bewußt aus dem Spiel, das er (in der bei Bell* erschienenen verstümmelten Form) als Katastrophengattung oder das literarische Äquivalent eines Autobahnunfalls mit fünf Wagen ansah.

Schrödingers Katze, Reinschrift Nr. 2 verarbeitete, Wilsons Schülern zufolge, späteres und noch bizarreres Material, dessen Inhalt

* In jenen primitiven Zeiten beuteten kapitalistische «Eigentümer» von Druckereien und Verlagen die Autoren genauso erbarmungslos aus wie kapitalistische «Eigentümer» von Fabriken die Arbeiter ausbeuteten. Wilson konnte nie verwinden, daß Bell *Illuminatus!* um 500 Seiten gekürzt hatte. Graffitis wie «Die Buchindustrie ist der Himmel des Verlegers und die Hölle des Autors», die über ganz Kalifornien verteilt aufgefunden wurden, werden von manchen Quellen dem alten Barden zugeschrieben.

Wilson angeblich von einer hündischen Intelligenz – «überwältigend, cool und unsympathisch» – aus dem System des Hundssterns Sirius diktiert wurde. *Schrödingers Katze, Reinschrift Nr. 3* erschien erst viel später, im Jahre 2031, unter mysteriösen Umständen. Man behauptete damals, Wilson hätte es nach seinem melodramatischen Abgang von dieser Welt im Jahre 1993 in einer Trancesitzung einem Medium übermittelt. Skeptiker haben immer wieder darauf hingewiesen, daß das angebliche Medium es in Wahrheit in einer alten Tamponschachtel auf seinem Speicher gefunden hatte. Bei der Legende, daß das Manuskript nach dem Erdbeben von 2005 aus dem Auditorium der Freimaurerloge in San Francisco gerettet und unter Adepten verschiedener okkulter Gruppen verteilt worden war, handelt es sich höchstwahrscheinlich um eine Erfindung.

Diverse Alternativtexte, allgemein als Fälschungen bezeichnet, waren zu bestimmten Zeiten im Umlauf, und viele von Wilsons Schülern diskutieren hitzig darüber, ob dieses letzte Manuskript wirklich entweder ganz oder teilweise Wilsons Arbeit ist. Die akademische Diskussion hat sich im Moment dahingehend geeinigt, daß hier mindestens zwei Autoren am Werk waren, deren Absichten einander oft widersprechen.

Das vorliegende Manuskript vereinigt das gesamte Material, das ohne jeden Zweifel von Wilson stammt, mit Teilen, die so sehr nach Wilson klingen, und so eigenartig beschaffen sind, daß der zuständige Lektor sie als «wahrscheinlich, wenn auch mit einigen Bedenken von Wilson stammend» einstuft.

Bleibt nur noch, darauf hinzuweisen, daß *Schrödingers Katze* im Gegensatz zu ihrem Äußeren, nicht bloß eine «Routinestory» oder ein «surrealistischer Witz» ist. Trotz seines schlechten Rufs und seiner wohlbekannten Überspanntheiten war Wilson einer der letzten wissenschaftlichen Schamanen in der primitiven, irdischen Phase des grausamen und mächtigen Unistat-Reiches. Das ist vielleicht schwer zu verstehen, wenn viele Schüler des Establishments es auch heute noch leugnen, daß es so etwas wie wissenschaftlichen Schamanismus im 20. Jahrhundert überhaupt gegeben hat. Es ist jedoch reich dokumentiert, daß Wilson, Leary, Lilly, Crowley, Castaneda und viele andere das Studium und die Erforschung des wissenschaftlichen Schamanismus rigoros betrieben, selbst dann noch, als sie schon der Verfolgung der «neurologischen Polizei» ausgesetzt waren, die charakteristisch für diese barbarische Epoche war.*

Man hat sogar behauptet, daß *Schrödingers Katze* im Grunde ein Handbuch des Schamanismus in Form eines Romans ist, doch ist diese Deutung mit einiger Sicherheit übertrieben.

Noch ein Monat

Unreife Humoristen leihen, reife Humoristen stehlen.

Mark Twain

Am 1. Dezember 1983 setzte sich Benny «Eggs» Benedict, ein populärer Kolumnist der New Yorker** *News-Times-Post,* an seinen Schreibtisch, um seinen täglichen Essay zu schreiben. Wie es seine Gewohnheit war, atmete er tief aus, entspannte jeden einzelnen Muskel und zwang sein Gehirn langsam dazu, jeden Formulierungsversuch zu stoppen. Als er die absolute Leere erreicht hatte, wartete er auf das, was auftauchen würde, um das Vakuum zu erfüllen. Es war die Zeile:

Noch ein Monat bis 1984

Benny schaute auf den Kalender. Was als nächstes passierte, hätte ein Comiczeichner mit einer Glühbirne dargestellt, die plötzlich

* Vgl. «Heimliche Transmitter-Forschung unter der Heiligen Inquisition und der DEA» des Herausgebers in: Archiv der Allgemeinen Archäologie, Vol. 23, Nr. 17. Die angebliche Widerlegung durch Prof. Jubelo in der folgenden Ausgabe ist ein offenkundiger Versuch zur Verschleierung.

** *Galaktische Archive:* New York war ein unabhängiger Stadtstaat im Nordwesten von Unistat. Er war berühmt für seine stinkenden Viehhöfe, seine bedeutende Filmindustrie und sein riesiges phallisches Monument, das «Washington» gewidmet war, dem Fruchtbarkeitsgott, der angeblich in fast jedem Teil von Unistat schlief, gewöhnlich mit menschlichen Frauen und dabei solch halbgöttliche Nachkommen wie den gigantischen Paul Bunyan, den patriotischen General Motors, den Gaunergott Nixon und den lustigen Micky Maus zeugte, der als Wahrzeichen der Stadt Disneyland begann und schließlich zur bedeutendsten Gottheit von ganz Unistat avancierte.

über seinem Kopf schwebte. Er fing an, auf die Schreibmaschine einzuhämmern und stellte einen Vergleich zwischen der aktuellen Lage der Welt und Orwells Vision auf.
Die Story erschien am nächsten Tag unter dem Titel «Noch ein Monat» und wurde von rund zehn Millionen Menschen gelesen, denn die *News-Times-Post* hatte sich als einzige Tageszeitung für die zwanzig Millionen Einwohner der sechs Bezirke von New York behaupten können. Neun Millionen von den zehn Millionen Lesern waren leicht paranoid. Das war die natürliche ökologische Folge einer Zusammenballung so vieler Primaten auf einem derart beschränkten Raum. Die meisten von ihnen stimmten den pessimistischen Ausführungen Benedicts zu, dessen Kolumne demonstrierte, wie exakt Orwells Prophezeiungen gewesen waren.
«Noch ein Monat» wurde zum Schlagwort, das die Frustrationen vieler Menschen über alles mögliche auf einen kurzen Nenner brachte. «Noch ein Monat» – hörte man bald überall; es erreichte Chicago am zehnten Dezember, San Francisco am vierzehnten und wurde am sechzehnten sogar in Bad Ass, Texas, zitiert.
Am 23. Dezember veröffentlichte der Londoner *Economist* einen wissenschaftlichen Abriß über die historische Entwicklung der Welt von 1949, als Orwells Buch erschienen war, bis zur Gegenwart, und führte Dutzende von Parallelen zwischen Orwells Fiktion und dem Alptraum des jetzigen Planeten an.
In Paris äußerte ein prominenter Existentialist in einem Interview, daß es immer noch besser sei, in einem Buch zu leben, selbst wenn es das Werk eines englischen Masochisten wie Orwell war, als in der Realität. «Kunst hat eine Bedeutung, aber die Realität hat keine», meinte er zuversichtlich.
Am folgenden Tag veranstalteten die zwölf übriggebliebenen Surrealisten ein Ritual, in dessen Verlauf sie den Existentialisten symbolisch erhängten. Das war die Strafe für die sogenannte «Ketzerei», zwischen Realität und Phantasie einen Unterschied zu machen. Sie gaben sogar eine Pressemitteilung heraus, in der sie die bloße Idee von der Existenz einer Realität öffentlich ablehnten. «‹Realität› ist ein Konzept», erklärten sie, «das Psychiater, Kaufleute, logische Positivisten und andere Geistesgestörte vom Mystizismus ausgeliehen haben – und da die Mystiker völlig pleite sind, sind sie weiß Gott nicht in der Position, irgendwem irgendwas auszuleihen.»

Die sechsbeinige Mehrheit auf Terra wurde nie um ihre Meinung gebeten, als die domestizierten Primaten daran gingen, Waffen zu produzieren, die sämtliche Lebensformen auf diesem Planeten vernichten konnten. Das war nicht ungewöhnlich. Auch Fische, Vögel, Reptilien, Blumen, Bäume und nicht mal die anderen Säugetiere hatten das Recht, sich zu diesem Thema zu äußern. Man schloß sogar die wilden Primaten von der Entscheidung, derartige Waffen zu produzieren, aus. In Wirklichkeit hatte selbst ein Großteil der domestizierten Primaten nie ein Mitbestimmungsrecht in dieser Angelegenheit.

Eine Handvoll *Alpha-Männchen* aus den führenden Räuberbanden der domestizierten Primaten hatte die Entscheidung allein getroffen. Alle anderen Lebewesen auf dem Planeten – einschließlich der sechsbeinigen Mehrheit, die an der Politik der Primaten noch nie beteiligt worden war – mußten zusehen, wie sie mit den Konsequenzen fertig wurden.

Die meisten domestizierten Primaten auf Terra hatten keine Ahnung davon, daß sie Primaten waren. Sie hielten sich für etwas anderes und «Besseres» als den Rest des Planeten. Selbst Benny Benedict ging in seiner Kolumne «Noch ein Monat» davon aus. Benny hatte zwar Darwin gelesen, aber das war im College gewesen und schon eine Weile her. Er hatte dort auch von Wissenschaften wie Ethologie und Ökologie gehört, aber die Fakten der Evolution waren ihm nie richtig klargeworden. Er hielt sich keineswegs für einen Primaten und hatte auch noch nie bemerkt, daß seine Freunde und Bekannten welche waren. Vor allem erkannte er nicht, daß die *Alpha-Männchen* von Unistat typische Anführer von Primatenbanden waren. Als Folge dieser Unfähigkeit, das Offensichtliche zu sehen, war Benny ständig über sein eigenes Verhalten, und das seiner Freunde, Bekannten und besonders der *Alpha-Männchen* bekümmert, manchmal sogar richtiggehend entsetzt. Weil er nicht wußte, daß dies ein ganz normales Primatenverhalten ist, erschien es ihm *einfach schrecklich*.

Da man einen ziemlich großen Teil des Primatenverhaltens einfach schrecklich fand, verbrachten die meisten domestizierten Primaten eine Menge Zeit damit, ihre Machenschaften zu vertuschen.
Einige Primaten wurden von anderen Primaten *erwischt*. Alle Primaten lebten in ständiger Angst, erwischt zu werden.
Diejenigen, die erwischt worden waren, nannte man *dreckige Scheißer*.

Die Bezeichnung dreckiger Scheißer war ein aufschlußreicher Ausdruck aus der Primatenpsychologie. Ein wilder Primat (eine Schimpansin), der zwei domestizierten Primaten (Wissenschaftler) die Zeichensprache beigebracht hatten, brachte beispielsweise spontan die Zeichen für «Scheiße» und «Wissenschaftler» zusammen, um einen Wissenschaftler zu beschreiben, den sie nicht ausstehen konnte. Die Schimpansin nannte ihn also «Scheißwissenschaftler». Ein anderes Mal signalisierte sie «Scheiße» und «Schimpanse» für einen Schimpansen, den sie nicht mochte. Sie nannte ihn «Scheißschimpanse».
«Du dreckiger Scheißer», beschimpften die Primaten sich oft.
Diese Metapher war tief in der Primatenpsychologie verwurzelt, denn Primaten markieren ihre Territorien mit ihren Exkrementen, und manchmal bewerfen sie sich sogar damit, wenn sie sich über ein bestimmtes Territorium streiten.
Ein Primat verfaßte ein dickes Buch, in dem er bis ins kleinste Detail schilderte, wie man politische Feinde bestrafen sollte. Er

stellte sie sich in einem riesigen Loch im Erdboden vor, das voller Rauch, Flammen und Strömen von Scheiße war. Dieser Primat hieß Dante Alighieri.
Ein anderer Primat lehrte, daß jeder Primatensäugling eine Phase durchläuft, in der er hauptsächlich mit Bio-Überleben beschäftigt ist, das heißt mit Nahrung, das heißt mit Mamas Titten. Er nannte das die Orale Phase. Als nächstes durchläuft der Säugling eine Phase, in der er die Politik der Säugetiere erlernt, das heißt den Vater (Alpha-Männchen) und dessen Autorität und Territorialansprüche akzeptiert. Das nannte er, mit einer Sensibilität, über die nur ganz wenige Primaten verfügten, die Anale Phase.
Dieser Primat hieß Freud. Er hatte sein eigenes Nervensystem auseinandergenommen und die Schaltkreise der einzelnen Komponenten untersucht, indem er ihren Aufbau in bestimmten Abständen mit Neurochemikalien veränderte.
Folgende Anal-Beleidigungen warfen sich die domestizierten Primaten an den Kopf, wenn sie um ihr Territorium kämpften: «Damit kannst du dir den Arsch abwischen», «Leck mich doch am Arsch», «Du steckst ja voller Scheiße» und viele andere.

Eins der meistbewunderten Alpha-Männchen im Königreich Franken war General Canbronne. General Canbronne verdankte diese Bewunderung einer Antwort, mit der er mal eine Aufforderung sich zu ergeben, pariert hatte.
«Merde», war die Antwort von General Canbronne.

Das Wort «Petarde» bedeutet eine Art Bombe. Es stammt aus derselben altenglischen Wurzel wie das Wort «fart».
General Canbronnes Mentalität war typisch für die Alpha-Männchen der militärischen Kaste.

Wenn Primaten in den Krieg zogen oder sonstwie gewalttätig wurden, sagten sie, sie würden ihren Feinden *die Scheiße aus dem Leib prügeln.*
Sie redeten auch davon, sich gegenseitig *fertigzumachen.*

Die Primaten, die Unistat mit Atombomben vermint hatten, planten, die anderen Primaten nach Strich und Faden *fertigzumachen.*

Boston Cream Pie

> Bewußtsein ist eine elektrochemische Funktion des Nervensystems. Führt man dem Gehirn eine neue chemische Substanz zu, so wird sich das Bewußtsein radikal verändern.
>
> Sigmund Freud, *Politik der Ekstase*

Bennys gesamte Lebensphilosophie war von einem pornographischen Roman, einem Mord und einem Boston Cream Pie geprägt.
Der Roman hieß *Odysseus,* und das Schockierendste an ihm, abgesehen von der beißenden Obszönität der Sprache, war die Tatsache, daß er von einem renommierten Theologen stammte, Hochwürden Carl Gustav Jung aus Zürich in der Schweiz. Als das Buch erschien, wußte kein Mensch, was man damit anfangen sollte, außer kräftig dagegen zu wettern.
Die Story bestand aus vierzehn Kapiteln und beschrieb vierzehn Stunden eines ganz gewöhnlichen Tages, an dem ein paar auffällige normale Charaktere mit auffällig normalen Geschäften durch Zürich spazierten. Als Jung erklärte, daß die vierzehn Kapitel mit den vierzehn Stationen des Kreuzwegs korrespondierten, überhäuften

konservative Kritiker ihn mit Flüchen und Vorwürfen. Später – sehr viel später – nahmen sich akademische Exegeten des *Odysseus* an, erklärten ihn zu *dem* Vorbild des modernen Romans überhaupt und verfaßten ellenlange Studien, um zu beweisen, daß es sich bei diesem Werk um eine Allegorie auf alles, von der Evolution des Bewußtseins bis zum Aufstieg und Zusammenbruch der Zivilisation handelte.

Benny verstand nicht viel von dem Geschreibsel der akademischen Kritiker, aber er wußte, daß der *Odysseus* für ihn das einzige Buch war, das es je geschafft hatte, das Alltägliche bedeutungsvoll erscheinen zu lassen. Und das war eine so glänzende Leistung, daß er vom Genie Jungs ein für allemal überzeugt war. Überdies ermutigte es ihn, in allem, was geschah, auf die eine oder andere Art etwas Wunderbares zu entdecken. Wenn Jungs Figuren, zumindest einige von ihnen, vierzehn Stunden lang scheißen, pissen, masturbieren und ficken konnten, dann nicht deshalb, weil der Theologe versuchte, Pornographie zu schreiben, sondern weil das Wunder des alltäglichen Lebens nicht ohne all diese alltäglichen Dinge dargestellt werden konnte. Benny scherte sich keinen grünen Pfifferling um die Parallelen des Romans zur *Odyssee* oder den Stationen des Kreuzwegs, die Jung angedeutet hatte, oder die vielen anderen Entsprechungen zu Körperorganen, Farben, Tarotkarten, I Ging-Hexagrammen und dem romantischen Dreieck in *Krazy Kat,* die seine Bewunderer entdeckt zu haben glaubten. Für ihn war das Bedeutendste an *Odysseus,* daß es beinah wissenschaftlich demonstrierte, daß kein Tag langweilig war.

Jung, der sich selbst für einen besseren Psychologen als die meisten anderen Psychologen hielt – das war eine für Theologen typische Einbildung –, behauptete, er habe außer Freuds oralem Bio-Überlebens- und analem Gefühls-Territorial-Schaltkreis noch drei weitere Schaltkreise im Nervensystem entdeckt. Er erklärte, daß sein *Odysseus* auch die Existenz eines Semantik-Hominid-Schaltkreises beweise, der einen Schleier aus Worten zwischen den zivilisierten Primaten und ihren Erfahrungen verursacht, und sie auf diese Weise von den wilden Primaten unterscheidet. Außerdem beanspruchte er die Entdeckung eines besonderen sozio-sexuellen Schaltkreises, der durch den Prozeß der Domestizierung entstanden ist. Und er fügte noch einen fünften, den neurosomatischen

Schaltkreis hinzu, der Mystizismus und Mystik eigentümlich ist und Primaten das Gefühl vermittelt, *high* oder *spaced-out* zu sein. Aber Benny machte sich aus all dem nichts. *Odysseus* war für ihn ganz einfach das Buch, welches das Leben so beschrieb, wie es wirklich ist, ohne Sentimentalität und Gefühle.

Der Mord veränderte diese Einstellung. Er zeigte Benny, daß jeder Tag für irgendwen auf der Welt auch ein schrecklicher Tag ist.

Am 23. Juli 1981 verließ Bennys Mutter, eine weißhaarige alte Dame von vierundachtzig Jahren, das Altersheim von Brooklyn, wo sie lebte, um einen Block weiter zum nächsten Supermarkt zu gehen. Auf dem Weg dorthin versuchte jemand, ihre Geldbörse zu stehlen, worauf sie den Dieb laut Augenzeugenberichten attackierte. Er stach siebzehnmal mit einem Pfadfindermesser auf sie ein. Als Benny in der Intensivstation des Hospitals eintraf, war sie schon tot, aber er konnte noch einen Blick auf ihren blutverkrusteten verstümmelten Körper werfen, ehe der diensthabende Arzt ihn sanft auf den Flur hinausschob und mit Tranquilizern vollpumpte.

Benny war psychologisch gelähmt, und zwar auf eine Art, die er selbst nicht ganz kapierte. In der fünften Dekade seines Lebens war er eigentlich an Kummer gewöhnt: Allein innerhalb der letzten zehn Jahre hatte er den Tod seines Vaters, seines älteren Bruders und drei seiner besten Freunde hinnehmen müssen. Aber Mord ist nicht nur eine neue Form von Schmerz, sondern auch eine metaphysische Botschaft; wie wenn gerade zu Beginn von Beethovens Fünfter das Schicksal an die Tür klopft. Jede Polizeisirene, jede Nachrichtensendung, jede wütende Stimme auf der Straße erinnerte ihn daran, daß er einer gefährlichen und gewalttätigen Spezies angehörte. Benny Benedict erkannte, daß in jeder Minute irgendwo auf der Welt irgend jemand verprügelt, gefoltert, erstochen, erschossen, aufgeschlitzt, erstickt, vergiftet, ermordet wurde.

Er konnte es nicht mehr aushalten, nachts allein zu sein. Der Grinsende Sadist fing an, ihn zu verfolgen.

Dieses entsetzliche Gespenst hatte sich durch viele Filme und TV-Melodramen der sechziger und siebziger Jahre in seine Nervenzellen gefressen. Der Grinsende Sadist überfiel sein Haus, manchmal allein und manchmal mit einer ganzen Bande gleichermaßen schwachsinniger und gemeingefährlicher Konsorten. Wenn man blind war, oder eine Frau, oder nachts allein blieb, dann war man

schon gefährdet, aber es konnte auch passieren, wie in *The Dangerous Hours,* daß er mit seiner brutalen Gang am hellichten Tag kam. Er begnügte sich nicht etwa mit einem einfachen Raubüberfall, obgleich der dazugehörte; sein eigentliches Ziel war Demütigung, Terror, Degradierung, Folter von Körper und Seele. Und ständig grinste er vor sich hin.
Bennys Arzt verschrieb ihm 5 mg Valium kurz vor dem Schlafengehen. Es half ihm einzuschlafen, aber wenn er wach war, klang trotzdem jedes Geräusch nach dem Grinsenden Sadisten, der sich verstohlen an der Haustür zu schaffen machte.
Benny kaufte sich ein Sicherheitsschloß. Nun klang jedes Geräusch nach dem Grinsenden Sadisten, der versuchte, ein Fenster aufzubrechen.
Und dann fand er eines Morgens, als er im Archiv seiner Zeitung in alten Akten herumstöberte, ein Interview mit Senator Charles Percy, das er 1970, zwei Jahre nach der Ermordung seiner Tochter, gegeben hatte. «Im ersten Jahr, nachdem es geschehen war», sagte Senator Percy, «lebte unsere ganze Familie in Schrecken.»
Plötzlich fühlte sich Benny erleichtert. Das ist also ganz normal, dachte er, das passiert jedem, der einen Mord in seiner Umgebung miterleben mußte. Und es dauerte höchstens ein Jahr . . .
Aber als der 23. Juli 1982 näherrückte, tauchte Benny aus seiner Angst nicht wieder auf, im Gegenteil, es wurde immer schlimmer. Nun ja, er hatte jede Menge über Kummer und schmerzliche Verluste gelesen und wußte, daß der erste Jahrestag jedesmal schrecklich ist. Er fand dieses Wissen nützlich, es gab ihm einen gewissen Vorsprung an Distanz. Außerdem hatte er, ohne seinen Arzt davon zu verständigen, seine tägliche Valiumdosis von 5 auf 15 mg, manchmal sogar auf 25 mg, heraufgesetzt.
Und dann am 23. Juli – dem Jahrestag des Mordes – erschien der Grinsende Sadist.
Benny war eingeladen worden, im Presseclub über «Lousewart und die Gedämpften Erwartungen» zu sprechen. Das Essen war exzellent, aber Benny hielt sich zurück, denn er wußte, daß ein Rülpser mitten in der Rede die Kommunikation mit dem Publikum mindestens für ein paar Minuten erheblich stören würde. Als Fred «Figs» Newton ihn vorstellte («. . . New Yorks beliebtester Kolumnist . . . eine Institution seit über dreißig Jahren . . .»), spürte Benny die

üblichen Anzeichen von Lampenfieber, fing an, sich noch einmal die ersten drei Witze ins Gedächtnis zurückzurufen, gab es wieder auf und konzentrierte sich statt dessen auf sein Mantra *(Om mani padme hum Om mani padme hum)*, und befand sich schließlich in diesem idealen Zustand von gemischten Erwartungen und dem Drang, einfach abzuhauen, aus dem die lockersten Reden entstehen.

Als der Applaus verstummte, erhob er sich und sah den Grinsenden Sadisten direkt auf sich zukommen.

Er sah die wahnsinnigen Augen, den brutalen Mund, die absichtlich häßliche Kleidung (wie ein verlotterter Cowboy oder ein College-Student aus den Sechzigern) und das *Messer* in der Hand des Verrückten.

Om mani padme hum . . .

Und dann landete der Boston Cream Pie mitten in seinem Gesicht. Es war gar kein Messer gewesen; er hatte nur eins phantasiert, als die Tortenplatte verdreht nach oben flog und auf ihn zusauste.

Benny stand da und war sich vollkommen klar darüber, daß er zu fett war, die fünfzig überschritten hatte und Boston Cream Pie von seinem Gesicht tropfte, und er versuchte, sich daran zu erinnern, daß Herzklopfen noch lange kein Zeichen für einen Herzanfall war, und plötzlich fiel es ihm wie Schuppen von den Augen: Das alltägliche Leben der Menschheit war nicht nur wunderbar, wie er von Jung gelernt hatte, und schrecklich, wie durch den Mord, sondern auch total absurd, wie er von den Existentialisten hätte lernen können.*

* *Galaktische Archive:* Mit Sahnetorten zu werfen, war zur Zeit dieser Erzählung nichts Außergewöhnliches in Unistat. Es entstand, wie kann es anders sein, aus den Territorial-Ritualen der anderen Primaten, die mit Fäkalien um sich werfen, um ihr Gebiet zu verteidigen. Vgl. auch «Ausdruck von Gewalt bei wilden und domestizierten Primaten» in: Enzyklopädie der Primatenpsychologie, Sirius Presse, 2775. Domestizierte Primaten verteidigen ideologische Territorien (geistige Konzepte) genauso wie materielle Güter. Tortenwerfer drückten säugetierhafte Territorialwut in traditioneller Primatenmanier aus, indem sie denen ins Gesicht «spuckten», die ihren ideologischen «Raum» bedrohten.

Das Universum nebenan

ZWEI NEUE PLANETEN ENTDECKT

Schlagzeile 1983

Das große Thema zu dieser Zeit waren jedoch nicht Benny Benedicts Privatsorgen, sondern *Das Universum nebenan*. Alle hatten eine feste Meinung dazu, besonders jene, die es gar nicht gelesen hatten.
Und das war die Mehrheit.
Die meisten Leute hatten *Das Universum nebenan* nicht gelesen, weil es auf dem Index stand und diese Entscheidung vom Obersten Gerichtshof bestätigt worden war.
Man flüsterte sich die schrecklichsten Sachen über dieses verbotene Buch zu. Man sagte, daß jeder sich darin wiedererkennen könnte, aber in einer furchtbaren, schockierenden Weise. Und daß viele, die es gelesen hatten, verrückt geworden waren, Selbstmord begangen hatten, Republikaner oder Kriminelle geworden oder *ganz einfach verschwunden* waren.
Klar, daß jeder auf ein Exemplar dieses Schockers scharf war. Auf dem Schwarzen Markt zirkulierte mindestens ein halbes Dutzend Werke, die von sich behaupteten, das unterdrückte *Universum nebenan* zu sein. Natürlich waren die Leute verschiedener Meinung darüber, welches von ihnen, wenn überhaupt eins, das echte war. Manche meinten, daß alle Exemplare des Originals verbrannt worden waren. Und daß alle Untergrunddrucke Fälschungen waren. Andere bestanden jedoch darauf, daß eine echte Ausgabe unter den Fälschungen existierte und daß die, die sie entdeckten, entweder illuminiert oder eliminiert wurden.
Benny Benedict hatte zwei angebliche Kopien des berüchtigten Werkes gelesen. Er hatte sich weder selbst darin entdecken können, noch war er verrückt geworden.
Er war der Ansicht, daß das Ganze ein großer Schwindel war.

Aufgehobensein

Mein Vorschlag ist ein sechster Schaltkreis zusätzlich zu den bereits von Freud und Jung entdeckten. Ich nenne ihn den metaprogrammierenden Schaltkreis.

Marilyn Chambers, *Neuro-Anthropologie*

Der einzige, der in ganz New York ohne Gefühlsausbrüche auf Benny Benedicts Kolumne «Noch ein Monat» reagierte, war Justin Case, ein verbitterter Mann um die vierzig, der wundervolle, aber gänzlich unbedeutende Filmkritiken schrieb. Case hatte die Filmversion von *1984* nicht gemocht und las grundsätzlich keine Bücher, weil er sie für altmodisch hielt, um ihnen noch ernsthaft Aufmerksamkeit zu widmen.

«Bücher wurden im 15. Jahrhundert von Gutenberg erfunden, und wie alle Erfindungen, die mehr als fünf Jahrhunderte alt sind, ist auch diese hoffnungslos überholt», pflegte Case zu sagen.

Außerdem klassifizierte er Bücher gern als «linear», «aristotelisch» und, wenn er besonders gut drauf war, «paläolithisch»; dieses letzte Adjektiv rechtfertigte er damit, daß Bücher aus *Worten* bestanden, einer Erfindung der Altsteinzeit.

Case hatte einen Dr. phil. der Yale Universität und eine unehrenhafte Entlassung von der US Army. Den Dr. phil. hatte er sich mit einer Arbeit über «Metapher und Mythos in den Filmen der Three Stooges» verdient und die Entlassung damit, daß er im Vietnamkrieg versucht hatte, eine Meuterei zu organisieren. Seine Filmrezensionen erschienen in einem Magazin namens *Confrontation.* Die Essays begannen gewöhnlich mit den gleichen vier Worten wie auch seine Examensarbeit: «Metapher und Mythos in Hitchcocks *39 Steps*», «Metapher und Mythos in *Beach Blanket Bingo*», so in der Art. Wenn man seine Anthologie *Von Caligari bis Vlad* irgendwo mittendrin aufschlug, stieß man mit einiger Wahrscheinlichkeit auf Stellen wie diese:

109

«In Fay Wray jedoch stoßen wir auf die Weiße Göttin in Gestalt der Ewigen Jungfrau und das Bild des eifersüchtigen Drachenvaters wird zum riesigen Affen King Kong, der gleichzeitig, wie Wilson in der Sommerausgabe des

Journal of Human Relations, 1970, betonte, als Symbol des kapitalistischen Wettbewerbs wie auch als das Aufgehobensein des Freudschen Es zu deuten ist.»

Es fehlte das richtige Publikum für diese Art von Geschreibsel, und Justin kam gerade so über die Runden. Er träumte davon, Redakteur beim *Pussycat*-Magazin zu werden, wo das große Geld zu machen war.
Seit Vietnam hörte das FBI sein Telefon ab und besaß Berge von Tonbändern mit seinen Gesprächen, die sich fast ausschließlich um Filme drehten. Trotzdem blieb das FBI am Ball und hoffte auf den Tag, wo vielleicht doch mal was Kriminelles zum Vorschein kam. Ein Mann mit Dr. phil. und unehrenhafter Entlassung war es offensichtlich wert, daß man ihn im Auge behielt, auch wenn das meiste von dem, was er sagte, völlig unverständlich war.
Geheimagent Tobias Knight, der sich die Bänder eines Abends anhörte, kriegte plötzlich mit, wie Case einen langen Monolog über Curly, das Es oder erster Schaltkreis; Larry, das Ego oder zweiter Schaltkreis und Moe, das Super-Ego oder Jungs vierter Schaltkreis runterrasselte. Die Dinge wurden immer komplizierter, als Case auf die «filmische Kontinuität in der S-M-Dimension zwischen Moe und Polanski» zu sprechen kam. Aber richtig schlimm wurde es, als Case fortfuhr: «Polanski selbst war dreimal in Chinatown – als seine Eltern von den Nazis umgebracht wurden, als Mansons Family seine Frau erledigte und als man ihn der Vergewaltigung überführte. Früher oder später landen wir alle in Chinatown, so oder so.» Trotzdem gab das FBI nicht auf. Irgendwann würde Case bestimmt irgendwas Kriminelles oder doch wenigstens Verständliches von sich geben.
Tobias Knight hatte 42 000 Stunden «Privatgespräche» belauscht, seit er beim FBI angefangen hatte. Diese Erfahrung hatte ihm unter anderem eindeutig klargemacht, daß alle sexuellen Standardspielarten der Primaten in Unistat verbreitet waren. Da Knight, genau wie die meisten anderen zweibeinigen Terraner, nicht wußte, daß er zu einer Spezies der Säugetiere gehörte, war dieses Primatenverhalten ein gewaltiger Schock für ihn. Er fühlte sich ungefähr so wie ein Methodist, der einen kleinen Drugstore in Little Rock führt und sich darüber entsetzt, daß die Sünden seiner Kameraden nur von

ihrer Heuchelei übertroffen werden können. Das machte ihn zum
Zyniker.
Der gleiche Zynismus war auch sonst im FBI weit verbreitet. Nur
die älteren Mitglieder, die schon 80 000 oder gar 100 000 Stunden
«Privatgespräche» auf dem Buckel hatten, waren bereits über den
Zynismus hinaus. Sie hatten panische Angst vor ihren Primaten-
brüdern.
Das lag daran, daß sie nicht wußten, daß sie Primaten waren.
Tobias Knight wäre von den meisten Primaten als dreckiger Schei-
ßer beschimpft worden, wenn sie gewußt hätten, zu was er fähig
war. Er war der erste Fünffachagent in der Geschichte der Spio-
nagc, das heißt er hatte Kontakt zu vier anderen Geheimdiensten
außer dem FBI – und er führte sie alle an der Nase herum.
Außerdem hatte er einen Walroß-Schnauzbart und lustige Augen.
Er hätte ein exzellenter Fernsehschauspieler sein können. Jeder-
mann mochte ihn und vertraute ihm auf den ersten Blick.
Deshalb war er auch so erfolgreich in diesem Intrigenspiel.

Justin Case hatte den Verdacht, daß das FBI sein Telefon über-
wachte. Neun Millionen der zwanzig Millionen Primaten von New
York hatten das FBI in Verdacht, daß es ihr Telefon abhörte.
Zufällig war Case einer von den acht Millionen, bei denen dieser
Verdacht berechtigt war.

Von Natur aus war Case bestimmt kein Rebell; seine Augen – der
lebendigste Teil an ihm – waren neurogenetisch von einem unge-
rührten, abwesenden, analytischen, fast passiven Temperament ge-
prägt. Seine Welt bestand aus Formen im Raum, die sich im Lauf
der Zeit zu amüsanten Montagen ordneten. Wenn er je Bücher
gelesen hätte, wäre es ihm auch nichts Neues gewesen, daß Ein-

steins Relativität die mathematische Entsprechung zu seinem eigenen Wesen war.

Auch Gemälde fanden nur selten seine Billigung, nur Filme und TV, also im wesentlichen Montagen, turnten ihn an. Er neigte zu der Ansicht, daß alles, was nicht flickerte, flimmerte und sich hastig bewegte, wahrscheinlich tot war und möglichst rasch und unauffällig begraben werden sollte.

Kurz, er war ein elektronischer Taoist.

In verschiedener Hinsicht war der Vietnamkrieg eine Strafe für alle Einwohner von Unistat, aber Case, der mittendrin schmorte, erlebte ihn wie ein miserables Fernsehspiel. Es kam ihm vor, als sei der Film hängengeblieben, und jetzt hörte Moe nicht auf, Curly seinen Finger ins Auge zu stecken, immer und immer wieder, in unendlicher Wiederholung, bis sowohl Mythos wie auch Metapher durch dieses Übermaß bedeutungslos geworden waren. Wenn der Krieg selbst nicht bedeutungslos war, dann war entweder ein saumäßiger Regisseur am Werk oder einfach *schlechter Geschmack*. Die Meuterei war die einzige Entsprechung zum Umschalten auf einen anderen Kanal, die ihm einfiel.

Er hatte versucht, das dem Leutnant zu erklären, der zu seiner Verteidigung vor dem Kriegsgericht bestellt war – ein schlauer, katzengesichtiger Bursche namens Lionel Eacher. Ehe er zur Army kam, war Leutnant Eacher Experte für Vertragsrecht gewesen, nach dessen Gesetzen die Primaten ihre Territorien absteckten und kennzeichneten. Erinnern Sie sich: Säugetiere markieren geometrische Größe und Form des von ihnen beanspruchten Gebiets mit ihren Exkrementen; domestizierte Primaten jedoch, indem sie Tinte auf Papier entleeren. Eacher war Jurist und Experte in der Kunst, entweder zu beweisen, daß die Tintenexkremente meinten, was sie sagten (wenn er dafür bezahlt wurde, das zu beweisen), oder daß die Tintenexkremente eigentlich nicht *genau das* bedeuteten, was sie sagten (wenn er dafür bezahlt wurde). Er war natürlich Agnostiker.

Lionel Eacher hörte sich Cases Story mit wachsender Ungläubigkeit an. Am Ende zog er nachdenklich die Augenbrauen in die Höhe und sagte: «Würden Sie das bitte noch mal wiederholen?»

So erklärte Case, diesmal mehr ins Detail gehend, die Ästhetik des richtigen Gebrauchs von sado-masochistischem Material im Gesamtaufbau der signifikanten Form.

«Verstehe», meinte Eacher nachdenklich. «Die Schlacht sieht gut für uns aus.» Er lehnte sich zurück und zündete sich eine Zigarette an. «Normalerweise läuft die Verteidigung darauf hinaus, daß Sie dabei waren, die Bibel zu lesen, und plötzlich ist Ihnen ein weißes Licht erschienen, und Jesus befahl Ihnen, den Krieg aufzugeben. Wenn Sie das einigermaßen vernünftig durchziehen, denken sie, Sie wären ein Bekloppter und Sie kommen aller Voraussicht nach mit fünf Jahren und einer unehrenhaften Entlassung davon. Aber das . . . also ich muß schon sagen, das ist einfach Klasse! Sie hören sich an wie ein echter Spinner! Vielleicht kriege ich sogar eine medizinische Entlassung für Sie durch.»

Case erkannte, daß er einen Barbaren vor sich hatte, aber so war das beim Militär. Instinktiv spürte er, daß zwanzig Jahre im Bau – soviel forderte der Generaladjutant – in sado-masochistischer Dimension noch überflüssiger sein würden als der Krieg selbst. Na gut: Wenn ein Mann mit ästhetischen Empfindungen für diese Primitiven ein Spinner war, dann bitteschön. Er wollte nach Hause.

Case rechtfertigte seine Haltung vor dem Kriegsgericht mit großer Beredsamkeit (und verwendete die Rede später sogar auszugsweise in einer Kritik der *Rocky Horror Picture Show),* und sie kamen tatsächlich zu dem Schluß, daß er ein Spinner war. Sie verpaßten ihm zwar eine unehrenhafte Entlassung, aber später kam ihm zu Ohren, daß zwei Mitglieder aus dem Gremium sich mächtig dafür eingesetzt hatten, daß man ihn auf Grund seines Gesundheitszustandes entließ.

Als er nach New York zurückkam, fand er heraus, daß es Leute gab, die in ihm einen politischen Helden sahen. Das war peinlich, aber er lernte, damit zu leben. Die menschliche Rasse, sagte er sich erschöpft, dachte sowieso nicht ernsthaft über ästhetische Probleme nach, sondern war ständig mit moralistischen und ideologischen Zerstreuungen beschäftigt.

Beim Vietnamkrieg ging es zu wie bei den meisten Streitereien der Primaten um Territorium. Die Primaten von China, Unistat, dem

Bärentotem aus der Steppe und diverse ansässige südostasiatische Primaten versuchten, ihre Kollektiv-Totem-Egos (Territorien) zu erweitern, indem sie das fragliche Gebiet in Südostasien besetzten. Wenn sie wilde Primaten gewesen wären, hätten sie ihre Exkremente in der Gegend verteilt und sich vermutlich sogar gegenseitig damit beworfen, aber da sie domestizierte Primaten waren, setzten sie ihre Tintenexkremente auf ein Stück Papier und bewarfen sich gegenseitig mit Metall und Chemikalien. Der Vietnamkrieg gehörte zu einer ganzen Serie von Auseinandersetzungen in Südostasien, in die abwechselnd holländische und französische Primaten und verschiedene andere Gangsterbanden verwickelt waren.
Weil die Primaten von Unistat genausowenig wie die anderen domestizierten Hominiden wußten, daß sie Primaten waren, rechtfertigten sie das Ganze mit Unmengen von Tintenexkrementen, welche Moral und Ideologie, die Zwillingsgötter des domestizierten Primatentums, beschworen. Letztlich lief es darauf hinaus: Die Primaten, die Südostasien für sich beanspruchten, erklärten, es wäre «gut», dort einzumarschieren, wild in der Gegend herumzuballern und sich alles zu nehmen, was einem paßte. Dagegen behaupteten die Primaten, die sich einen Scheißdreck um Südostasien kehrten, das wäre «böse».
Justin Case interessierte sich nicht für Worte; er dachte in Bildern, so wie es sich für einen guten Filmkritiker gehört. Er fragte sich nicht, ob der Krieg «gut» oder «böse» war. Er war unästhetisch.

Die Leute, die Unistat mit Atombomben vermint hatten, fanden ihn nicht unästhetisch. Sie fanden ihn von Grund auf böse.
Sie fanden so ungefähr alles, was die Alpha-Männchen von Unistat in Regierung und Wirtschaft anfingen, böse.
Sie hielten die meisten ihrer Zeitgenossen für *dreckige Scheißer*.

Justin Cases überglückliche Mutter hatte ihn nach der segensreichen, natürlichen Geburtsmethode von Grantly Dick-Read zur Welt gebracht.
1983, als Justin sechsunddreißig Jahre alt war, war die Dick-Read-Methode genauso überholt wie Pferd und Wagen. Die Dinge auf Terra entwickelten sich damals mit rasender Geschwindigkeit.
Trotzdem war Dick-Reads natürliches Geburten-Yoga gut für ihre Zeit, und Case hatte auf diese Weise eine permanente Geborgenheits-Prägung im oralen Bio-Überlebens-Schaltkreis seines Gehirns mitbekommen. Das war einer der Gründe, warum er sich über ethische Fragen nie den Kopf zerbrach.
Als Justin anfing, im Haus herumzukrabbeln und sich dann aufrichtete und herumlief, hielt sein Vater ihn für eine Pest und ein ständiges Ärgernis. Sein Vater war früher Alpha-Männchen und Besitzer einer großen Firma gewesen, die mittlerweile dank seiner Vorliebe für Alkohol ins Schleudern geraten war. Es ging ziemlich rasch bergab mit ihm. Prozesse und Unterhaltsverpflichtungen machten ihn so fertig, daß er immer mehr trank, immer weniger verdiente und sich schließlich zuerst chronisch und dann für immr außerstande sah, Justin und Justins Mami auch nur einen roten Heller zu zahlen.
Justin war genetisch nicht darauf programmiert, Alpha-Männchen zu werden, aber unter diesen Umständen brachte er es schnell zu einer guten Imitation.
«Mamis großer starker Mann», sagte Mami zu ihm.
Vorgetäuschte Autorität blieb daraufhin als konstante Prägung für den anal-territoralen Bereich in Justins Gehirn vorherrschend.
Dann entdeckte Justin seine *semantische* Umgebung. Er lernte lesen und fernsehen. Im Vergleich zur Unmittelbarkeit des Fernsehgeräts erschienen ihm Bücher unbeholfen und umständlich. Sein semantischer Schaltkreis nahm eine visuell-elektronische Prägung an, wie übrigens bei den meisten seiner Zeitgenossen.
Cases sozio-sexuellen Schaltkreis schließlich prägten *Playboy,* die sexuelle Revolution, Gras, Rockmusik, Yippies, die Protestbewe-

gung, die Kluft zwischen den Generationen, die Frauenemanzipation und die Allgemeine Verwirrung. Er wurde ein Junggeselle, der heterosexuellen Verkehr hatte, wenn er ihn brauchte, und das mit einem Minimum an menschlicher Wärme.
Falls Sie an Oberflächlichkeiten interessiert sind – er sah aus wie ein schwuler Intellektueller oder ein College-Professor oder eine Mischung von beidem. Er hatte jetzt schon eine beginnende Glatze. Seine Kleidung zeugte von konservativem guten Geschmack. Und alle vier Jahre ging er zur Wahlurne und schrieb mit einem dicken Filzstift KEINER VON ALLEN auf seinen Wahlzettel.
Das war die einzige Spur von sozialem Engagement, zu dem er fähig war.

Case hatte in seinem ganzen Leben nur ein unheimliches Erlebnis. Das war 1973, als er in den Nachtklub *Von Neumann's Catastrophe* ging, um das berühmte Medium Cagliostro den Großen zu sehen, auch bekannt als Spiritist, Entfesselungskünstler und Komödiant.
Cagliostro begann seine Show mit ein paar konventionellen Tricks. Er ließ sich in eine Kiste einschließen und tauchte aus einer zweiten am anderen Ende des Saales wieder auf, Routinesachen also. Dann folgte einer seiner beißenden sarkastischen Monologe über die Gangster in anderen Berufsständen wie Kirche oder Regierung. Das alles entsprach haargenau Cases Vorstellungen von dem umstrittensten Magier in der Geschichte des Showbusiness. Dann kamen die übersinnlichen Bravourstücke, die zum Teil wirklich schrecklich beeindruckend waren.
«B. W.», rief Cagliostro ins Publikum. «Würden Sie bitte aufstehen?» Case sah den unerträglichen Lahmarsch Blake Williams an einem Tisch ganz vorne in der ersten Reihe aufstehen.
«B. W.», wiederholte Cagliostro, «Sie werden Ihre zwölfbändige Arbeit über Quantenpsychologie nicht zu Ende bringen. Niemals, jedenfalls nicht in diesem Universum. Dem Zucken in Ihrem gelähmten Bein kann mit Baldrianwurzeltee abgeholfen werden. Die Sache mit dem Verbrennungsofen auf der Vandivoort Street ver-

folgt Sie immer noch. Ihre Investitionen sind alle total verkehrt angelegt – es gibt keine Zukunft für die Raumfahrtindustrie. Und was das Projekt Pan angeht, Doktor – Projekt *Pan* – übel, übel, ganz übel!»
Case sah, daß Williams blaß geworden war.
«J. C.», rief Cagliostro plötzlich. «Stehen Sie nicht auf, das ist persönlich.» Justin Case zuckte zusammen, halb vor Angst, halb vor Skepsis, total verwundbar. «J. C.», wiederholte Cagliostro. «Sie haben sich einen Film geschaffen, den Sie Realität nennen. Bleiben Sie weg von Chinatown . . .»
«S. M.», fuhr der Magier fort. «S. M. – was das Biest angeht . . . nun, das liegt in Ihrer Zukunft . . .»

Das war das einzige unheimliche Erlebnis in Cases Leben, und er tat verdammt noch mal sein Bestes, um es zu vergessen.
Wenn die Leute bloß nicht immer wieder das Gerücht verbreiten würden, daß Cagliostro wirklich, und nicht nur zum Schein, ein schwarzer Magier war.

Wieder Überschreiten ist nicht das gleiche wie Überschreiten

> Was besagen soll, wenn beabsichtigt ist, eine Grenze zu überschreiten, und dann, sie nochmals zu überschreiten, ist der Wert dieser beiden Absichten zusammengenommen derjenige, der von keinem der beiden ausgesprochen wird.
>
> G. Spencer Brown, *Gesetze der Form*

Archiv der Allgemeinen Psychiatrie, Juni 2003:

Der überragende Wert von *Schrödingers Katze* liegt natürlich darin, daß Wilsons Narzismus und Größenwahn ihn dazu verleiten, kühn auszusprechen, was andere Schizophreniker in der Sprache der Entinformierung verschlüsseln würden. Schon auf den ersten Seiten wird erkennbar, daß der Autor an Problemen sexueller Identitätsfindung, krankhafter Furcht vor Homosexualität, Selbsttäuschung und fanatischer Mysophobie litt. Selbst dort, wo er versucht, seine Spuren zu verwischen und in ein für Schizoide typisches Kauderwelsch verfällt, ist dem geschulten klinischen Beobachter die wahre Bedeutung klar. Es braucht nicht viel Erfahrung, um die homosexuelle Besessenheit zu erkennen, die sich in Reduzierung von Patriotismus auf den analen Bereich verrät; die Kastrationsängste, die in der «Eggs»-Benedict-Story beschworen werden; die schizophrene Spaltung im Bacon/Shakespeare-Symbolismus; die Furcht vor Verurteilung (Entdeckung) in der FBI-Karikatur. Kurz, wir haben es hier mit dem typischen Produkt der paranoiden Degeneration eines Mannes im mittleren Alter zu tun, der sich mit Impotenz konfrontiert sieht. Die Tatsache, daß in literarischen Kreisen so viele allegorische und okkulte Deutungen kursieren, ist nur der Beweis dafür, daß Laien, wie gebildet sie auch immer sein mögen, bei der Diagnose geistiger Krankheiten noch jede Menge von uns Profis lernen können.

P. O. E.

Sagte der Rabe: «Nimmermehr.»
Poe

Im Juli 1968 fand in Chicago, hinter Stacheldrahtverhauen abgesichert, der Parteitag der Demokraten statt. Auf diese Weise sollte das Volk daran gehindert werden, sich in seine eigenen Angelegenheiten einzumischen. Wenig später veröffentlichte *The Seed,* eine radikale lokale Tageszeitung, einen offenen Brief mit folgendem Inhalt:

034

Brüder und Schwestern!

Die entscheidende Schlacht ist da. Die schweinischen, rassistisch-militaristischen Kräfte, die Amerika kontrollieren, haben ihre falsche liberale Maske fallen lassen und ihr wahres faschistisches Gesicht gezeigt. Hier ist ihre Bilanz: die Ermordung von John und Bobby und Martin Luther King. Der andauernde Kampf gegen das Volk von Vietnam. Die brutalen Übergriffe der Polizeitruppen von Chicago während des Demokratischen Parteitages, welche die ganze Welt im Fernsehen verfolgen konnte. Es liegt wohl auf der Hand, daß die multi-nationalen Gesellschaften sich mittlerweile nicht mehr die Mühe machen, so zu tun, als ob die Demokratie noch existiert. Sie sind bereit, uns bis auf den letzten Mann und die letzte Frau umzulegen, wenn wir unseren Widerstand nicht aufgeben.

Die Leute vom Weather Underground sind auf dem falschen Weg. Romantischerweise haben sie sich bisher dem Zugriff der Autoritäten immer wieder entziehen können, obwohl sie so bekannt waren. Sie werden abserviert, so viel steht fest, einer nach dem anderen. Ihr Heldenmut ist exemplarisch, ihre revolutionären Theorie jedoch naiv und deshalb zum Scheitern verurteilt.

Wir von P. O. E. haben uns im verborgenen organisiert. Weder unsere Anzahl noch unsere Identität werden preisgegeben. Wir werden nicht wie die Weather-Romantiker «Verantwortung» für unsere Aktionen übernehmen. Wir werden keine neuen Mitglieder aufnehmen. Wir werden keine weiteren Communiqués an die Presse geben. Wir werden arbeiten und uns darauf vorbereiten, die faschistischen Monster von ihrem Sockel zu stürzen.

Wenn Ihr fühlt wie wir, versucht nicht, uns zu finden oder bei uns einzusteigen. Macht es wie wir. Bildet Eure eigenen Zellen mit Leuten, denen Ihr vertraut. Arbeitet und findet raus, welche Aktionsmöglichkeiten Ihr habt, wie Ihr heil davonkommt und aufs neue zuschlagen könnt.

Peace On Earth!

John Brown

Viele Leser von *Seed* hielten das Ganze für ein gigantisches Windei, andere für die Arbeit eines *agent provocateur* vom FBI. Wieder andere fragten sich, ob P. O. E. tatsächlich existierte und was die Gruppe wohl vorhatte.

Natürlich vermuteten alle, daß die Initialen P. O. E. sich aus dem Slogan in der letzten Zeile des Briefes ableiteten – Peace On Earth. Da lagen sie falsch. P. O. E. stand für *purity of essence* (Reinheit der Substanz). Die Gruppe hatte sich bewußt General Jack D. Ripper aus dem Film *Dr. Strangelove* zum Vorbild gemacht, der einen Atomkrieg vom Zaun bricht, nur um die «Reinheit der Substanz unserer kostbaren Körperflüssigkeit» vor Fluoriden zu schützen. P. O. E. war tatsächlich davon überzeugt, daß die Vernunft versagt hatte, als es um die Rettung der Welt ging und nur die Unvernunft als wirksame Alternative übrigblieb.
Mit dieser Ansicht standen die Mitglieder von P. O. E. nicht allein. Im Jahr ihrer Gründung wählte das amerikanische Volk Richard Milhous Nixon ins Weiße Haus. Dieser Mann war von der ähnlich wild entschlossenen Überzeugung beseelt, daß ein Bursche wie Jack D. Ripper her mußte, um dem wachsenden Chaos auf dem Planeten mit einem starken Gegen-Chaos zu Leibe zu rücken.*

Der wirkliche Name des Gründers von P. O. E. war natürlich nicht John Brown. Das war ein Pseudonym.
Der echte John Brown war ein glühender Idealist gewesen, von

* *Galaktische Archive:* Zu dieser Zeit verfügte die Regierung von Unistat über 1700 Atombomben pro Kopf der Gesamtbevölkerung des Planeten. Da jeder Mensch nur einmal sterben kann, kamen die Historiker einfach nicht dahinter, was sie mit dem Überschuß von 1699 Bomben pro Kopf vorhatte. Die Galaktischen Primatologisten berichteten, daß ein ähnlich irrationales Verhalten unter domestizierten Affen auch auf mehreren tausend anderen Planeten beobachtet worden war.

daher P. O. E.'s Bewunderung für ihn. Das waren nämlich auch alles glühende Idealisten.

John Browns Idealismus ging so weit, daß er im 19. Jahrhundert auszog, um in Unistat die Sklaverei abzuschaffen.

Auf einem seiner ersten Feldzüge ermordete er eine komplette Familie von Sklavenhaltern. Ein Freund, der etwas weniger idealistisch war, hatte vorgeschlagen, die Kinder zu verschonen, aber John Brown blieb eisern.

«*Nissen wachsen heran und werden zu Läusen*», war seine Antwort.

Idealisten waren nun mal so. Es war viel sicherer, den Zynikern in die Hände zu fallen. Die Zyniker hielten jeden für genauso korrupt wie sich selber. So dachten zum Beispiel Tobias Knight und die anderen alten Hasen beim FBI.

Die Idealisten dagegen hielten jedermann für korrupt, *außer sich selber*.

Die sechsbeinige Mehrheit auf Terra hatte weder so etwas wie Idealismus oder Zynismus hervorgebracht, noch je über Sünde oder Korruption nachgedacht. Sie hatte eine einfache, pragmatische Lebensauffassung. Leute erkannte man daran, daß sie sechs Beine hatten. Die richtigen Leute rochen gut und gehörten zum gleichen Stock oder zur gleichen Kolonie wie man selbst. Die falschen Leute rochen schlecht und gehörten nicht zum selben Stock; am besten, man fraß sie sofort auf oder jagte sie in die Flucht.

Zweibeinige und vierbeinige Kreaturen waren überhaupt keine Leute, also zum Teufel damit.

Die vierbeinigen Einwohner von Terra dachten genauso simpel. Leute hatten vier Beine. Sechsbeinige Kreaturen waren entweder

Futter oder nicht wert, daß man sich mit ihnen beschäftigte. Zweibeinige Kreaturen waren gefährlich und möglichst zu meiden.
Unter all den vierbeinigen Terra-Bewohnern ließen nur die Hunde zweibeinige Primaten als Leute gelten.
Manche Primaten ließen Hunde auch als Leute gelten.

Ein Zehntel Prozent der domestizierten Primaten ließen alle Lebensformen auf ihrem Planeten als Leute gelten.

Das eine Zehntel Prozent von Primaten, die Nichtprimaten als Leute gelten ließen, lag über so ungefähr alles andere auf der Welt in heftigem Streit. Etwa ein Drittel bestand aus Mystikern. Sie litten an chronischem Dachschaden, den sie sich beim Fasten, Yoga oder anderen masochistischen Praktiken zugezogen hatten. Sie hatten versucht, ein Verständnis für die *Intelligenz* aller lebenden Wesen zu entwickeln, und zwar durch ekstatisch-agnostische Erfahrungen von Egoverlust, den sie mit ihren masochistischen Exzessen förderten. Sie liefen herum und redeten über eine genetische *Intelligenz*, nannten sie *Gott* und erzählten jedem, sie wäre viel zu klug, um Fehler zu machen. Eigentlich quatschten sie einen Haufen dummes Zeug, aber das lag an den Exzessen, die sie veranstalteten.
Das zweite Drittel von Primaten, die überall Bewußtsein entdeckten, in welcher Form auch immer, waren besonders ausgebildete Wissenschaftler in den Bereichen Ethologie, Ökologie, Biophysik und Neurologie. Sie hatten ihren eigenen Spezialjargon und wurden von kaum jemand verstanden. Die meisten verstanden sich nicht einmal untereinander.
Das letzte Drittel der Primaten, die ein Gefühl für das genetische Programm hinter der Evolution besaßen, waren Typen, die irgendwelche merkwürdigen Chemikalien oder Pflanzen gegessen hatten.

Sie waren wie blinde denebische Muschelkatzen, die zum erstenmal mit Wasser in Berührung kommen, wenn sie kurz nach ihrer Geburt in den Ozean plumpsen. Sie wußten: *Irgendwas* passierte mit ihnen, aber sie waren nicht ganz sicher, was.

Theoretisch gab es keinen Anführer bei P. O. E. Es verstand sich als anarchistisch-marxistisches Kollektiv. Der wahre Anführer war natürlich ein Alpha-Männchen. Sein Name war Franklin Delano Roosevelt Stuart, und er gehörte zu den intelligentesten Männern jener Zeit in ganz Unistat. Unglücklicherweise war sein reptilischer Bio-Überlebens-Schaltkreis von chronischer Angst, sein emotional-territorialer Säugetier-Schaltkreis von defensiver Aggression, sein hominid-semantischer Schaltkreis von einer explosiven Mischung aus dem Zynismus der Schwarzen und der Ideologie der Neuen Linken und sein sozio-sexueller Schaltkreis von Perversionen geprägt.

F. D. R. Stuart behauptete, daß das Ziel von P. O. E. darin bestand, den dialektischen Evolutionsprozeß in Richtung einer klassenlosen Gesellschaft voranzutreiben, in der jedermann in Frieden und sozialistischer Solidarität leben konnte, in der Bullen überflüssig waren.

Das wahre Ziel von Stuarts Aktivitäten bestand jedoch darin, *es ihnen heimzuzahlen*. Die anderen Primaten von Unistat hatten seine Mutter vergewaltigt, seinen Vater ins Gefängnis gesteckt, Brüder und Schwestern zu Straßenkriminalität und Junk getrieben, und ihn selbst sein ganzes Leben lang mißhandelt. Zu alledem beleidigten sie ihn auch noch mit dem Schimpfwort *Nigger*.

Zweiter Anführer von P. O. E. war Sylvia Goldfarb, Flüchtling aus diversen Bewegungen von *God's Lightning* über *NOW* und den *Radikalen Lesben* bis zum *Weather Underground*. Sie war schlauer als F. D. R. Stuart, unterwarf sich ihm aber trotz ihrer feministischen Prinzipien, weil er ein echtes Alpha-Männchen war, also ein gemeiner Hund, wenn man ihn provozierte. Außerdem hatte er noch mehr Wut im Bauch als sie selber.

Sylvia erklärte, für sie läge der Sinn von P. O. E. darin, eine Welt zu schaffen, in der alle Männer und Frauen, alle Rassen und alle Klassen und die ganze Menschheit in friedlicher Harmonie lebte und sich von ungekochtem Gemüse und frischem Obst ernährte.
Tatsächlich war auch ihr eigentliches Motiv, *es ihnen heimzuzahlen.* Die anderen Primaten diskriminierten sie, weil sie eine Frau war, weil sie Jüdin war, weil sie sich gut ausdrücken konnte und der Liebling aller Lehrer war, weil sie eine Brille trug, weil sie Atheistin war und noch aus mindestens ein paar Dutzend anderen Gründen. Außerdem hatten die anderen auch für sie ein Schimpfwort parat: *Lesbe.*
Das dritte Gründungsmitglied war Mountbatten Babbit, ein manisch-depressiver Schizophreniker. Durchschnittlich einmal im Jahr flippte er aus und hatte mit der Zeit gelernt, sich mit Phenotyazinen soweit zu behandeln, daß er die Schübe von Wahnsinnsanfällen auf jeweils ein paar Wochen reduzieren konnte. Während dieser Ego-Expansionen allerdings konnte er sich in alles mögliche von Napoleon bis zu einem vietnamesischen Buddhisten verwandeln. Für den Rest des Jahres war er ein hervorragender Chemieforscher und Computerspezialist, hatte es aber schwer, einen guten Job zu finden, weil er schon mehrere Aufenthalte in Irrenanstalten hinter sich hatte.
Babbit sagte, er wäre bei P. O. E., um eine vernünftige Welt zu schaffen, die sich auf gesunden, wissenschaftlichen und gemäßigtsozialistischen Prinzipien aufbaue. Tja, er wollte es ihnen natürlich auch *heimzahlen.* Die anderen Primaten hielten ihn für *irre* oder *behämmert.*
Die restlichen Mitglieder von P. O. E. waren genauso intelligent und genauso verzweifelt.

Der Zufallsfaktor

> Besser die ganze Welt zerfällt zu Asche und Staub, als daß einem einzigen freien Mann ein einziger Wunsch verwehrt wird.
>
> Benito Mussolini, italienischer Anarchist und Poet

Markoff Chaney wäre ein prima Kandidat für P. O. E. gewesen, aber auf Grund der Quantenwellenwahrscheinlichkeit kam es nicht dazu, daß sich seine Umlaufbahn mit der ihren kreuzte.

Chaney verachtete die Mehrheit der Primaten, weil sie ihn *Shorty* nannte, oder ihn noch mehr beleidigte.

Mr. Chaney, müssen Sie wissen, war ein Midget, wenn auch kein Verwandter der berühmten Chaneys aus Hollywood. Trotzdem hörten die Leute nicht auf, ihn damit aufzuziehen. Es war schon schlimm genug, am Maßtab der gigantischen und dummen Mehrheit gemessen, ein Freak zu sein; schlimmer noch, Chaney zu heißen und damit die riesigen Tolpatsche auch noch an die beiden berühmten Kinogrößen zu erinnern, die als Darsteller von Monstern bekannt geworden waren. Schon als er fünfzehn war, hatte der Midget vor dem Rest der Menschheit eine solche Abscheu entwickelt, daß sich der vergleichsweise harmlose Menschenhaß eines Paul von Tarsus, Klemens von Alexandria, Swift aus Dublin oder irgend jemand bei P. O. E. dagegen zwergenhaft (wie er dieses Wort haßte!) ausnahm. Er würde Rache nehmen, das stand fest. Er würde sich rächen.

Es war während seiner College-Zeit (U. C. Berkeley, 1962), als Markoff Chaney den zweiten versteckten Witz in seinem Namen entdeckte. Es geschah in einer Mathematikstunde, und da man sich in Berkeley befand, war es selbstverständlich, daß die beiden Studenten direkt hinter dem Midget den Professor völlig ignorierten und statt dessen ihren eigenen intellektuellen Interessen nachgingen – die den intellektuellen Marotten anderer Regionen natürlich um mindestens fünf Jahre voraus waren.

«Also folgen wir immer noch den gleichen Instinkten wie unsere Vorfahren, die Primaten und Prä-Primaten», sagte der eine Student gerade. (Er stammte aus Chicago, hieß Mounty Babbit und war verrückt, selbst für die in Berkeley herrschenden Maßtäbe.) «Und darüber legen wir dann eine mächtige Schicht von Kultur und Gesetzen. Also sind wir gespaltene Wesen, verstehst du? Man könnte sogar sagen –», Babbits Stimme schwoll an vor Stolz über den Aphorismus, der ihm gerade eingefallen war, «die Menschheit besteht aus juristisch beglaubigten Affen!»

«Und», sagte Professor Percy «Prime» Time in diesem Moment, «wenn eine solche verbundene Reihe in einem zufälligen Prozeß auftaucht, dann haben wir es mit einer ‹Markoff Chain›, einer Markoff-Kette zu tun. Ich hoffe stark, daß Mr. Chaney nun nicht für den Rest des Semesters unter dummen Witzen zu leiden hat, wenn auch die verbundene Reihe seines Erscheinens in dieser Klasse Teil eines bemerkenswert zufälligen Prozesses zu sein scheint.» Die Klasse brüllte. Noch ein bitterer Vermerk in Markoffs Scheiß-Register – der Liste von Leuten, die noch Scheiße fressen würden, ehe er abtrat.

Es stimmte schon, ein Fernbleiben von den Mathematik- und anderen Stunden war nicht unbemerkt geblieben. Es gab eben Zeiten, da konnte er es nicht ertragen, mit den Riesen zusammenzusein. Dann verkroch er sich in seinem Zimmer, die Pussycat des Monats aufgeklappt, masturbierte vor sich hin und träumte von Millionen und aber Millionen williger junger Mädchen, die alle so gebaut waren wie die hier und sich leidenschaftlich auf ihn stürzten. Heute jedoch war ihm das *Pussycat* nicht genug; er brauchte etwas Handfesteres. Er ließ die nächste Stunde sausen (Physikalische Anthropologie – immer gut genug für ein paar Demütigungen), überquerte eilig den Bancroft Way, stürmte in sein Zimmer und verriegelte die Tür hinter sich.

Verfluchter «Prime» Time und verflucht die ganze mathematische Wissenschaft – die Linie, das Quadrat, der Durchschnittswert, diese ganze meßbare Welt, die ihn zu einem Untermenschen machte. Ein für allemal, jenseits von aller Phantasterei erklärte er jetzt im Grunde seines Herzens den gesetzlichen Affen, Ruhe und Ordnung und aller Wahrscheinlichkeit den Krieg. Er würde der Zufallsvektor jeder Gleichung sein; von jetzt an bis zum Tod würde Bürgerkrieg herrschen zwischen dem Midget und den Digits.

Er kramte seine pornographischen Tarotkarten raus, die er nur benutzte, wenn er mal eine echt scharfe Vorstellung zum Onanieren

brauchte und mischte sie gründlich. Erst mal 'nen saftigen Markoff-Chain-Abgang, dachte er grimmig.
Seine erste öffentliche Tat – sein Fort Sumter gewissermaßen – vollzog sich am darauffolgenden Samstag in San Francisco. Er lief gerade durch *Norton's Emporium,* einen aufgemotzten Supermarkt, als er dieses Schild entdeckte:

KEIN ANGESTELLTER VERLÄSST DAS STOCKWERK
OHNE AUSDRÜCKLICHE GENEHMIGUNG
EINES VORGESETZTEN
DAS MGT!

Was, dachte er, sollen die armen Mädels etwa ins Höschen machen, wenn sie den Vorgesetzten nicht schnell genug auftreiben können? Erlebnisse aus der Schulzeit wirbelten ihm durch den Kopf. («Bitte Sir, darf ich mal austreten, Sir?») Ha! Nicht umsonst hatte er ein ganzes Semester lang an Professor «Sheets» Kellys Intensivkurs über die Textanalyse moderner Dichtung teilgenommen. Am folgenden Mittwoch kehrte der Midget zu *Norton's* zurück und versteckte sich in einer Kaffeemaschine, bis das Personal gegangen und der Laden abgeschlossen worden war. Wenige Augenblicke später hatte er das Schild entfernt und durch eine leicht verbesserte Fassung ersetzt:

KEIN ANGESTELLTER VERLÄSST DAS STOCKWERK
ODER SCHAUT ZUR TÜR HINAUS
OHNE AUSDRÜCKLICHE GENEHMIGUNG
EINES VORGESETZTEN
DAS MGT.

Von jetzt an schleuderte Markoff Chaney den übergroßen Idioten der statistischen Mehrheit eine Serie von «Terroranschlägen» entgegen (wie er sie bei sich nannte). Schon bei seinem ersten Junior-Edison-Spiel hatte er sich als elektronisches Genie entpuppt, und so war es für ihn kein großes Problem, die Relais an den Straßenkreuzungen so zu verstellen, daß die Ampeln bei Rot das GEH-Männchen und bei Grün das WARTE-Männchen zeigten. Aber das erwies sich als Schlag ins Wasser, außer in kleineren Städten; die

Bewohner von New York, Chicago und ähnlichen Ballungszentren waren daran gewöhnt, daß nichts funktionierte und ignorierten die Ampeln sowieso. Der Midget erweiterte seinen Aktionsradius; bald regnete es im ganzen Land unverständliche Hausmitteilungen auf Büroangestellte, die alle mit DAS MGT. unterschrieben waren. Sein Vater, der verdrossene alte Indol Chaney, war Aktienbesitzer der *Blue Sky Inc.* gewesen, einer reichen dubiosen Firma, die Geräte für Regionen mit geringer Schwerkraft herstellte. Als John F. Kennedy ankündigte, daß die Vereinigten Staaten noch vor 1970 einen Menschen auf den Mond bringen würden, schnellten die Gewinne der *Blue Sky Inc.* plötzlich in die Höhe. Markoff erbte ein Kapital, das ihm dreihundert Dollar im Monat garantierte. Für seine Zwecke reichte das aus. Er lebte spartanisch, reiste in Greyhound-Bussen kreuz und quer durchs ganze Land (kannte bald sämtliche Graffiti in allen White-Tower-Klos von Amerika in- und auswendig), ernährte sich nicht selten von einer Büchse Ölsardinen und einem halben Liter Milch am Tag und überschwemmte das Land mit einer Welle von Anarchie.

ANGESTELLTE SIND NICHT BEFUGT
UNTEREINANDER URLAUBSTAGE
AUSZUTAUSCHEN.
DAS MGT.

ANGESTELLTE SIND NICHT BEFUGT
DIE STECHKARTEN ANDERER ANGESTELLTEN
ZU DRÜCKEN.
JEDE ZUWIDERHANDLUNG WIRD MIT
FRISTLOSER ENTLASSUNG BESTRAFT.
DAS MGT.

DAS FORMULAR IST IN DREIFACHER
AUSFERTIGUNG ANZULEGEN. EINE KOPIE IST FÜR
IHRE UNTERLAGEN BESTIMMT, EINE FÜR UNSERE
AKTEN, UND DIE DRITTE SCHICKEN SIE BITTE
AN DAS TRANSSYLVANISCHE KONSULAT.
DAS MGT.

(Letzteres tauchte natürlich bei einem Blutspendedienst auf)

Am 18. Januar 1984 war der Midget in Chicago und versteckte sich in einer Kaffeemaschine in den Redaktionsräumen des *Pussycat*-Magazins im zehnten Stock. Er hatte ein Urlaubsplanformular bei sich, das er fotokopieren und auf den Schreibtischen der Redakteure verteilen wollte. Dieses Formular war sein Meisterstück. Jeder, der versuchte, es zu entziffern und sich an alle Anweisungen zu halten, würde mit ziemlicher Sicherheit eine Herzattacke erleiden, und trotzdem unterschied es sich auf den ersten Blick fast gar nicht von ähnlichen Formularen, die täglich zu Hunderten in den Büros der Nation verteilt wurden. Chaney war sehr zufrieden mit sich und konnte es kaum erwarten, daß das Personal endlich abhaute und er sich seiner erfreulichen Nachtarbeit widmen konnte. Da kamen zwei Redakteure, in eine Unterhaltung vertieft, an der Kaffeemaschine vorbei.

«Wer ist eigentlich der nächste Interviewpartner für *Pussycat*?» fragte der eine.

«Dr. Dashwood. Weißt du, der von der Orgasmusforschung», antwortete der andere.

«Oh!»

Der Midget hatte von der Orgasmusforschungsstelle gehört, und natürlich stand das Ding auf seiner Scheißliste. Noch mehr Statistiken und Durchschnittswerte, noch mehr moderne Normerforschung, die er sowieso nie erfüllen würde. Und Dr. Dashwood, dieser Bastard, der das Ganze organisierte, sollte jetzt also von *Pussycat* interviewt werden? Vermutlich kriegte er auch noch all die prächtigen Pussies vom hiesigen *Pussycat*-Club zu ficken. Chaney schäumte vor Wut. Die Orgasmusforschungsstelle rutschte von der Mitte seiner Scheißliste ganz nach oben und ersetzte Chaneys Erzfeind *Bell Telephone*.

Die ganze Nacht spukte der Gedanke an Dr. Dashwood in seinem Kopf herum, während er auf dem Fotokopierer des Büros seine surrealistischen Urlaubsformulare produzierte. Er schäumte noch, als er in seinem winzigen Zimmer im *YMCA* ankam und den Riegel vorschob (um die herumstreunenden und aufdringlichen Individuen abzuhalten, die die *YMCAs* im ganzen Land heimsuchen). Dr. Francis Dashwood, Orgasmuskontrolleur, im Begriff, sich kopfüber in ein Faß voller Pussies zu stürzen: Dieser Gedanke ließ den Midget nicht mehr in Ruhe.

Aber mittlerweile war es vier Uhr morgens. Er war müde. Morgen früh war auch noch Zeit, sich um die Orgasmusforschung zu kümmern. Chaney träumte davon, wie Dashwood in Frankensteins Labor mit einem n-dimensionalen Lineal Orgasmusmessungen anstellte und Männer in Trenchcoats im Dunkeln herumschlichen und unverständliche Fragen nach 132 verschwundenen Gorillas stellten.

Am nächsten Morgen blätterte er durch seine Mappe mit gefälschten Briefköpfen, auf der Suche nach etwas Passendem für die Korrespondenz mit der Orgasmusforschungsstelle.

THUG-GESELLSCHAFT, ABTEILUNG FÜR HASCHISCH-IMPORT UND AFROGENEALOGIE – das war der hübscheste Briefkopf, mit einer dreiköpfigen Kali illustriert. Aber der war schon für seine Korrespondenz mit weißen Rassisten reserviert. Damit informierte Chaney sie, daß die Afrogenealogische Abteilung (Chefforscher: Alex Haley) entdeckt hatte, daß ihre Ur-Ur-Großmutter eine Farbige gewesen war. Chaney pflegte die Empfänger zur nächsten Thug-Sitzung einzuladen, mit Frau und Kindern selbstverständlich.

FREUNDE DER AUSSTERBENDEN MALARIAMOSQUITOS (KOMITEE ZUR ABSCHAFFUNG VON DDT) war auch nicht schlecht, aber nicht gut genug für Dr. Dashwood. Außerdem war es für die Korrespondenz mit Präsident Lousewart bestimmt.

PARATHEOANAMETAMYSTIKERSCHAFT DER ERIS-ESOTERIK – später vielleicht.

Schließlich entschied sich der Midget für VEREINTE CHRISTEN UND ATHEISTEN GEGEN DEN SCHLEICHENDEN AGNOSTIZISMUS, eine nonprophetische Organisation; Präsident: Billy Graham, erster Vorsitzender: Madalyn Murray O'Hair.

In wenigen Sekunden hatte Chaney einen Brief entworfen, der garantiert ein paar Sicherungen in Dr. Dashwoods Computer-Kortex durchbrennen lassen würde:

Lieber Dr. Dashwood,
wenn man bis zum Hals in Alligatoren steckt, wird's schwer, sich daran zu erinnern, daß man auszog, um den Sumpf trockenzulegen.

Herzlichst,
Ezra Pound
Hoher Rat der Bewaffneten Rabbis

P. S. Entropie erfordert keine Wartung.

Das sollte dem Kerl auf die Sprünge helfen, dachte Chaney zufrieden, als er die geheimnisvolle Epistel in einen Umschlag steckte und ihn adressierte.

Markoff Chaney verabscheute die Mathematik, weil sie vom Konzept des Durchschnitts ausging.

Chaney verabscheute nicht nur, sondern haßte, verfluchte, verachtete und verwünschte den Gedanken an Dr. Dashwood. Er konnte ihn einfach nicht ertragen – nicht nur, weil Dashwoods Arbeit Statistiken und Durchschnittswerte hervorbrachte, sondern auch, weil sie mit Orgasmen zu tun hatte.

Das war für Chaney ein heikles Thema. Er war nämlich noch Jungfrau. Für Frauen seiner eigenen Größe hatte er noch nie was übriggehabt – das kam ihm fast wie Inzest vor, und außerdem turnten sie ihn einfach nicht an. Er verehrte Riesinnen der verhaßten übergroßen Mehrheit. Er betete sie an, gierte nach ihnen und hatte gleichzeitig entsetzliche Angst vor ihnen. Er wußte aus unzähligen traurigen Erfahrungen, daß sie ihn *niedlich* und sogar *süß* fanden (eine war sogar mal soweit gegangen, *allerliebst* zu sagen), aber als Sexpartner war er für sie absolut *lächerlich,* verdammt noch mal. Zur Hölle mit dem ganzen Pack.

Er hatte schon versucht, sich Mut anzutrinken. Dann fanden sie ihn *ekelhaft* und *chauvinistisch* und nicht mal mehr *niedlich*.

Darauf versuchte er es mit Gras. Da fanden sie ihn wieder *niedlich,* sogar *lustig,* aber als möglichen Geschlechtspartner noch absurder als vorher.

Er versuchte es mit *Sensitivity*-Training. Den ersten Tag verbrachten die Trainer damit, ihn völlig auseinanderzunehmen. Sie erzählten ihm, er sei ein dreckiger Scheißer, und jedermann wüßte das und noch mehr solche Sachen, die er insgeheim schon immer vermutet hatte. Am zweiten Tag bauten sie ihn wieder auf und überzeugten ihn davon, daß er sein Territorium genausogut unter Kontrolle haben könnte wie jedes andere Säugetier auch. Als er rauskam, schwebte er drei Meter über dem Boden.

Er ging sofort in die nächste Singles-Bar und machte sich an die attraktivste Blondine im ganzen Saal ran.

«Hi», sagte er forsch, ein bißchen schwankend. «Was meinst du zu einem netten kleinen Fick?»

Sie starrte auf ihn herunter, und plötzlich kam ihm der Abstand zwischen ihnen enorm groß vor. «Hallo, du netter kleiner Scheißkerl», grunzte sie, zu Tode gelangweilt.

Als Chaney sich in sein *YMCA*-Zimmer zurückschlich, wo das pornographische Tarotspiel auf ihn wartete, schwor er sich inbrünstiger als je zuvor, zum gemeinsten Dreckskerl auf dem ganzen Planeten zu werden. *Niemand* würde ihn je wieder «netter kleiner Scheißkerl» nennen.

Zwar verehrte und fürchtete er die Riesinnen immer noch, aber jetzt haßte er sie auch noch, kurz, er hing an ihnen wie eine Klette.

Ihre Fotzen – diese haarigen, feuchten, heißen, geliebten, unerreichbaren, zurückweisenden, schrecklichen, göttlichen, furchterregenden Schwartzschildschen Radien für den Maßstab von Männlichkeit, waren sein Heiliger Gral.

Trotz seiner Jungfräulichkeit wußte er, daß ihre Fotzen haarig, heiß und feucht usw. waren, weil er jede Menge pornographische Romane gelesen hatte.*

* *Galaktische Archive:* Pornographische Romane handelten von Sachen, die den Primaten den größten Spaß machten, nämlich sexuelle Akrobatenstückchen. Aber sie wurden so erzogen, daß sie sich dieser natürlichen Primatenimpulse schämten, und deshalb wurden sie zu schuldbewußten, verschlagenen und unterwürfigen Typen, die von den Alpha-Männchen mit Leichtigkeit manipuliert werden konnten. Die, die sich beim Lesen solcher Romane erwischen ließen, waren natürlich dreckige Scheißer.

PEP

Muß es sein? Es muß sein.
Ludwig van Beethoven

PEP – die *People's Ecology Party* war nach dem Erfolg seines monumentalen Bestsellers *Gefahren, wohin man schaut* von dem Autor Furbish Lousewart V. ins Leben gerufen worden.
Lousewart V. war zur rechten Zeit auf die Welt gekommen; sein Buch spiegelte auf perfekte Art die Prophezeiungen der siebziger Jahr wider. Seine These war simpel: Alles was die Wissenschaft macht, ist falsch. Wissenschaftler sind böse Menschen. Wir müssen zu einer einfachen, natürlichen Lebensweise zurückfinden. Die Botschaft war für diese Zeit wie geschaffen – nichts anderes als Hitlers aufgewärmter Nationalsozialismus mit ein paar kleinen Verbesserungen hier und da.
Wo Hitler beispielsweise «Jude» schrieb, machte Lousewart daraus «Wissenschaftler». Keiner hätte sich von diesem antisemitischen Quatsch noch einwickeln lassen, außer der hinterwäldlerischen Bevölkerung von Bad Ass, Texas oder Chicago, Illinois. Lousewart hatte mit brillanter Intuition den einzigen Sündenbock herausgepickt, der imstande war, bei der Gesamtbevölkerung noch echte Wut, Angst und Haß zu mobilisieren.
Statt Hitlers Rassenreinheit etablierte Lousewart das Dogma von der Reinheit der Ernährung. («Nicht das, was aus dem Munde des Menschen herauskommt, ist wichtig», sagte er und wies damit die Zeitbindung des dritten Schaltkreises komplett zurück, «sondern das, was er hineintut.»)
Hitlers wagnerischer Primitivismus schließlich war für das junge Amerika der siebziger Jahre zu teutonisch, daher ersetzte Lousewart ihn durch eine modische Mixtur von taoistischem und indianischem Primitivismus.
Es tat nichts zur Sache, daß die Gelehrten darauf hinwiesen, daß Lousewarts Argumente nicht nur unlogisch, sondern auch zusammenhanglos waren (seine Schüler verachteten Logik und Zusammenhang aus Prinzip). Und es spielte nicht mal eine Rolle, daß er die Unverfrorenheit besaß, die meisten seiner Beobachtungen schamlos aus Roszaks *Wo die Wüste aufhört* und von Dänikens

Gold der Götter zu klauen. Es war eine Verpackung, deren Markt garantiert war. Mit dem Zusammenbruch der Republikanischen Partei nach Nixon und Ford war in der nationalen Politik ein Vakuum entstanden; irgend jemand mußte jetzt was auf die Beine stellen, das es mit den Demokraten aufnehmen konnte, und die People's Ecology Party machte sich rasch an die Eroberung des Geländes.

Auf dem Gebiet von Moral und Ideologie war Lousewart Experte; er hatte erkannt, daß die Jagd auf dreckige Scheißer und ihre Bloßstellung eine gute Möglichkeit bot, Anführer einer Bewegung von Schwachen und Ängstlichen zu werden. Kurz, er hatte das Zeug zu einem Politiker. Nachdem er die Wissenschaft der Ökologie in die PEP-Ideologie verwandelt hatte, war daraus eine totale Vernichtungsmission gegen all jene geworden, die im Verdacht standen, dreckige Scheißer zu sein.

Offiziell wurde Lousewarts Philosophie von Askese, Mittelaltertum und Verzweiflung die Revolution der Gedämpften Erwartungen genannt.

Furbish Lousewart hatte die Revolution der Gedämpften Erwartungen nicht erfunden. Die gesamte Neurosoziologie des 20. Jahrhunderts ließ sich als eine Funktion von zwei Variablen verstehen – die ansteigende Kurve der Revolution der Gesteigerten Erwartungen und die fallende Kurve der Revolution der Gedämpften Erwartungen.

In der ersten Hälfte des Jahrhunderts hatte die Revolution der Gesteigerten Erwartungen immer mehr Menschen mitgerissen und in vielen die Hoffnung erweckt, daß Armut und Hungersnöte, Krieg und Krankheiten allmählich durch die Fortschritte der theoretischen und angewandten Wissenschaften, den wachsenden Vorräten an überschüssigen Nahrungsmitteln in den weiter entwickelten Nationen, eine beschleunigte medizinische Forschung, die Verbreitung von Bildung und Elektronik und die steigende Überzeugung, daß jedes Volk ein Recht darauf hat, für sich und seine Nachkommen ein menschenwürdiges Dasein zu fordern, besiegt werden könnten.

Die Revolution der Gedämpften Erwartungen ging von der Theorie aus, daß es einfach nicht genug Energie auf dem Planeten gab, um die steigenden Erwartungen der Massen zu befriedigen. Jahr für Jahr wurde die gleiche Botschaft verbreitet: Es ist nicht genug da. Man klärte die Massen darüber auf, daß Terra ein geschlossenes System war, die Entropie sich steigerte, das Leben insgesamt auf dem absteigenden Ast war und die Mehrheit zu Armut, Hunger, Krankheit, Leid und Dummheit verurteilt war.

Die meisten von denen, die an ihren steigenden Erwartungen festhielten, waren Wissenschaftler. Als Furbish Lousewart realisierte, welches politisches Kapital sich aus der Revolution der Gedämpften Erwartungen schlagen ließ, erkannte er auch (und demonstrierte damit politischen Sachverstand), was es bedeutete, eine politische Opposition zu haben: eine Gruppe von Sündenböcken nämlich.

Die Wissenschaftler waren ideale Sündenböcke, weil sie sich nur in Spezialsprachen verständigten und kaum ein Außenstehender sie verstehen konnte.

Die Juden hatten dieselbe Funktion zu anderen Zeiten erfüllt, weil sie *Jiddisch* sprachen.

Die Wissenschaftler sprachen *Mathematik*.

Chemische Fabriken

> Bewußtsein ist Energie, die durch eine Struktur empfangen und dekodiert wird. Beim Menschen sind diese Empfangs/ Dekodierungsstrukturen neuro-chemikalischer Natur.
>
> Sigmund Freud, *Die Neuropolitik des Kokain*

«Nein warte, verdammt noch mal, wenn du's nicht verstehst», jammerte der bohnenförmige Leptosom mit dem Namen Mounty Babbit.

«Ich verstehe schon», sagte Sylvia Goldfarb beschwichtigend. Ihre Brillengläser funkelten silbrig-böse.

«Es liegt am Kundalini», gurgelte Babbit glücklich. «Ich sehe Raum und Zeit gleichzeitig. Bei Gott, ich bin der erste, der das kann. Schlau sein, dabei sein. Ich bin Superman.»

«Ja, ja», beruhigte ihn Sylvia, «du bist der Größte.»

«Was, zum Teufel, hast du schon für 'ne Ahnung?» fauchte Babbit. «Schließlich hab ich dich bloß erfunden. Das Ganze ist ein Trick.»

«Ja, ja, Liebling, natürlich», schmeichelte Sylvia.

Babbit befand sich im zweiten Tag seines alljährlichen Freakouts. Am ersten Tag hatte er fünf Stelazin geschluckt, aber heute war er sich nicht mehr so sicher, ob er noch mehr davon nehmen sollte. Er fing gerade an, diesen Zustand wenigstens teilweise zu *genießen*.

«Nur noch ein Stelazin», drängte Sylvia sanft.

«Nein . . . doch . . . na klar . . . ach, fick dich doch selbst», sagte Babbit in jämmerlicher Freude oder glücklichem Elend oder irgend so einem un-dimensionalen neurologischen Zustand.

«Mann, jetzt nimm endlich diese *verdammte* Pille», herrschte Franklin Delano Roosevelt ihn an. Dann ließ er seine Muskeln spielen und schlüpfte in die übliche Kommandorolle des Alpha-Männchens.

«Du bist ja bloß eifersüchtig», kreischte Babbit. «Du Wackelpudding. Du kannst mich am Arsch lecken. Du kannst jedenfalls nicht alles auf einmal sehen, so wie ich.»

«Mann, du sollst die verdammte *Pille* nehmen, hab ich gesagt», knurrte Stuart noch drohender.

«Ja, ja, natürlich», meinte Babbit eingeschüchtert. Er nahm das Stelazin.

«So ist's gut, Liebling», gurrte Sylvia Goldfarb und reichte ihm ein Glas Wasser, um die Pille runterzuspülen.
Es war ein lausiger Tag im P.O.E.-Hauptquartier, aber Babbit flippte immer nur einmal im Jahr aus, meistens im April.

12,6 Prozent der Bevölkerung von Unistat hatten Babbits Pilgerfahrt mindestens auch schon einmal im Leben durchgemacht. Bei jedem Fünfzigsten wiederholte sie sich wie bei ihm jedes Jahr.
Dieser Zustand war bei domestizierten Primaten normal, wenn sie sich auf das objektive Bewußtsein zubewegten. In den meisten Gesellschaften nahmen Leute, die sowas schon hinter sich hatten, andere, die noch mittendrin steckten, unter ihre Fittiche (man nannte sie *Schamanen)* und brachten ihnen bei, wie man es am besten zu Spaß und Profit bringt.
Dieses Wissen war den Primaten im Verlauf ihrer Domestizierung allmählich verlorengegangen. Zu der Zeit, als sie die ersten Dampfmaschinen bauten und die Sklaverei institutionalisierten, erinnerten sie sich schon nicht mehr an irgendwelche neurologische Mutationen, mit denen man Spaß und Profit haben konnte.
Sie nahmen Leute, die solche Veränderungen durchmachten, fest und steckten sie in feuchte dunkle Gefängnisse.
Diese Gefängnisse nannten sie «Heilanstalten».

All das wurde durch einen Primaten namens Sigmund Freud geändert, der in Österreich geboren, aber schon in seiner Jugend nach Unistat ausgewandert war, weil er die Unabhängigkeitserklärung von Unistat bewunderte.
Freud war einer der ersten außerhalb von Peru, der Kokain probierte. Er fand es sehr erleuchtend. Tatsächlich war er so erleuchtet, daß er nur noch durch die Gegend raste und jede Chemikalie

ausprobierte, die das Nervensystem radikal verändert. *Peyote* nahm er fast genauso früh wie Havelock Ellis und William James. Dann probierte er *Cannabis Indica*. Er schluckte sogar Belladonna und – überlebte. Als nächstes kamen Yage, Mutterkornsamen, Skopalamin, Stechapfel, Opium und Dutzende von anderen Sachen dran.

Freud kam zu der Erkenntnis, daß das Bewußtsein von der Chemie des Nervensystems abhängig ist. Er schrieb mehrere Bücher über seine Erfahrungen, und dann steckten sie ihn in den Knast.

Die Primaten pflegten Pioniere und Erneuerer einzubuchten. Das war ihre Form der Ruhmeshalle, wie man sie auf anderen, weiter entwickelten Planeten fand.

Läuse im Spelunkendunst

> Es ist heute unmöglich, davon auszugehen, daß organisches Leben nur auf diesem Planeten existiert.
>
> Furbish Lousewart V., *Gefahren, wohin man schaut*

Am 23. Dezember 1983 hörte Justin Case auf einer von Epicene Wildebloods verrückten Parties zum erstenmal von den Läusen im Spelunkendunst. Simon Moon, eine Kreatur, die fast genausoviel Haare am Körper hatte wie Bigfoot, pflanzte die Läuse in Cases semantisches Unterbewußtsein. Der ganze Abend war ziemlich verwirrend – zu viele Martinis, zu viel Gras und zu viele Leute –, und man hielt Moon sowieso allgemein für etwas unheimlich, weil er für das Biest (oder *mit* dem Biest oder *auf* dem Biest) arbeitete. Um alles noch surrealistischer zu machen, quasselte dieser entsetzliche Langweiler Blake Williams den ganzen Abend, jedem der es hören wollte, die Ohren mit einer Lektion über die Geburt der Kosmischen Menschheit voll, während im Hintergrund natürlich auch noch andere Gespräche im Gang waren. Das störte Moon nicht weiter; er hatte ein Manuskript dabei, ein paar Zuhörer um sich herum, und Case blieb gar nichts anderes übrig, als das, was der verrückte Biestmensch da vorlas, wenigstens teilweise zu absorbieren.

«Einfältig lächeln die Gallier über seine tyrannische Herrschaft», rezitierte Moon in diesem Moment, gerade als Case auf ihn aufmerksam wurde. Was zum Teufel sollte denn das? «Er ist ein übler Raufbold mit sieben Wochen alten Stiefeln und einer ferngesteuerten Knarre in alle Ewigkeit. In seinen Augen schien uralte Glut.»

«VERFICKTE BANDE!» flötete ein betrunkener Schriftsteller wie eine Zimbel in Cases anderes Ohr.

«Wie bitte?» Epicene Wildeblood, schwul wie drei Zirkusschimpansen, schien zu glauben, der Besoffene hätte ihn gemeint.

«Ich sagte, ZUM TEUFEL MIT DEN VERFICKTEN KAPITALISTEN!!!» erklärte der Schriftsteller, leicht nach links schwankend. «Den ganzen gottverfluchten, stinkenden, geldgeilen, reaktionären Haufen . . .»

«Verstehe», meinte Wildeblood trocken. Er konnte es nicht ausstehen, wenn Leute auf seinen Parties ausfällig wurden. «Ich glaube, Sie haben zuviel getrunken . . .»

«Soooo? Na schön», entschied der Besoffene majestätisch. «Zum Teufel mit Ihnen. Und dem Pferd, auf dem Sie kamen, wie man in Texas zu sagen pflegt.»

Aber dieser fettarschige Langweiler von Blake Williams plärrte gerade: «Das ganze Problem liegt natürlich darin, daß wir noch nicht geboren sind. In Wirklichkeit steht die Menschheit erst jetzt, an diesem Punkt der Geschichte, kurz vor ihrer Geburt.» Williams hatte immer solche schwachsinnigen Sprüche auf Lager.

«Vor ihrer Geburt?» fragte Carol Christmas, die aufregendste und weiblichste Blondine der ganzen Galaxie. Case kam sofort auf die glänzende Idee, wenigstens einen Teil von seinem Sperma in ihr zu deponieren – und *jede* ihrer Öffnungen wäre gut genug dafür. Er hielt dies für einen seiner brillantesten Einfälle überhaupt und überlegte sich, wie er das am besten anstellen sollte. Er hatte natürlich keinen Schimmer davon, daß alle männlichen Hominiden und jede Menge anderer männlicher Primaten sofort auf die gleiche Idee verfielen, wenn sie Carol sahen.

«Aalerich, vorbei an Novas Atomen», las der haarige Moon seinem kleinen Kreis von Bewunderern weiter vor, «von Mayas Glatzköpfen bis zu den Monaden des Schleims, führt uns an einem göttlichkarmischen Tao-Jones-Thron vorbei und zurück, an aufgeblasenen

Taktiken und atlantischen Spezialisten entlang zu den Läusen im Spelunkendunst. Zum Humpeltheater bitte hier entlang.»
«Trotzdem, ich bleibe dabei, verfickte Bande.» Der Besoffene kämpfte wie ein einsames Fagott gegen Moons schrille Violine an. «Kapitalismus ist der Himmel der Reichen und die Hölle der Armen.»
«Ähem, ja» blökte das eingebildete, alte Baritonsaxophon Blake Williams' der anbetungswürdigen Carol ins Ohr, «Sie verstehen, das Leben auf diesem Planeten ist im Sinne der Evolution noch auf dem Stand eines Embryos. Im Vergleich zum übrigen Kosmos.»
Alter chryselephantinischer Pedant, dachte Case.
Ein grelles Pfeifen flog durch den Raum. Das war Josephine Malik, Cases Verlegerin. «Moon. Es heißt, er arbeitet für das Biest.» Case warf einen schnellen Blick zu ihr hinüber. Wie immer steckte sie in Armeehosen und Kampfstiefeln. Dazu trug sie einen psychedelisch-bunten Button mit der Aufschrift BRING BACK THE SIXTIES. Wandelnde Nostalgie.
«Der schwebt», dröhnte Williams' Tuba weiter, «in der embryonalen Atmosphäre auf dem Grund eines viertausend Meilen tiefen Gravitationsschachts, verstehen Sie? Er erhebt natürlich die euklidischen Parameter dieser Gestation zur Norm. Absolut fetal, wenn Sie mir folgen können, und im wahrsten Sinne des Wortes blind, weil ungeboren. Die Dimensionen des . . . ähem . . . Mutterplaneten kennt er wohl, nicht aber das, was jenseits der gravitationalen Vagina liegt – das ganze Universum *da draußen*.»
«Eine viertausend Meilen große *Fotze*?» Carol blieb die Luft weg bei dieser Vorstellung. Ihr blonder Kopf beugte sich zweifelnd nach vorn. «Das ist aber eine *sehr* witzige Metapher, Professor.»
«Der einzige Unterschied», fuhr der Besoffene eintönig wie eine Baßtrommel fort, «zwischen meinen Verlegern und Jones Gang ist der, daß die Jungs von Jones Pferde besaßen.»
«. . . was die zahlreichen Wiedergeburtserlebnisse erklärt, die von den Astronauten Aldrich und Mitchell und anderen geäußert wurden», trompetete Williams (aufgeblasener alter Schaumschläger). «Die Erde ist unser Schoß. Die Erde zu verlassen bedeutet, wiedergeboren zu werden. Da ist nichts Metaphorisches dran.»
«Die James-Jungs, Teufel auch, mein letzter Verleger war mehr wie Attila, der Hunne», erklang Frank Heneroid *in pianissimo*.

Case kam sich allmählich so vor, als ob er zuviel Hasch konsumiert hätte.
«Rechtsradikale?» trillerte die Astronomin Bertha van Ation. «Wir haben echte Rechtsradikale draußen in Orange County. Hab ich euch eigentlich schon von dem Komitee zur Vernichtung der Wale erzählt?»
Mittlerweile brummelte dieser unmögliche Williams leise mit Carol, der Goldenen Göttin herum. Case versuchte verzweifelt, einzelne Worte aufzuschnappen, in entsetzlicher Angst, daß sich da gerade eine sexuelle Liaison anbahnte.
«Das Gedächtnis», gurrte Williams, «funktioniert ganz einfach. Sprechen Sie mir nach: Aber für manche Planeten scheint unglücklicherweise Einsteins Mechanik mitunter gar nicht verbindlich. Sehen Sie?»
Gedächtnis, für was, in Gottes Namen? Aber nun fing Moon an, wie ein Todesengel zu heulen:
«Die Nase voll von Garrisons Statements, Oswildes Küsten, täglichen Blazern, Tochus Schulbuchlagern, halb sexbesessenen Schurken und Schwulen. Fickt! Der unbekannteste Karpfen von allen. Fockt! Nervig? GK? Meschugge? Sein verräterischer Bruder.»
«Eines Morgens so um drei lief ich die Lexington Avenue entlang», faselte der Besoffene vor sich hin. «Und plötzlich hörte ich dieses Röhren, dieses entsetzliche *unheimliche Lachen,* wie aus einer H. P. Lovecraft-Story, und soll ich euch sagen, was ich glaubte? Daß es ein Verleger und sein Rechtsanwalt waren, die sich gerade mal wieder einen neuen Dreh ausgedacht hatten, um einen ihrer Autoren übers Ohr zu haben.»
«Das ist der geilste Komödiantenernenner», klagte Moon hoch auf der G-Saite, «die spiralförmigen Visionen für den geilsten Komödiantenernenner. Grausige Schreie aus den skalpierten Nationen. Diese ovale Öffnung sorgt für die Klempner für die Spindels. Lust der Wandernden! Denkt! Weißer Harsch entehrt. Dankt! Weißarsch entleert. Dunkt!»
«Ich wünschte, Moon würde endlich aufhören mit diesem Gequassel», hörte man klar und deutlich das Solo von Fred «Figs» Newton. «Ich würd ihn ja zu gern mal fragen, wieviel das Biest denn nun wirklich weiß.»

«Oooh», stöhnte die traurige Oboe Benny Benedicts bedeutungsvoll. «Das Biest weiß *alles* . . .»
«. . . bei Loop Shore und Dillingers Gangers», krächzte Moon unerschütterlich weiter, «wo die Yippies yippen und Tauben tauchen, zur falschesten Versammlung aller Zeiten.»
An diesem Punkt mußte Case dringend zum Klo (ein Martini zuviel), und deshalb stieg er nie hinter die Bedeutung all dieser Gesprächsfetzen in seinem Kopf, nur die Läuse im Spelunkendunst waren ein für allemal in der Schublade der Vieldeutigen Bildersprache seines Mythos-und-Metapher-Detektors gespeichert, gleich neben den Three Stooges und Chinatown.
Und Cagliostro dem Großen.

Signale aus einer verlorenen Welt

> Einer der wichtigsten Dienste, die die Mathematik der Menschheit im letzten Jahrhundert erwiesen hat, ist, den «gesunden Menschenverstand» dahin zu verbannen, wo er hingehört: ins oberte Fach, direkt neben den staubigen Kanister mit dem Etikett «Ausrangierter Unsinn».
>
> Eric Temple Bell, *Mathematik, die Königin der Wissenschaften*

Terranische Archive, 2803:

Es gibt natürlich nach wie vor viele ungelöste Rätsel um die alten Wissenschaftsschamanen. Wir wissen beispielsweise, daß die Buchstaben L.S.D. oft in kodierten Umschreibungen auftauchten, wie auch im vorangegangenen Abschnitt, wo in Simon Moons Jungschem Manuskript das Akrostichon «*L*äuse im *S*pelunken *D*unst» auftaucht, oder auch in den religiösen Gesängen eines Liverpooler Insektenkults mit dem Namen «The Beatles», der «*L*ucy in the *S*ky with *D*iamonds» beschwor. Professor Jubelum ist der Ansicht, daß L.S.D. eine Variation des freimaurerischen L.P.D. ist. Das gibt allerdings ein weiteres Rätsel auf: L.P.D. wurde erklärt als «Light Power Density» (Licht Energie Dichte), als Kryptogramm der Zahl 114 (kabbalistisch: L + P + D = 114), als Anzahl von Jahren in einem Kreis der Rosenkreuzer, als revolutionärer Slogan des 18. Jahrhunderts *Lilia Pedibus Destrue* (Zertretet die Lilien unter euren Füßen, das heißt zerstört die französische Monarchie, deren Symbol bekanntlich die Lilie war) oder als «Liberty Power Duty» (Freiheit Macht Pflicht) usw. Ähnlich wurde L.S.D. später als «Leary's Star Drive» (Learys Sternenfahrt), «Life, Sex, Death» (Leben, Sex, Tod), «Let's Stop Death» (Verhindert den Tod) oder «Legalize Spiritual Discovery» (Legalisiert Spirituelle Erfahrungen) interpretiert.

In dieser barbarischen Epoche verschlüsselten die alten Weisen ihre Schriften, weil sie befürchten mußten, mit der Ausübung ihrer Berufung das Leben zu riskieren. Bruno verbrachte zum Beispiel acht Jahre in den Kerkern der Inquisition, bevor man ihn auf dem Scheiterhaufen hinrichtete, Leary vierundvierzig Monate im kalifornischen Archipel, und Crowley wurde aus drei Ländern vertrieben. Castaneda weigerte sich, sich fotografieren zu lassen. Wilson setzte die widersprüchlichsten Gerüchte über sich in die Welt, um sein wahres Ziel, was auch immer das gewesen sein mag, zu verschleiern.

Wenn wir etwas nicht mit Sicherheit wissen, sollten wir in diesem Punkt der Ehrlichkeit halber Agnostiker bleiben. Selbstverständlich wird sich der Leser seine eigene, persönliche Meinung über Wilsons grandiose Allegorien und okkulten Behauptungen bilden; der Trick ist der, sich auf die Realität zu konzentrieren, die über bedrucktes Papier vermittelt wird. Jeder Satz ist ein Signal aus einer verlorenen Welt, einer Epoche primitiver, barbarischer Herrlichkeit und phantastischer Grausamkeit zugleich. Man sieht sich ihr ausgesetzt, sobald man die Grenze überschreitet und das System betritt.

Der Stand

> Der Metaprogrammierungs-Schaltkreis des Nervensystems erlaubt dem Gehirn, sich seiner Programmierung bewußt zu werden, zu entscheiden, welcher Schaltkreis reagiert, um Erfahrungen zu verarbeiten und aufeinander abzustimmen. Traditionell war dies das Große Werk der Alchimisten. Menschen, die zufällig damit konfrontiert werden und auf den Umgang mit der neuen Freiheit nicht vorbereitet sind, werden schizophren genannt.
>
> Marilyn Chambers, *Neuro-Anthropologie*

Simon Moon kam in die intellektuelle Pubertät, als er auf die *Principia Mathematica* von Russell und Whitehead stieß und entdeckte, daß die simple Behauptung «A ist A» (ein Apfel ist ein Apfel – für Nicht-Mathematiker) vierhundert Seiten Vorüberlegungen erfordert, ehe sie überhaupt einen Sinn ergibt und selbst dann nur im Kontext eines logischen Systems plausibel klingt. Seinen ersten synaptischen Orgasmus (oder Gehirnexplosion) erlebte Moon mit G. Spencer Browns *Gesetze der Form,* wo Brown nachwies, daß selbst Russell und Whitehead eine ganze Menge mehr als erwiesen betrachtet hatten, als sie selbst realisierten. (Russell und Whitehead hatten beispielsweise voreilig angenommen, daß es einen Sinn hat, vom Überqueren einer Linie zwischen zwei Staaten zu sprechen.) Im semantischen Bereich entwickelte Simon sich aber zu einem Polymorph-Perversen oder Gehirn-Tantristen, als er sich mit glasigen Augen durch Gödels Beweis kämpfte, der schlüssig nachweist, daß der Beweis an sich kontingent ist.

Erst nach diesen semantischen Akrobatenstückchen war er in der Lage, das zu würdigen, was seine in den Bauernstand verpflanzte Tante Molly Moon ihm beigebracht hatte.

Das Wichtigste, was er von Tante Molly gelernt hatte, war Respekt für den Stand.

Alle alten Irenfrauen nannten *sie* Der Stand. Nur akademische Folkloristen, Anthropologen und andere ähnliche verstädterte Typen nannten *sie* Feen, Völkchen, Waldgeister oder Märchenwesen. Molly Moon aber stammte aus County Mayo, und sie wußte verdammt gut, daß *sie* Wert darauf legten, Der Stand genannt zu werden – das war eine Art Respekt, den *sie* forderten – und daß jeder, der *sie* irgendwie anders bezeichnete, Gefahr lief, *sie* zu beleidigen und die üblichen Konsequenzen fürchten zu müssen.

Tante Molly bestand darauf, daß *sie* in Unistat genauso zahlreich vertreten waren wie in Irland, aber die Leute hier kannten sich mit *ihnen* nicht so gut aus wie die Iren. Hier machte man alle möglichen anderen Gründe für *ihre* Handlungen verantwortlich – man sagte «Pech» oder «Zufall», «Synchronizität», «Murphys Gesetz», «Geister», «Spuk», «Gespenster», «Kobolde», «Druckfehler», «Illuminatenverschwörung» und sogar «UFOs». Aber eine alte Irin fiel auf solche Unwissenheit nicht herein. Alles was auf unerwartet schlimme oder wohltuende oder auch bizarre oder humorvolle Art ins Schicksal der Menschheit eingriff, ohne daß man einen Grund dafür entdecken konnte, war das Werk Des Stands.

Natürlich hatte Simon nach dem Antioch College (B. S. in Mathematik und M. S. in elektronischem Maschinenbau), nach Russell und Whitehead, Hagbard Celine und Illumination, nach G. Spencer Brown und zehn Jahren Computerwissenschaft gelernt, Den Stand in einer weniger anthropomorphen Weise zu sehen als Tante Molly. *Sie* waren ganz einfach eine makroskopische Funktion von Quantenwahrscheinlichkeitsschwankungen – der «kosmische Kicherfaktor», wie Hagbard Celine zu sagen pflegte.

Wenn *sie* das Ursache/Wirkung- und das Raum/Zeit-Konzept knackten, nun, dann lag das daran, daß Kausalität und das «wirkliche Universum» als Ganzes nur Begleiterscheinungen, sekundäre Aspekte der ursprünglichen Quantenwahrscheinlichkeitsmatrixen waren. Jenseits von Raum und Zeit und Kausalität in Heisenbergs *potentia* waren *sie* ständig damit beschäftigt, Schrödingers Eigenzustände zu erzeugen, aus denen temporäre «Realitäten» in vierdimensionalen Einsteinschen Kontinuen entstanden, die im Superraum von hier bis in die Unendlichkeit reichten. Nichts Unheimliches dran, wenn man sich mit Mathematik beschäftigte. In der Subjekt/Prädikat-Grammatik der indo-europäischen Sprachen *hörte* sich das alles nur ein bißchen merkwürdig *an*.

Den größten Schock seit zehn Jahren kriegte Simon jedoch, als er entdeckte, daß Justin Case ebenfalls über Den Stand Bescheid wußte. Schließlich verstand Case nichts von Mathematik, was ihn in Simons Augen praktisch zu einem Analphabeten machte – genauso wie umgekehrt Case Leute, die wegen der *Story* und nicht etwa wegen der visuellen Montagen ins Kino gingen, für ungebildet hielt. Trotzdem wußte Case offensichtlich eine ganze Menge über Den Stand. Das merkte Simon, als er Case über *Chinatown* reden hörte.

«Chandlers Held, wie war doch noch sein Name . . .» hatte Case bemerkt, «begibt sich zum Beispiel nie in die Kapelle der Gefahren. Er . . . wie hieß er doch gleich . . . ach richtig, Marlowe, ist ein treuer Ritter, ohne Zweifel, aber Chandler war viel zu sehr Rationalist, um in der Suche des Ritters etwas anderes als einen *moralischen* Sieg zu entdecken.» Er machte eine wegwerfende Handbewegung, die Leute wie Chandler, die immer noch an nicht-visuellen Abstraktionen wie Ethik usw. glaubten, kurzerhand vom Tisch fegte. «Polanski ist da viel differenzierter. Chinatown ist seine Kapelle und das Streben des Ritters geht dahin, wenigstens mit einem Stück Gehirn oder Seele zurückzukehren, das nicht zerstört ist.»

«Oha, Chinatown also als Kapelle der Gefahren», meinte Epicene Wildeblood, dem Case diese typische, unerforschliche Routinelektion verpaßt hatte. In Wildebloods neurologischer Realität hieß Kapelle der Gefahren nichts anderes als T. S. Eliots *Waste Land*. «Sie meinen, ähh, die, ähem, Dunkle Nacht der Seele», bot er an.

«Ich meine», fuhr Case fort, «den psychischen Raum, in dem Moe nicht aufhört, Curly seinen Finger ins Auge zu bohren, wieder und wieder und wieder, und man kommt nicht mehr raus, kann das Programm nicht umschalten, und es war schon immer so und wird auch immer so bleiben.»

«Er spricht von schlechten Trips . . .», warf Figs Newton hilfreich ein.

Simon wußte es besser. Case sprach davon, wie es ist, wenn man Dem Stand in einer seiner schlechteren Launen ausgeliefert ist.

Simon war davon überzeugt, daß er selbst Dem Stand in seiner übelsten Form begegnet war. Es war in der vierten Stunde eines Acid-Trips gewesen, und die vierte Stunde ist immer die unheim-

lichste – die *Joysis-Krise,* wie Simon immer sagte. Aber so wie diesmal hatte er es noch nie erlebt. Simon fand sich in einer Welt mit gigantischen Gemüsen und Sträuchern wieder. Sein Ich unterschied sich kaum vom Ich der Umgebung, das insektenartig, riesig und *unmenschlich* war. Das Ganze war untermalt von einem beständigen Summen und polyrhythmischen Trommeln, um das selbst Bach ihn beneidet hätte. Es war ein anderer Planet, dachte er damals. Er hatte den Kontakt mit außerirdischen Intelligenzen hergestellt, den alle alten Tripper für sich in Anspruch nehmen. Erst später, als er wieder runterkam, kam ihm plötzlich die Erleuchtung. In Wirklichkeit hatte ihm Der Stand mal wieder einen Streich gespielt.
Aber er war mit beiden Interpretationen auf dem Holzweg. In Wirklichkeit hatte er nur eine Ich-Verschmelzung mit der sechsbeinigen Mehrheit von Terra erlebt.

Schlösser an den Türen

> Eine Ursache für Krebs ist die Schädlichkeit gekochter Nahrungsmittel.
>
> Furbish Lousewart V., *Gefahren, wohin man schaut*

Blake Williams hatte das Riesenglück, in seiner Kindheit an Kinderlähmung zu erkranken. Natürlich wußten damals weder er noch seine Eltern oder Ärzte, was für ein Glück das war. Aber er gehörte zu den wenigen Auserwählten, die nach der Sister Kenny-Methode behandelt worden waren, obwohl die *American Medical Association* diese Methode noch damals (in den frühen dreißiger Jahren) als Quacksalberei bezeichnete und ihren Mitgliedern derlei Experimente untersagte. Als Blake 1938 in die Schule kam, konnte er schon wieder laufen, mußte nur ein bißchen humpeln. Das richtige Glück zeigte sich erst zwölf Jahre später, 1950. Er war achtzehn und wurde wegen seines Humpelns und den toten Muskeln in seinen Unterschenkeln vom Kriegsdienst befreit. Dem nächsten Mann, den sie an seiner Stelle einzogen, wurden in Korea beide Hoden weggeblasen.
Williams erfuhr natürlich nie etwas von diesem patriotischen Eu-

nuchen, aber er war sich durchaus im klaren darüber, daß viele Jungs seines Alters diverse Teile ihrer Anatomie in Korea zurückließen, und da er ein bißchen philosophisch veranlagt war, dachte er häufig darüber nach, wie paradox es doch war, daß die Kinderlähmung (die, als sie passierte, körperliche Schmerzen für ihn selbst und psychologisches Leid für seine Eltern bedeutet hatte) ihn nun vor anderen Verstümmelungen bewahrt hatte. Wenn er bedachte, daß die einzige andauernde Wirkung der Kinderlähmung ein leichtes Hinken war, mußte er zugeben, daß die Natur oder Gott oder sonstwas ihm hinterrücks einen großen Gefallen getan hatte, wenn es auch auf den ersten Blick wie ein übler Schicksalsschlag ausgesehen hatte. Das gab seiner optimistischen Grundhaltung scheinbarem Übel gegenüber entscheidenden Auftrieb und brachte ihn auf den Gedanken, daß das Universum vielleicht doch gütiger war, als er gedacht hatte. Der Typ dagegen, der statt Williams seine Eier verloren hatte, wurde zu einem ausgesprochenen Pessimisten und Zyniker.

Zwischen Korea und Vietnam, als Blake erst seinen M. S. und dann seinen Dr. phil. in Paläo-Anthropologie machte, tauchte das nächste große Glück in seinem Leben auf, wieder in der Verkleidung eines scheinbaren Übels. Er lief ziellos in Lower Manhattan herum, als es passierte. Am Washington Square hatte er einen besonders häßlichen Streit mit seiner damaligen Freundin (beide waren an der Universität von New York eingeschrieben) gehabt, gleich nach der Biologieklasse. Er war ziemlich weit nach Westen gelaufen und befand sich in diesem Zustand selbstmörderischen Trübsinns, von dem viele junge männliche Primaten glauben, ihn durchmachen zu müssen, wenn sie ihre Sexualpartnerin verlieren. Irgendwie landete er in der Vandivoort Street und stand plötzlich vor dem lokalen Feuerbestattungsinstitut. Da bemerkte er etwas sehr Merkwürdiges: ein ziemlich kräftiger Mann, der aussah, als würde er jeden Moment in Tränen ausbrechen, schaute zu, wie zwei jüngere und dünnere Männer Bücher aus einem Laster heranschleppten und in den Ofen warfen.

«Was, zum Teufel . . .?» fragte Blake Williams, ohne jemand Bestimmten direkt anzusprechen. Es war wie in einem alten Film über Nazi-Deutschland. Kein Mensch hatte ihm davon erzählt, daß Bücherverbrennungen jetzt auch eine amerikanische Institution waren.

Er ging auf den kräftigen Mann zu, der als einziger einen unglücklichen Eindruck zu machen schien, und wiederholte seine Frage. «Was, zum Teufel . . .?» sagte er. «Ich meine . . . verbrennt ihr da etwa *Bücher?*»
«*Die* da machen das», erwiderte der kräftige Mann. Dann erklärte er Blake, daß er Angestellter bei irgendeiner Firma namens *Orgone Institute Press* war und daß ein Gericht entschieden hatte, alle ihre Bücher zu verbrennen. Williams wurde neugierig und schaute sich die Titel an: *Charakteranalyse, Die Massenpsychologie des Faschismus, Die Krebsbiopathie* und *Kontakt zum Weltraum.*
«Ich wußte gar nicht, daß Bücherverbrennungen in unserem Land erlaubt sind», meinte er.
«Ich auch nicht», antwortete der kräftige Mann bitter.
Blake Williams ging wie betäubt weiter. Es hätte ihn nicht mehr erstaunt, wenn er plötzlich Sturmtruppen beim Zusammentreiben von Juden beobachtet hätte. Er fragte sich, ob er vielleicht in die verkehrte Zeit geraten war.
Später kam ihm natürlich zu Ohren, daß der Direktor des Orgoninstituts, Dr. Wilhelm Reich, Forschungen über die menschliche Sexualität angestellt hatte und zu ein paar höchst unorthodoxen Erkenntnissen gekommen war. Dr. Reich selbst starb im Gefängnis, Dr. Silvert (seine rechte Hand) verübte Selbstmord, die Bücher wurden verbrannt und die ganze Ketzerei zu den Akten gelegt. Aber Williams entwickelte ein neues Verhältnis zu dem Land, in dem er lebte und zu der wissenschaftlichen Gemeinde, die zugeschaut und keinen Finger gerührt hatte, um Dr. Reich und Dr. Silvert beizustehen, und zu den allgegenwärtigen Sprüchen vom jahrhundertealten Ende des Mittelalters.
Er erinnerte sich daran, daß Sister Kenny zu der Zeit, als er selbst und Tausende von anderen mit ihrer Kinderlähmungstherapie geheilt wurden, von den gleichen vernagelten Medizinbürokraten als Quacksalberin abgetan wurde, die auch die Orgonforscher hinter Schloß und Riegel gebracht hatten. Wie bequem, dachte er entsetzt, sich vorzumachen, daß alle Ungerechtigkeiten entweder nur in anderen Ländern oder in anderen Zeiten passieren: daß Dreyfus vielleicht unschuldig war, die Rosenbergs aber niemals; daß Pasteur vielleicht recht hatte, aber nicht der Forscher, der aus der Amerikanischen Gesellschaft für den Fortschritt der Medizin aus-

gestoßen worden war – nicht der Professor, dem man an *unserer* Universität einen Posten verweigert hatte und nicht der Mann, der jetzt in *unserem* Gefängnis saß. Blake Williams fing an, grundsätzliche Zweifel zu entwickeln und erkannte, ohne Bitterkeit, aber mit größer Klarheit, daß sich überall auf der Welt die Gesellschaft gegen die Intelligenz verschwört. Mit einigem finanziellen Aufwand machte er sich an die Aufgabe, alle Experimente von Dr. Reich auf eigene Faust zu wiederholen, und kam zu eigenen Ergebnissen.

«Es waren nur achtzehn», pflegte er bewußt geheimnisvoll zu bemerken, wenn sich jemand in seiner Gegenwart wieder einmal für die Freiheit der Wissenschaft begeisterte und dabei mit ausdruckslosem Gesicht an seiner Pfeife zog. Wenn das Opfer «Nur achtzehn was?» fragte, antwortete Blake mit dem gleichen ausdruckslosen Gesicht: «Nur achtzehn Physiker, die 1957 die Petition gegen die anstehende Verbrennung von Reichs Büchern unterschrieben.» Und nur selten wurde er in seiner Erwartung enttäuscht, daß neun von zehn Wissenschaftlern dann gewöhnlich böse darauf bestanden: «Aber Reich war ja auch wirklich ein Spinner!» Der zehnte war der einzige, der Williams' wirkliche Meinung zu diesem Thema erfuhr.

Die entscheidende Wende kam jedoch erst 1977. In diesem Jahr las Williams ein Buch mit dem Titel *Cosmic Trigger*. Der Autor, ein etwas zu cleverer Bursche namens Robert Anton Wilson, dessen Stil an die verschwenderischen Paläste der Moslems erinnerte, behauptete, mit einer Höheren Intelligenz aus dem System des Hundssterns Sirius in Verbindung zu stehen. Dazu brachte er sogenannte Beweise, daß unter anderem Aleister Crowley, G. I. Gurdjieff, Dr. John Lilly, Dr. Timothy Leary, ein UFO-Opfer namens George Hunt Williamson und die Priester des alten Ägyptens ebenfalls von ASW-Transmittern des Sirius-Systems kontaktiert worden waren. Williams entdeckte, daß er diesen absurden Quatsch tatsächlich glaubte. Diese Erkenntnis erregte ihn. Dabei spielte es wirklich keine Rolle, ob die hochtrabenden Behauptungen des Angebers Wilson wahr waren oder nicht. Wichtig war, daß er, Blake Williams, endlich frei war. (Erinnerung: «Endlich frei, endlich frei, dank Gott dem Allmächtigen, bin ich endlich frei», was ihn 1968 vor dem Grabstein mächtig bewegt hatte.) Trotz B. S. und

M. S. und Dr. phil. war Blake Williams frei. Er mußte nicht dasselbe denken, was andere Akademiker dachten. Irgendwie hatte er sein konditioniertes Bewußtsein zum Schweigen gebracht.
Er verspürte eine Welle von Dankbarkeit Wilson gegenüber, der ihn befreit hatte.
In gewissem Sinne begann in diesem Moment das Projekt Pan. Blake Williams war sich darüber klar, daß er irgend etwas Großes und Schreckliches mit seiner neugewonnenen Freiheit auf die Beine stellen würde, und er war entschlossen, nicht wie Reich (und Leary und Semmelweiß und Galileo und die lange traurige Reihe von Märtyrern der wissenschaftlichen Freiheit) dafür zu bezahlen. «Zum Teufel mit den Erdlingen», dachte er verbittert und trotzig. «Ich hab ihr Spiel durchschaut. Der Trick an der Sache ist, sich unabhängig zu machen, aber *sie* nichts davon merken zu lassen.»
In dieser Nacht schrieb er in sein Tagebuch: *«Bekämpfe ein übriggebliebenes Tabu.»* So einfach war das. Er hatte sich schon immer gewünscht, Genialität zu verstehen, und nun hatte er endlich die Formel dafür gefunden. Freud lebte in einer Zeit, die ihre scheinbare Rationalität verherrlichte, fand eins der übriggebliebenen Tabus und wagte es, darüber hinauszudenken: u. a. entdeckte er die kindliche Sexualität und das Unbewußte. Galileo hatte sich über das Tabu *Du sollst Aristoteles nicht anzweifeln* hinweggesetzt. Jede große Erkenntnis war mit der Zerstörung eines Tabus identisch.
Blake Williams schaute sich nach einem übriggebliebenen Tabu um, das er zerstören konnte.
Aber das war derzeit in Unistat wirklich nicht so einfach.

Leben in einem Roman

Laßt eine Form sein, die sich von der Form unterscheidet.
G. Spencer Brown, *Gesetze der Form*

Früher dachte Jo Malik, sie wäre transsexuell. Sie hatte sogar Dr. John Money aufgesucht, den Vorkämpfer der Transsexual-Therapie und -Chirurgie in John Hopkins, damals, Mitte der Sechziger.

«Ich glaube, ich bin ein Mann, der im Körper einer Frau lebt», erklärte sie ihm.

Dr. Money nickte, das war völlig normal in seinem Beruf. Er fing an, ihr Fragen zu stellen, die üblichen, und innerhalb einer halben Stunde war sie davon überzeugt, daß sie nicht transsexuell war, sondern bloß überspannt. Freundlicherweise gab Dr. Money ihr die Adresse eines guten Psychiaters in New York, wo sie lebte, der eine etwas konventionellere Art von Therapie praktizierte.

Nach drei Monaten kam der Psychiater zu dem Ergebnis, daß Jos Problem *nicht* Penisneid war. Das war nicht weiter aufregend, sie hatte sowieso nie geglaubt, daß ihr Problem derart simpel war.

Die Therapie schleppte sich voran. Sie lernte jede Menge über ihren Vaterkomplex, ihren Mutterkomplex, den Konkurrenzkampf mit ihren Geschwistern und ihre Gewohnheit, Haßgefühle zu unterdrücken. Auf schmerzliche Art trug das alles zu ihrer Erleuchtung bei, aber verwirrt war sie noch immer.

Dann tauchte die *Women's-Lib*-Bewegung auf, und Jo stieg von der Therapie auf die Politik um.

Sie sah sich jetzt nicht mehr als Mann, der im Körper einer Frau gefangen war, sondern als menschliches Wesen, das im Netz männlicher Definitionen von Weiblichkeit zappelte.

Das war eine sehr befriedigende Lösung ihrer Probleme. Sie mußte keinerlei Verantwortung mehr übernehmen, alles war Schuld der Männer. Es gab keinen Grund mehr, Haß zu unterdrücken – politisch betrachtet war es korrekt, ihn zu artikulieren, mit scharfer Stimme und einem Maximum an emotional-territorialer Empörung. Endlich hatte sie das Abc der Primatenpolitik gelernt. Sie schaffte es sogar, ihre Muskeln spielen zu lassen und zu heulen.

Nach jahrelangen Selbstzweifeln war das eine so große Erleichterung, daß Jo im Jahre 1968 steckenblieb, während der Rest der Welt sich auf 1970 und 1974, 1980 und 1983 vorbereitete. Sie dagegen trug auf Epicene Wildebloods Party einen Button mit dem Slogan BACK TO THE SIXTIES.

Aber ein Problem war Jo noch aus der Zeit vor der *Women's Lib* geblieben. Manchmal hörte sie kurz vor dem Einschlafen eine Stimme, die sagte: «Keine Frau, kein Pferd, kein Schnurrbart.» Sie wußte, daß man ab und zu in der hypnogogischen Träumerei kurz vor dem echten Schlaf solche Stimmen hören kann. Man flippte nur aus, wenn man sie den ganzen Tag hörte. Trotzdem fragte sie sich, wo die Stimme wohl herkam und was die rätselhafte Botschaft zu bedeuten hatte.

Seit 1968 hatte Jo Malik keine sexuelle Beziehung mehr zu einem Mann gehabt, und so sah sie auch aus.
Außerdem war sie vierundsechzig Jahre alt und sah auch so aus. Aber es gab einen Unidentifizierten Mann auf Wildebloods Party, und Jo hatte ihn in Verdacht, es auf ihren Körper abgesehen zu haben. Und zwar deshalb, weil er beharrlich versuchte, sich in jede Gesprächsgruppe zu mischen, die sie von ihm trennte. Er folgte ihr, sie war sich ganz sicher.

«Aber für manche Planeten scheint unglücklicherweise Einsteins Mechanik mitunter gar nicht verbindlich», sagte Blake Williams.
«Selbstverständlich, Skull Island war Coopers Chinatown», meinte Justin Case im selben Moment.
«Päng! Dieser Arabal auf rußschwarzen Schauern? Der Staub weht herein auf blechernem Fuß», brummte Moon vor sich hin.
Jo kam zu dem Schluß, daß sie vermutlich zuviel von dem Afghan erwischt hatte, der hier die Runde machte. Es kam ihr vor, als ob jeder hier im Raum – und es handelte sich schließlich um die crème de la crème von Manhattans Intelligentsia – nichts als Unsinn schwatzte. Sie schlüpfte hinaus auf den Balkon, um ein bißchen frische Luft zu schnappen und sich einen Moment auszuruhen.

Acht Stockwerke unter ihr blinkte eine Leuchtreklame herauf: DEEP THROAT. Männlicher Chauvinismus.
Sie atmete tief durch und versuchte, die Cannabismoleküle in ihrem Blut mit Sauerstoff anzureichern.
Da tauchte der Unidentifizierte Mann plötzlich neben ihr auf. «Hallo», sagte er beiläufig. «Ich dachte mir, daß ich Sie hier draußen finden würde.»
«Wer, zum Teufel, bist du Großmaul eigentlich?» fauchte Jo zurück – erste Warnung.
«Mein *Name* tut nichts zur Sache», erwiderte er. Er war groß, sah gut aus und hatte sanfte Augen. Die schlimmste Sorte von chauvinistischen Schweinen. Der Verführer.
«*Du* tust auch nichts zur Sache», sagte Jo abweisend.
«Ich möchte allein sein und die Aussicht genießen, wenn du nichts dagegen hast.»
Sie zeigte noch mehr Zähne, unterstrich die zweite Primatenwarnung.
«Mein Name ist Hugh Crane», sagte der gutaussehende Fremde schnell. «Der Autor unserer Existenz hat mich mit einer wichtigen Botschaft für Sie betraut. Bitte hören Sie mich an, es ist von größter Bedeutung für unsere Zukunft. Wir alle . . . *leben in einem Roman.*»
«Das kannst du dir sonstwohin stecken» sagte Jo und verließ den Balkon.
Wieder ein männlicher Chauvinist, den sie fertiggemacht hatte – oder doch zumindest außer Fassung gebracht.
Als sie zu Wildebloods Soiree zurückkam, hörte sie unglücklicherweise als allererstes, wie Benny Benedict sich beschwerte: «Womens's Lib? Jessas, was wir brauchen, ist *Men's Lib.* Hast du eine Ahnung, was ich an Alimenten zahle?»

Starhawks Lebenswerk

Im Kapitalismus beutet der Mensch den Menschen aus. Im Sozialismus ist es genau umgekehrt.

Ben Tucker, *berühmter Vaudeville-Komiker*

Während «Eggs» Benedict sich in New York über seine Alimente aufregte, klingelte in Marlene Murphys Wohnung in San Francisco das Telefon.

Vor drei Stunden hatte Starhawk, ein bronzefarbener junger Mann mit arrogantem Gesichtsausdruck, Marlene in einer Singles Bar auf der Powell Street aufgegabelt und er wußte noch nicht mal ihren Familiennamen. Er kam gerade splitterfasernackt aus dem Badezimmer und nahm den Telefonhörer ab. Sehr vorsichtig sagte er: «Ja?»

«Wer ist da?» fragte die Stimme am anderen Ende barsch.

Starhawk atmete tief durch. «Wen wollten Sie anrufen?» fragte er dann ruhig und fing an zu grinsen.

«Ist da nicht 841-9470?»

Starhawk hatte plötzlich den Eindruck, als hätte er die Stimme schon mal irgendwo gehört. «Nein», sagte er. «Hier ist 9479. Versuchen Sie's noch mal, Mac.» Er legte schnell auf.

Marlene Murphy kam ebenfalls völlig nackt aus dem Badezimmer und frottierte sich die Haare. Nachdenklich sah Starhawk sie an. «Du hast einen Mann, den du . . . äh . . . sozusagen zu erwähnen vergessen hast?»

«Ich, einen Mann?» Marlene zündete sich eine Zigarette an. «Danke für den guten Witz. Eher würde ich mich einsperren lassen. Einen Mann, Himmel, nein danke!»

«Tja, also irgendwer war in der Leitung, dem das gar nicht paßte, daß ein Fremder an deinem Telefon sitzt», meinte Starhawk. «Einer mit einer Stimme wie ein Bulle. Oder ein Gerichtsvollzieher.»

«Mein Vater», sagte sie. «O Scheiße! Hier sitze ich, bin vierundzwanzig Jahre alt, arbeite für ein Examen in Sozialpsychologie, und er bildet sich ein, ich dürfte keinen fremden Mann im Zimmer haben, wenn er anruft. Für dich sind das wahrscheinlich böhmische Dörfer!»

Das Telefon klingelte zum zweitenmal.

Diesmal nahm Marlene ab. Starhawk wollte aus dem Zimmer gehen, aber sie schnappte sich sein Bein, und als er sich umdrehte, griff sie nach seinem Penis.

«Daddy?» Marlenes Stimme klang echt überrascht. «Ein Mann? Nein, ich bin allein. Ich lerne gerade fürs Examen.» Sie streichelte die Spitze seines Penis, und Starhawk reagierte mit einer bemerkenswerten Schwellung.

«Was? Na hör mal, hab ich dir doch grad erzählt. Es war bestimmt 'ne falsche Nummer. Was bin ich eigentlich, ein Verdächtiger, den du im Hinterzimmer festhältst? Wahrscheinlich hast du einen Fehler gemacht, und wenn es das erste Mal in deinem ganzen Leben war.»

Marlene beugte sich vor, gab Starhawks Schwanz einen Kuß und wandte sich dann schnell wieder dem Telefon zu. «Nein. Ich sagte nein, Daddy. *Nein*, und genauso meine ich es auch. Die Kirche verlangt, daß ich einmal im Jahr beichten gehe. Sie verlangt nicht, daß ich bei meinem Vater beichten muß, jedesmal wenn er anruft. Ihre Hand wurde schneller und schneller, versuchte, Starhawk zum Orgasmus zu bringen. Er grinste, als er ihr Spiel durchschaute, löste sich, kniete sich vor sie hin und fing an, ihr sanft über die Innenflächen der Oberschenkel zu lecken.

«Nein. Ich habe Tante Irene seit zwei Jahren nicht mehr gesehen. *Wo* macht sie mit? Bei *Greenpeace?* Ach, die wollen doch bloß die Wale retten. Das hat nichts mit Kommunismus zu tun. Die Hälfte aller Leute von Mendocino sind da drin. Was? Na klar, aber sie mögen nun mal die Wale da oben. Was soll das heißen, meine Stimme klingt so komisch? Vielleicht krieg ich einen Schnupfen. Ja. Ja. O Gott, da ist einer an der Tür. Ja. Ich liebe dich auch, Daddy. Die Tür.» Sie legte hastig auf, ihr Becken wand sich auf dem Laken. O Gott, o Gott, o *Gott!* Oh, Jessas, Maria und Josef!»

Starhawk stand auf und sagte: «Magst du solche Spielchen? Warum rufst du nicht den Erzbischof an, und ich mach's dir noch mal, wenn du mit ihm redest?»

«Du bist Klasse», sagte Marlene. «Du bist wirklich Spitze. Hast du dein Leben damit verbracht zu lernen, wie man Frauen befriedigt?»

«Das ist mein Lebenswerk», meinte Starhawk. «Alles andere ist bloß ein Hobby.»

Starhawk war, wie die meisten anderen Figuren in dieser Story, ein Lügner.
Die meisten Primaten logen pausenlos, weil sie Angst hatten, *erwischt zu werden* und dreckige Scheißer zu sein.
Auch Starhawk hatte ständig Angst, erwischt zu werden. Sein Lebenswerk waren nämlich Einbrüche.
Starhawk bildete sich ein, das Recht zu haben, weißen Leuten so viel zu stehlen wie nur möglich war.
Die Weißen hatten seinen Vorfahren ihr ganzes Land in Unistat gestohlen.
Starhawk war, genau wie die verbitterten Moralisten von P.O.E., wild entschlossen, es ihnen heimzuzahlen.

Dieses Konzept des Heimzahlens war die Ursache für eine Menge semantischer Mißverständnisse unter den Primaten, wie zum Beispiel: «Enteignet die Enteigner!»; «Ein konsequentes Verbrechen fordert eine konsequente Bestrafung»; «Macht kaputt, was euch kaputt macht», und ganz allgemein die emotional-mathematische Gleichung: «Eins plus eins gleich null» ($1 + 1 = 0$).
Die Primaten waren so dumm, daß sie nicht mal erkannten, daß eins plus eins zwei ist ($1 + 1 = 2$), und einMord plus ein Mord gleich zwei Morde, ein Verbrechen plus ein Verbrechen gleich zwei Verbrechen usw.
Sie hatten keine Ahnung von *Kausalität*.
Die paar Primaten, die was davon verstanden, nannten es geringschätzig *Karma*. Sie sagten alle möglichen schwachsinnigen Dinge dazu.
Sie verstanden nicht mal so viel von Mathematik, um Quantenwahrscheinlichkeitswellen zu beschreiben. In ihrer ungeschliffenen menschlichen Metaphernsprache sagten sie, daß schlechtes Karma zu *schlechten Schwingungen* führe.

Starhawk hätte sich mit solchen Philosophien bloß gelangweilt. Er ist dabei, sich Marlene Murphy und seinem Hobby zu widmen. Er hat sie bereits dreimal mit dem Mund zum Orgasmus gebracht und einmal richtig gefickt. Im Moment kaut sie ihm gerade einen ab. Eigentlich war es ja gar nicht sein Lebenswerk, aber er genoß es trotzdem sehr.
Marlene schnurrt zufrieden nach ihren vier Orgasmen und versucht ihm ihre Dankbarkeit zu beweisen, indem sie ihn halbwegs verschlingt.

Der imaginäre Indianer

Jedes System wächst so lange, bis es auf andere Systeme übergreift.

Finagles Gesetz der Evolvierenden Systeme

Eines Abends, kurz vor dem Einschlafen, driftete Jo Malik in einen Halbtraum über einen Mann ohne Frau, Pferd und Schnurrbart. Er war ein Indianer aus Pueblo und hatte Frau, Pferd und Schnurrbart verloren, als man in Los Alamos die Luft mit radioaktivem Gift verseucht hatte. Mit einem Schlag war Jo wieder hellwach und realisierte, daß ihr Geheimnis kurz davor war, sich in eine neue ökologische Schreckensparabel zu verflüchtigen.
Dann sah sie ein anderes Szenario vor sich auftauchen. Diesmal war der Held ein Frankokanadier, der die Finger nicht vom Glücksspiel lassen konnte. Es war das längste Spiel von Cutthroat-Poker aller Zeiten, und er hatte erst sein ganzes Geld, dann seine Frau und in wachsender Verzweiflung auch noch sein Pferd gesetzt und alles verloren. Am Schluß, in Todesangst, ganz aus dem Rennen zu sein, setzte er auch noch seinen Schnurrbart. Eine nach der anderen kamen die Karten: Karo-Bube . . . Karo-Dame (möglicher Flush!) . . . Pik-König (eine Sequenz?) . . . Kreuz-As (eine Sequenz!) . . . Herz-Vier . . .

Erdrutsch

Bryce S. DeWitt behauptet: «Die Kopenhagener Ansicht erweckt den Eindruck, daß der Zusammenbruch des Zustandsvektors und sogar der Zustandsvektor selbst im Kopf stattfindet.» Eine Tatsache, die sich scheinbar aus der gegenwärtigen Diskussion über das Wesen des Bewußtseins ableiten läßt, ist die, daß es nicht lokalisiert, d. h., nicht auf ein bestimmtes Gebiet in Raum und Zeit beschränkt werden kann.

Lawrence Beynam, *Future Science*

Furbish Lousewart V. wurde 1980 zum Präsidenten gewählt und zwar mit dem größten Erdrutsch seit 1936, als Roosevelt II. den armen Alf Landon lebendig begraben hatte. Die *People's Ecology Party* erhielt die Mehrheit sowohl im Parlament wie auch im Senat und gewann dreiundzwanzig von einundfünfzig Gouverneursposten.

Das Parteiprogramm der *PEP,* eine merkwürdige Mischung aus religiösem Wirrwarr und dem Anti-Rationalismus der Neuen Linken, wurde zur offiziellen politischen Linie erklärt.

Die Neue Ordnung nahm einen milden Anfang – jedenfalls verglichen mit dem, was später kam –, und die entscheidendsten Verbesserungen der ersten Regierung bestanden zunächst nur darin, das NASA-Budget auf Null herunterzuschrauben, McDonalds Hamburger-Kette zu verbieten (was die sogenannten *Underground-Steakeasies* zur Folge hatte, wo man mit der richtigen Losung einen Big Mac für sieben Dollar ergattern konnte), Tabak zu verbieten (daraufhin bezahlte man im ganzen Land für einen «Deckel» Chesterfield bald zwischen fünfzig und fünfundsiebzig Dollar), die ersten drei freigewordenen Posten im Obersten Gerichtshof mit fanatischen Anti-Technologen zu besetzen, den Logischen Positivismus vom College zu verbannen, die Sozialhilfe radikal zu kürzen (bald waren die Straßen voll von verkrüppelten und schizophrenen Bettlern, die manchmal sogar dort übernachten mußten, gelegentlich verhungerten und eine allgemeine Dritte-Welt-Atmosphäre schafften, die die *PEP*-Anhänger «spirituell» nannten), den Verbrauch von Elektrizität um 50 Prozent, von Gas um 70 Prozent und von Atomenergie um 97 Prozent zu drosseln und so dafür zu sorgen, daß Millionen sich zu Tode froren und weitere Millionen die Bettlerarmee auf den Straßen verstärkten, alle Kabinettssitzungen mit Hatha-Yoga-Übungen und Krishna-Gesängen zu beginnen und Ralph Naders gesammelte Werke als Fortsetzungsserie im offiziellen Parteiblatt *Doom* zu veröffentlichen. Parteimitglieder wurden ermutigt, Mathematiker, Geologen, Science-fiction-Fans und andere «Non-Ök»-Typen zu verprügeln («Non-Ök»-Typen waren entweder dafür bekannt oder standen im Verdacht, sich der Partei gegenüber nicht loyal zu verhalten). Außerdem führte die Regierung die Heimindustrie wieder ein, indem sie jede weiterentwickelte Form von Industrie rücksichtslos unterdrückte, führte Zen-Meditation auf Grundschulen ein und schob den Berg von neuen, schwerwiegenden Problemen, die das Resultat dieser Regierungspolitik waren, einer angeblichen Verschwörung von «Wissenschaftlern» in die Schuhe. Eine nationale Hexenjagd wurde ausgerufen, um die Mitglieder dieser Verschwörung aufzuspüren und sie in Umerziehungsheime zu stecken.

Die Revolution der Gedämpften Erwartungen hatte gesiegt. Im Jahre 1984 hatte kein Mensch im ganzen Land irgendwelche höheren Erwartungen als ein feudaler Leibeigener.

In Wirklichkeit war die Apotheose Furbish Lousewarts V. von der gleichen Gruppe Alpha-Männchen in Gang gesetzt worden, die die Revolution der Gedämpften Erwartungen seit langem unterstützt hatte.

Sie bestand aus ein paar sehr schlauen alten Primaten aus den versiertesten Gangsterbanden von ganz Terra. Auf Grund der Verschwiegenheit und Durchschlagskraft dieser Banden – deren Mitglieder sich übrigens aus den erfolgreichen, seit Generationen miteinander verschwägerten Gangsterfamilien rekrutierten – besaßen sie insgesamt 99,4 Prozent aller Territorien und finanziellen Mittel von Unistat.

Aber sie besaßen nur etwa 40 Prozent vom restlichen Terra, und darüber machten sie sich ernsthafte Gedanken.

Noch gefährlicher jedoch war die Revolution der Gesteigerten Erwartungen, denn sie verführte viele Primaten zu der Ansicht, daß in einer fortgeschrittenen Gesellschaft Hunger und Armut nur deshalb noch immer andauerten, weil *irgendwer mehr als seinen rechtmäßigen Anteil einsteckte.* Jedesmal, wenn die Frage nach der

Identität dieses *Irgendwers* auftauchte, schauten alle auf die königlichen alten Primatenmännchen, die soviel besaßen. Die Blicke waren nicht gerade freundlich. Gelegentlich kam es sogar vor, daß in weitab gelegenen Ländern, in denen die königlichen Primaten die Regierungen nicht ganz so fest unter Kontrolle hatten, ihr Besitz beschlagnahmt und neu an die verteilt wurde, denen sie ihn gestohlen hatten. Während der ersten Hälfte des Jahrhunderts, als es mit den Gestiegenen Erwartungen noch bergauf ging, hatte diese bedauerliche Form von Enteignung ebenfalls zugenommen.

Die Alpha-Männchen aus den starken alten Gangsterfamilien sahen so was gar nicht gern. Deshalb investierten sie beachtliche Summen in die Karriere von Leuten, die die Gedämpften Erwartungen predigten – von Ralph Nader und dem *Club of Rome* bis hin zu orientalischen Gurus und den Neo-Stoikern der postmarxistischen Linken.

Als Furbish Lousewart auf der Bildfläche erschien, investierten sie auch in ihn und kauften ihm die Wahl.

Die Quantenverbindung ist ungeschwächt

> Es gibt kein Entrinnen aus unserem Robotertum, es sei denn, wir akzeptieren es als Tatsache. Erst dann können wir lernen, unser Nervensystem zu kontrollieren und unsere individuellen Realitäten zu programmieren.
>
> Leary und Wilson, *Neuropolitik*

Als Justin Case vom Klo zurückkam, las der übergeschnappte Simon Moon immer noch aus seiner Alptraumversion vom Amerikanischen Traum vor.

«Höher die Knarren werdet ihr, Marxmacher», intonierte er halb singend, «ein gneues Gnu schreit Nixnix an euren stinkenden Lenden (Oh Licht bin icht?), während der große Jehoover mit marschierenden Plündererkongs seine Akten ächtet (seminolischer Rinderknecht). Das Stadion am Abend, gottverdammtes Stadion! Gesetz und Geld für Schwindelbuckel Dick, den größten Schweinehund der Welt. Schaut, ein stinkender Zwiebelkorb. Sagt bloß, es ist der

schleimige Tiefseedudler? Beim Wampun Caponeys! Oh, turn es an Herzog Daleyschwein, Oberbuttermeister von Branntstadt. Sie fetzen dir deine Homohöcker weg.»
«Hughes Rockefeller Exxon», murmelte der besoffene Schreiberling in sein Martiniglas. «Gottverdammte Scheiße . . .»
Justin fand, daß die Party langsam ausartete und machte sich dünn. Im Foyer begegnete er Marvin Gardens und Josephine Malik und hörte im Vorbeigehen:
«Chauvinistischer Paranoiker!» (Josephine zu Marvin)
«Außerirdischer Gehirnwäscher!» (Marvin zu Josephine)
Es blieb Justin nichts anderes übrig, als sich wohl oder übel damit abzufinden, daß die literarische Welt seit der Drogenrevolution der sechziger und siebziger Jahre nicht mehr dieselbe war wie früher.
«Hübsche kleine Gänschen beißen dir ins Schwänzchen», sagte er schroff im Vorbeigehen und verließ den Raum.

Justin hatte keine Ahnung, wo er den Spruch mit den Gänschen her hatte. Er nahm an, es war das Resultat des Afghan-Shits auf der Party.

«Ich weiß *allesss* über deine Pläne», fauchte Marvin Gardens Jo Malik mit einer mächtig bekoksten Peter Lorre-Stimme an. «Ich weiß, warum du dir *ausssgerechnet* Hemingway ausgesucht hast, um ihn fertigzumachen und zu diffamieren. Ich weiß, was du und deine *außerirdischen* Freunde mit der Menschheit vorhabt, ihr kaltblütigen Teufel.»
«Ach, weißt du», meinte Jo, die plötzlich ihres Ärgers überdrüssig geworden war, «du solltest wirklich deine Nase vom Koks lassen, mein Freund.»
«Ja, ja, behaupte jetzt nur noch, daß ich paranoid bin, das ist ja die *übliche Taktik* –»

«Sagt mal, ihr beiden», dröhnte Epidence Wildeblood, «hat einer von euch Cagliostro gesehen?»
«Den Magier?»
«Nun», fragte Wildeblood mit unendlicher Geduld, «gibt es denn etwa *noch* jemand, der Cagliostro heißt?»
Marvin und Jo schauten sich beide gleichermaßen verdutzt an.
«Ich glaube, er ist noch gar nicht da», meinte Jo schließlich zögernd.
«Was?» Wildeblood runzelte die Stirn. «Na hör mal, er ist doch schon den ganzen Abend da!»
Marvin und Jo warfen sich Blicke zu.
«Wahrscheinlich haben wir ihn verpaßt», sagte Marvin sanft und grinste häßlich, als wenn er jemand mit einem kleinen Dachschaden vor sich hätte.
Wildeblood starrte ihn an und stakste davon.
Das ist echt gutes Haschisch, dachte Jo. Wildeblood halluziniert Gäste, die gar nicht da sind.

Dematerialisierende Gorillas

> Frömmelnde Liberale und alle offiziellen Heiligen der sanktionierten Menschlichkeit sind immer schnell dabei, wenn es darum geht, diesen großen, oft verleumdeten Staatsmann von Transsylvanien zu verurteilen.
>
> William F. Buckley jr.,
> *The Wit and Wisdom of Vlad The Impaler*

Am 2. Januar 1984 hielt die *Warren Belch Society* ihre Jahresversammlung ab, während die Leute von P.O.E. damit beschäftigt waren, das untere Washington mit selbstgebastelten Atombomben zu verminen. Die Society hatte keine Ahnung von diesen Aktivitäten und widmete sich ganz den verschwundenen Gorillas von Chicago.
Das kleine Büro wurde dominiert von einem riesigen Ölgemälde von Schrödingers Katze in merkwürdigen orgon-blauen Schattierungen, das ihr Gründer und jetziger Vorsitzender, der exzentrische

Millionär W. Clement Cotex, gemalt hatte. Alle aktiven Mitglieder der Gesellschaft – acht, um genau zu sein – waren anwesend.
Cotex hatte die *Warren Belch Society* gegründet, nachdem er wegen seiner bizarren Anschauungen aus der *Fortean Society* rausgeflogen war. Das Ziel der «Belchers» (wie Cotex sie jovial nannte) war es, Aspekte wissenschaftlicher Theorien und angeblicher okkulter Vorgänge zu erforschen, die die phantasielosen Forteaner für zu ausgeflippt hielten. Sie waren zwar bereit, UFOs, Krabben- und Fischschwärme, Mädchen, die sich in Schwäne verwandelt haben sollten und ähnliche Vorfälle zu untersuchen, aber wie ihr Gründer, der mittlerweile verstorbene Charles Fort, zogen sie die Grenze spätestens bei Hunden, die «Guten Morgen» wünschten und dann in einer Wolke grünen Rauchs verschwanden.
Zugegeben, Cotex war ein intellektueller Surrealist. Es fing schon beim Namen der Gesellschaft an: er stammte ganz bewußt vom obskursten aller Rechtspfleger des Alten Westens, dem Marshall Warren Belch aus Dodge City, der dummerweise schon bei seinem allerersten Duell erschossen wurde, weil seine Pistole klemmte. Clem Cotex behauptete allen Ernstes, daß die Everett-Wheeler-Graham-DeWitt-Interpretation des Paradoxons von Schrödingers Katze Wort für Wort der Wahrheit entsprach. *Alles, was passieren kann, passiert.* Es gab unendlich viele Universen, alle das Resultat eines irgendwie möglichen Zusammenbruchs des Zustandsvektors. Deshalb mußte es irgendwo im tiefsten Weltraum ein Universum geben, wo Marshall Belchs Pistole nicht klemmte und er weiterlebte und berühmt wurde. Wahrscheinlich gab es dort schon Fernsehshows und Filme über ihn. Meinte jedenfalls Cotex.
Grundsätzlich waren die Mitglieder der *Belch Society* wie alle guten Empiriker eher an merkwürdigen Fakten als an merkwürdigen Theorien interessiert. Ein UFO-Kontaktierter, der Reißverschlüsse kaputtmachte, wenn er sie nur anschaute. Ein Toter in St. Louis mit einer derart verunstalteten Kehle, daß man befürchten mußte, daß er in die Fänge eines enormen Monsters geraten war, obwohl in den lokalen Zoos kein Tier vermißt wurde (der berühmte Stimson-Fall von 1968). Dokumentierte Erscheinungen eines dicken bärtigen Mannes mit lustigen Augen, der sich am Weihnachtsabend mit einem Sack voller Spielzeug über der Schulter bevorzugt in der Nähe von Kaminen aufhielt. Blutende katholische Statuen. Flie-

gende Hindus. Dematerialisierende Buddhas. Männer aus Kahura, die über glühende Kohlen liefen. Ampeln, die bei Rot das GEH-Männchen und bei Grün das WARTE-Männchen zeigten. Bücher, in denen in unregelmäßigen Abständen Permutationen des Spruchs «Himmel und Hölle» auftauchten und eine Markoff-Kette bildeten.

«Nehmen Sie irgend jemand auf der Welt – irgend jemand aus diesem Roman», erklärte Cotex einmal seine Theorie einer Gruppe von skeptischen Mit-Charakteren, «beispielsweise Sie, Dr. Williams», fügte er hinzu und pickte sich damit die gebildetste und prominenteste Figur unter seinen Zuhörern heraus, Dr. Blake Williams. «In einem der parallelen Universen sind Sie wahrscheinlich nicht Anthropologe, sondern Chemiker oder so was. In einem anderen Universum sind Sie vielleicht Musikerin statt Wissenschaftler. Und so weiter. In einem dritten Universum», schloß Cotex, «könnte *ich* als kleiner Geschäftsmann aus Little Rock herumlaufen, der davon überzeugt ist, daß das Universum fünfeckig ist.»

Die verschwundenen Gorillas, da waren sie einer Meinung, waren:
a) ein größerer Durchbruch in ein anderes Universum;
b) den verknöcherten alten Forteanern bisher entgangen;
c) eine heiße Sache.

«Wenn sich Gorillas teleportieren können», meinte Professor Fred «Fidgets» Digits gerade, «dann haben wir damit vielleicht auch den Schlüssel zum Verrückten Fischhändler.»

«Wir müssen nicht unbedingt davon ausgehen, daß die Gorillas sich wirklich teleportiert haben», gab Dr. Horace Naismith zu bedenken. «Es könnte ja auch sein, daß es im Lincoln-Zoo einen Schwartzschildschen Radius gibt und sie sozusagen hineingefallen sind und den Ereignishorizont überschritten haben.»

Diese Vorstellung führte zu einer lebhaften Debatte über die Wahrscheinlichkeit von Teleportation und Schwarzen Löchern im Lincoln-Park-Zoo, bis Blake Williams die Runde plötzlich mit einem nachdenklichen und unvollendeten Satz zum Schweigen brachte: «Ich frage mich, ob uns das nicht geradewegs zum Parteitag der Demokraten 1968 . . .»

«Mensch», schrie Cotex mit aufgerissenen Augen. «Worum ging's denn eigentlich bei dem ganzen Gezeter und Gestänkere? Wenn ich mich recht erinnere, wollten die Radikalen im Park übernachten, und die Polizei prügelte sie windelweich und jagte sie aus dem Park hinaus. Das scheint mir ein ziemlich alberner Vorwand für eine Woche Krawalle und Tränengas zu sein. Und warum wurden so viele Journalisten – *und ganz besonders Kameramänner* – von den Bullen angegriffen?»

«Meinen Sie, die städtischen Behörden wußten damals schon Bescheid?» fragte Naismith eifrig.

«Die Menschen neigen zwar dazu, sich neuen Ideen zu widersetzen», sagte Williams, «aber eine Tatsache dieser Größenordnung – über *zweihundert* Gorillas, die der Zoo im Lauf der letzten zehn Jahre kaufte und nur *zwei,* die überhaupt in der Bilanz auftauchen –, irgendwer im Finanzausschuß muß das doch bemerkt haben. Ich gehe jede Wette ein, daß die Behörden was gewußt haben. Und natürlich erfinden sie dann irgendeinen Dreh, um das Ganze zu vertuschen, genauso wie die Air Force bei den UFOs. Immer der gleiche alte Regierungsreflex. Der Pawlowsche Hund trifft mal wieder auf Schrödingers Katze.»

«Es ist Zeit für Taten, nicht Theorien», sagte Cotex. «Gentlemen, ich fliege noch heute abend nach Chicago und nehme die Sache persönlich in die Hand. Ein Fall wie dieser ist ein Paradies für Surrealisten und die Hölle für Logiker», fügte er kichernd hinzu. Er war total unberechenbar.

Was bin ich?

> Das Ego, oder der territoriale Status-Schaltkreis, ist eine soziale Schöpfung, für die immer nur eine Person auf einmal verantwortlich gemacht wird.
>
> Sigmund Freud, *Was will die Frau?*

Eines Tages entdeckte Blake Williams in einem Secondhand-Buchladen auf der Fourth Avenue eins seiner alten, schon längst vergriffenen Bücher. Er nahm es aus dem Regal und betrachtete es eine Weile mit jener nervösen Ehrfurcht, mit der Eltern ihren erwachsenen Kindern begegnen, wenn sie nach langer Zeit auf einen

Besuch nach Hause kommen. *Soziobiologie der Primaten* von Dr. phil. Blake Williams. Mein Gott, dachte er, bin ich das – Dr. phil. Blake Williams? Mir kommt es vor wie ein paar Stunden, seit ich zum erstenmal ins Noel-F.-Turn-Junior-Gymnasium in Bar Sinister, Maine, gegangen bin. Wie bin ich bloß so plötzlich einundfünfzig Jahre alt geworden? Was, zum Teufel, bedeutet dieses Dr. phil.? Wenn überhaupt, weiß ich heute weniger als damals. Wie bin ich bloß zu einer Autorität auf meinem Gebiet geworden? Die Götter rächen sich an denen, die keinen Respekt vor Autoritäten haben, indem sie sie selbst zu welchen machen, sagte Al immer. Zwei Ehen, drei Kinder – es ist einfach nicht zu fassen. Wer bin ich wirklich – hinter diesem Dr. phil. und der Rolle des Ehemannes, des Vaters, des Geschiedenen, der Autoritätsperson? Wer bin ich, verdammt noch mal, *was* bin ich? Warum bin ich? *Bin* ich?
Blake schlug das Buch aufs Geratewohl auf und las:

018

> Bei den höheren Primaten hat sich das Ego fast zu einer permanenten Notfallsituation entwickelt. *Mein* Territorium, *mein* Raum, *meine* semantischen Exkrete markieren das wichtigste System im ganzen Universum, und kein anderes System kann darauf Einfluß nehmen.
> Da dies dem Nicht-Lokalitäts-Prinzip der Quantenmechanik widerstrebt, werden die meisten Primatenphysiker notgedrungen zu Mystikern, die behaupten, daß das Territorium, das durch eine Grenze markiert ist, funktional identisch ist mit dem Territorium außerhalb dieser Grenze.

Williams stopfte das Buch hastig in die Lücke im Regal zurück und hoffte, damit die Welle von metaphysischer Angst zu ersticken, die es bei ihm ausgelöst hatte.

Bisher hatte Blake Williams nur fünf Erklärungen dafür gefunden, was den Zusammenbruch des verdammten Zustandsvektors verursacht und was der «Grund» oder zumindest der Anlaß für einen Quantensprung sein könnte:

022

1. *Alles, was dem Zustandsvektor passieren kann, passiert.* Es existieren mehrere Universen, wo alles mögliche, was passieren kann, auch passiert. Diese Antwort stammte von Physikern wie Everett, Wheeler, Graham und DeWitt, Clem Cotex und vielen Science-fiction-Schriftstellern.

2. *Eine Entscheidung im Bewußtsein des Beobachters ist schuld am Zusammenbruch des Zustandsvektors.* Diese Antwort gaben viele Niels Bohr-Schüler, die behaupteten, genau das sei die Bedeutung der Kopenhagener Interpretation. Andere Schüler Bohrs widersprachen dieser Ansicht und leugneten, daß das die Bedeutung der Kopenhagener Interpretation war.

3. *Die verborgene Variable.* Diese Ansicht stammte von Einstein, Walker, Bohm und anderen Kapazitäten der Physik. Clem Cotex und Simon Moon wiederholten diese Meinung in variierter Form, wenn sie behaupteten, der Verrückte Fischhändler, beziehungsweise Der Stand sei schuld am Zusammenbruch des Zustandsvektors.

4. *Reiner Zufall.* Diese Meinung wurde von der Mehrheit der naturwissenschaftlichen Lehrer an den Schulen und den Lesern des *Scientific American* vertreten.

5. *Eris, die griechische Göttin des Chaos und der Verwirrung ist schuld.* Die Antwort eines Computerexperten aus San Francisco namens Gregory Hill, der unter dem Pseudonym Malaclypse der Jüngere obskure theologische Schriften verfaßte.

Nachdem er Hagbard Celine getroffen hatte, wußte Blake Williams, warum es gerade fünf Erklärungen gab. Hagbard behauptete, daß es fünf Erklärungen für *alles* gab. Diese Theorie nannte er das Gesetz der Fünf.

Außerdem hatte Hagbard Williams heimlich anvertraut, daß sich hinter seiner üblichen Jetset-Millionärs-Maske ein Großer Meister der Illuminaten verbarg. Williams hatte natürlich keine Ahnung, daß Hagbard zur gleichen Zeit Simon Moon und Josephine Malik eingeredet hatte, er sei der Oberste Clown der Diskordischen Gesellschaft, der Jahrhunderte alten Anarchistenverschwörung, die das Ziel hatte, die Pläne der Illuminaten zu durchkreuzen.

Der Verrückte Fischhändler

So etwas wie Wasser gibt es gar nicht. Das ist bloß geschmolzenes Eis.

Furbish Lousewart V., *Gefahren, wohin man schaut*

Der Verrückte Fischhändler war der Schutzpatron der *Warren Belch Society*. Zum erstenmal war er oder sie tatsächlich oder scheinbar am 28. Mai 1881 in Cromer Gardens, Worcester, England, aufgetaucht. Er oder sie war mit etwa einem Dutzend Assistenten um die Mittasgszeit durch Cromer Gardens gerauscht und hatte Krabben und Schnecken in den Straßen verteilt. Außerdem warfen sie die Krabben und Schnecken auch in die Felder neben der Straße. Sie kletterten sogar auf hohe Mauern, um die Fische in Gärten und auf die Dächer der Häuser zu schleudern.

Es war ein gründliches und sorgfältiges Unternehmen, und weil der Verrückte Fischhändler mit seinen oder ihren Assistenten das alles mitten am Tag im größten Verkehr fertigbrachte, *ohne gesehen zu werden,* behaupteten die Einwohner von Cromer Gardens, daß die Krabben und Schnecken vom Himmel gefallen waren.

Diese Behauptung war natürlich für die Wissenschaftler der Zeit nicht akzeptabel, weil sie davon überzeugt waren, daß Krabben und Schnecken nun mal nicht so einfach vom Himmel fallen. Ein Wissenschaftler, der für das *Nature*-Magazin schrieb, kam deshalb auf die Theorie mit dem Verrückten Fischhändler als Erklärung, obwohl auch er nicht nachweisen konnte, wie der Fischhändler und seine Kumpane ihren Coup durchziehen konnten, ohne von der Bevölkerung bemerkt zu werden.

Charles Fort, der Begründer der *Fortean Society,* lehnte die Theorie vom Verrückten Fischhändler beharrlich ab und behauptete, daß Krabben und Schnecken *sehr wohl* vom Himmel fallen können. Als

Clem Cotex wegen Ketzerei aus der *Fortean Society* ausgestoßen worden war, machte er sich seine eigenen Gedanken zu dem verblüffenden und mysteriösen Vorfall vom 28. Mai 1881 in Cromer Gardens. Er beschloß, an den Verrückten Fischhändler zu glauben. Es war die fundamentale Hypothese seines philosophischen Systems und der Leitsatz der *Warren Belch Society,* daß die Theorie, die am verrücktesten klingt, immer auch die wahrscheinlichste ist. Alles in allem waren die Motive und die Methodologie des Verrückten Fischhändlers ja viel rätselhafter als vom Himmel fallender Schellfisch, *ergo* existierte der Verrückte Fischhändler mit ziemlicher Wahrscheinlichkeit.

Es gab einen Haufen anderer Ereignisse, die die Wissenschaft dieser primitiven Periode sich nicht erklären konnte. Auf Grund des Versäumnisses der Wissenschaftler, Neuprogrammierung zu erforschen, langweilte die Wissenschaft an sich in Wirklichkeit viele der übriggebliebenen Anhänger von veralteten Dogmen in Theologie und Priestertum.* Die Folge war, daß Vorfälle, welche die Wissenschaft noch nicht erklären konnte, auch nicht gerade eifrig als Tatsachen akzeptiert wurden, die sie hätte erklären sollen, indem sie umfassendere und differenziertere wissenschaftliche Theorien entwickelte, wie es auf anderen domestizierten Planeten der Fall ist. Statt dessen widmete sich ein ganzer Berufszweig von Primaten dem Nachweis, daß solche Ereignisse niemals «wirklich» passiert waren, sondern daß es nur den «Anschein» hatte, als ob sie passiert seien.

* *Terranische Archive 2803:* Theologie war ein System, das Dinge erklärte, indem es Begriffe prägte, die keiner verstand und so tat, als ob diese Begriffe etwas zu bedeuten hätten. Bei den westlichen Primaten war der Hauptbegriff, der in diesem Sinne gebraucht wurde, das Wort «Gott». Bei den östlichen Primaten war es das Wort «Karma». Beide Begriffe waren natürlich nichts weiter als ein unreifes Vortasten der Primaten nach einem System von Quantenkontrolle und -ausgleich, welches das größte Gesamtsystem in einen Zusammenhang mit allen kleineren Gesamtsystemen bringen kann.

Die Leute, die in diesem Berufszweig arbeiteten, nannten sich Skeptiker. Sie waren nicht die Bohne skeptisch. Sie waren die wahren Gläubigen der wissenschaftlichen Paradigmen dieses barbarischen und primitiven Zeitalters.

Andere Dinge, die die Wissenschaftler dieser Zeit nicht erklären konnten und die Clem Cotex dem Verrückten Fischhändler in die Schuhe schob, waren auch noch andere verdammte Sachen, die vom Himmel fielen, zum Beispiel eiserne Kugeln mit Inschriften drauf oder Eisbrocken so groß wie Elefanten. Und dann gab es die verdammten Sachen am Erdboden, einschließlich hüpfender Möbel, Spuk und natürlich Den Stand. Es gab Tiere, die es eigentlich nicht geben sollte und Tiere, die es gar nicht geben konnte, Wahrnehmungen jenseits von Zeit und Raum und religiöse «Wunder».

Der erste Schlüssel zum konkreten Verständnis dieser Dinge tauchte auf, als die Quantenkausalität endlich in Gilhooleys Beweis von 1984 richtig formuliert wurde, aber kein Mensch Gilhooley verstand.

Zur Zeit unserer Geschichte waren viele Menschen genauso verwirrt wie Clem Cotex. Die meisten zeigten das auch, oder besser, versteckten ihre Verwirrung nur hinter einem etwas konservativeren Verhalten.

Noch ein CIA-Komplott

> Das Wesen einer Entscheidung besteht darin, nicht zu zögern, wenn die innere Stimme den Befehl zum Handeln gibt.
>
> Furbish Lousewart V., *Gefahren, wohin man schaut*

Kurz bevor er zu Wildebloods Party aufbrach, schrieb Blake Williams eine der ketzerischsten Passagen in sein eifersüchtig bewachtes *Geheimes Tagebuch,* die er je geschrieben hatte:

Ich bin Anthropologe, *ergo* ein professioneller Lügner. Ein Anthropologe ist ein Wissenschaftler, der darin geschult ist, zu beobachten, daß jede Gesellschaft etwas verrückt ist, einschließlich seine eigene. Aber er behält seinen Job nur dann, wenn er diese Tatsache nie explizit ausspricht.

Vielleicht war das Jahr 1983 alles in allem ein bißchen zuviel für ihn gewesen.

Im Januar war dem Projekt Pan ein größerer Durchbruch gelungen, und Williams und Dashwood mußten sich mächtig anstrengen, um die anderen Wissenschaftler davon zu überzeugen, daß jede voreilige Publizierung tödlich sein könnte. Sie machten ihnen klar, daß die *John Birch Society* gerade massive Propaganda für Sit-ins und Proteste gegen die Einführung von anthropologischen Texten in den High Schools von Orange County machte.

Im Februar hatte das Bundesfinanzministerium gemeldet, daß irgendwann während der letzten Dekade der gesamte Goldvorrat der Nation aus Fort Knox verschwunden war.

Im März tauchten plötzlich drei neue Lebensverlängerungspillen auf dem Markt auf. Sie platzten mitten in die Kontroverse über FOREVER, die erste Lebensverlängerungspille, von der in weiten Kreisen behauptet wurde, daß sie verhängnisvolle Nebenwirkungen hatte. Alle Informationen über FOREVER hatten bisher eins gemeinsam gehabt: Alle Wissenschaftler, die nicht bei *Blue Sky, Inc.,* dem Hersteller der Pille, angestellt waren, fanden Beweise für diese tragischen Nebenwirkungen, während alle Wissenschaftler, die für *Blue Sky, Inc.* arbeiteten, keine derartigen Probleme feststellen konnten. (Im gleichen Monat schrieb Blake Williams sich ein Zitat von Lord Macaulay in sein Tagebuch: «Man würde sogar das Gesetz der Schwerkraft anzweifeln, wenn es einen kommerziellen Erfolg verspräche.»)

Im April erreichte die Durchschnittsmiete für ein Einzimmerapartement tausend Dollar im Monat, und viele Familien mieteten sich für sechs- bis siebenhundert Dollar im Monat eine Besenkammer oder schliefen einfach in Parks. In Berkeley, Kalifornien, und Carbondale, Michigan, wurden mehrere Vermieter aufgehängt.*

Im Mai fand man das verschwundene Gold aus Fort Knox in einem

Erdloch bei San Clemente vergraben. Nixon leugnete immer noch *alles*.

Der neue *Weltalmanach* verzeichnete den ersten UFO-Kult mit einer Mitgliederzahl von über zwanzig Millionen unter den größten Weltreligionen.

Im Juni wurde die erste menschliche Embryoverpflanzung durchgeführt. In Tierra del Fuego meuterten US-Truppen.

Im Juli wurde FEMFREE, eine Droge, die angeblich den Mutterinstinkt abbaute, von der *Federal Drug Administation* verboten. In Belfast kämpften UFO-Anhänger gegen Christen.

Im August entdeckte die Astronomin Bertha van Ation zwei neue Planeten im Sonnensystem. Illegales FEMFREE zirkulierte in den Women's Lib-Gruppen der ganzen Nation und kostete zehnmal soviel wie auf dem freien Markt.

Im September kämpften in Kairo UFO-Anhänger gegen Moslems.

Im Oktober wurden in drei weiteren amerikanischen Städten Vermieter gelyncht und die erste menschliche Gehirnverpflanzung durchgeführt. In Peking kämpften UFO-Anhänger gegen Maoisten.

Im November behauptete Mae Brussel über Radio Berkeley, daß Jesus Opfer eines CIA-Komplotts gewesen war.

* *Galaktische Archive:* Miete war eine Form von Tribut, die «nicht-besitzende» Benutzer von Land an nicht-benutzende «Besitzer» von Land zahlten. Die «Besitzer» oder «Hausherren» waren ursprünglich Verwandte des Alpha-Männchens oder des Königs (vgl. Nomis von Noon: *Von den nahrungssammelnden Pavianbanden zum Bewußtsein)*. Unter den weiterentwickelten Barbaren jedoch, wie im damaligen Unistat, konnte jedermann mit genügend «Geld» Land erwerben und zum «Hausherrn» werden.

Ein Schlag auf den Kopf

> Jede Gesellschaft fördert bestimmte Verhaltensweisen und stellt andere unter Strafe. Aus diesem Grund verhalten sich Kulturen, auch wenn sie nicht wissenschaftlich entwickelt worden sind, wie Computer, die auf bestimmte Resultate prorammiert sind. Man kann sich ihre kulturelle Struktur anschauen und voraussagen: diese Gesellschaft wird eine hohe Mordrate haben, diese hier viele Schizophrene, diese wird im Steinzeitalter stecken bleiben, wenn man sich nicht einmischt, und diese hier fliegt zu den Sternen.
>
> Marylin Chambersy, *Neuro-Anthropologie*

Benny «Eggs» Benedict kam diese Nacht von Epicene Wildebloods Party nicht nach Hause. An der Ecke Lexington und 23rd Street wurde Benny von einem schweren Bleirohr getroffen, das seinen Schädel zersplitterte und ihn tötete. Das Rohr fiel nicht zufällig, sondern wurde von einem Mann namens Francesco «Pablo» Gomez mit voller Absicht geschleudert. Pablo haßte Benny nicht, hegte auch keinen Groll gegen ihn und grinste nicht sadistisch. Pablo schlug Benny nieder, weil Benny gut angezogen war und höchstwahrscheinlich Geld in der Tasche hatte. Während Benny noch nicht tot war, aber schon im Koma lag, schleppte Pablo ihn in einen Hauseingang und durchsuchte seine Taschen. Zu seiner Freude stellte er fest, daß er richtig vermutet hatte und Benny tatsächlich mehr als fünfzig Dollar bei sich hatte – zweiundfünfzig, um genau zu sein. Benny starb, als Pablo noch mit seiner Brieftasche beschäftigt war.

Für Pablo waren zweiundfünfzig Dollar eine Menge Geld. Fröhlich vor sich hinsummend ging er nach Hause.

So sah es aus, als Unistat sich auf dem Höhepunkt der Revolution der Gedämpften Erwartungen befand.

Spuren

Jeder Faden mit einem Ende hat auch ein anderes Ende.

Finagles Erste Fundamentale Entdeckung

Seit mehreren Tagen trieb sich Clem Cotex nun schon im Lincoln-Park-Zoo herum, und er war verwirrter als je zuvor. Die Tatsachen waren nicht zu leugnen: Der Zoo hatte tatsächlich im Verlauf der letzten zehn Jahre über zweihundert Gorillas gekauft, aber nur zwei waren zu besichtigen, die restlichen einhundertachtundneunzig fehlten. Beiläufige Fragen bei den Primatenwärtern brachten nichts als ausweichende Antworten, die gut auswendig gelernt zu sein schienen. Alle steckten hier unter einer Decke. Die Öffentlichkeit wurde vor jedem bißchen Wissen um Unerklärliches, Merkwürdiges oder Surrealistisches beschützt. Und alles nur Teil der üblichen Regierungserklärungen, daß die öffentlichen Angelegenheiten von Experten gehandhabt wurden, die durchaus Herr der Lage waren. Die Regierung befürchtete, daß die ganze Scharade zusammenbrechen würde, wenn die Öffentlichkeit entdeckte, daß die Machthabenden von diesem unerklärlichen Universum genauso verwirrt waren wie die ohne Macht.

Jedenfalls gab es mit Sicherheit kein Schwarzes Loch auf dem Zoogelände, soviel hatte Cotex herausgefunden. Alle Schwerkraftkonditionen waren normal. Die Gorillas waren nicht durch einen Schwarzschild-Radius ins Universum nebenan gefallen oder sonstwas derartig Unheimliches. Sie versetzten sich einfach irgendwo anders hin . . . vielleicht zurück in ihre Heimat in Afrika. Obwohl sie ja im Prinzip *überall* wiederauftauchen konnten, wenn man die Unberechenbarkeit teleportativer Strömungen bedachte. Charles Fort hatte das dokumentiert: er hatte Aufzeichnungen über alle Fälle, wo Schlangen in Memphis, Tennessee, gelandet waren oder Kokosnüsse in Worcester, England, aufgetaucht waren.

Da bei einem solch rätselhaften okkulten Vorfall das kleinste Detail zu einer wichtigen Spur werden kann, kopierte Clem sorgfältig alle Graffiti aus dem Herrenklo des Primatenhauses. Es war das übliche Durcheinander von unpassenden und zweideutigen Sprüchen: «Einmal lecken, das muß schmecken: Tel. 237-1717 Pater James Flanagan», «Helft Von Neumanns Katastrophe verhindern!», «Be-

waffnet die Arbeitslosen», «Befreit unsere vierbeinigen Brüder und Schwestern. Dieser Zoo ist ein Paradies für Kinder, aber eine Qual für die Tiere», «Rettet die Wale, harpuniert eine Honda», «Weg mit den Hausbesitzern», «♀⊂ Δ⊓♀Δ⋛✱», «Schafft die Numerierung ab», «Tod allen Fanatikern!».
Wahrscheinlich, dachte Cotex sauer, ist irgendwas Wichtiges dabei, und ich hab' bloß nicht genug Phantasie, um es zu entdecken.

Der Altruist

God Bless America.

G. I. Gurdjieffs letzte Worte

Jeder der auf Wildebloods Party gewesen war, fühlte sich verpflichtet, zu Benedicts Beerdigung zu kommen, obwohl keiner große Lust dazu hatte. Benny war einer der witzigsten Schreiber seiner Zeit gewesen, auf jeden Fall in der Tagespresse, und es wäre sicherlich angemessen gewesen, ihn mit einem alten Laurel & Hardy-Streifen zu verabschieden oder sonst irgendwas aus seinem Metier. Aber die Schicklichkeit der Primaten ließ so etwas nicht zu. Statt dessen entließen sie ihn mit einer stumpfsinnigen und deprimierenden «religiösen» Zeremonie.
«Ich bin die Auferstehung und das Leben», intonierte der Primat mit dem verkehrt herum geknöpften Kragen. Keiner wußte, was zum Teufel das bedeuten sollte, wenn überhaupt, aber jeder versuchte, sich ein bißchen besser zu fühlen, als er es hörte.
Gerade als Benny beerdigt wurde, arbeitete ein Fensterputzer im siebzehnten Stock der *Morgan Guaranty Trust Company* auf der Wall Street Nr. 23. Er war Experte im Lippenlesen und wußte über die Geheimnisse der Wall Street mehr als jeder andere, der nicht zu den Illuminaten gehörte. Tatsächlich war er unter anderem deshalb Fensterputzer geworden, weil er damit Arbeit im Wall Street-Bezirk kriegen und wertvolle Informationen aufschnappen konnte.
Aber der wichtigste Grund, warum er den Job genommen hatte, hätte die *Morgan Guaranty Trust Company* bestimmt noch mehr gefuchst, wenn sie davon gewußt hätten. Der Fensterputzer war

Mitglied bei *Purity of Essence* und hatte es bisher fertiggebracht, 333 selbstgemachte Atombomben auf den Simsen zu plazieren. Sie lagen so hoch, daß keiner außer ein paar Tauben sie je zu Gesicht bekommen würde.

Diese Waffen würden auf ein bestimmtes Zeichen des P.O.E.-Computers hochgehen – auch eine selbstgemachte Konstruktion, aber ziemlich wirkungsvoll. P.O.E. verfügte über jede Menge Wissenschaftler, die aus Horror und Abscheu vor den Verwendungsmöglichkeiten der Wissenschaft in diesem Universum aus dem Karrierespiel ausgestiegen waren.

Zu dieser Zeit hatte P.O.E. schon achtundzwanzig amerikanische Städte vermint. Der Fensterputzer hoffte, daß P.O.E. höchstens eine davon hochgehen lassen müßte, wenn es soweit war. Er war Altruist, wie alle bei *Purity of Essence*.

Primatenökonomie

Beim Kapital verwischen die Konturen.
Beim Kapital gibt es keine klaren Grenzen mehr.

Karl Marx, *Canto 23*

Galaktische Archive:

Domestizierte Primaten prägten und verhakten ihren Bio-Überlebens-Schaltkreis mit der ausgedehnten Primatenfamilie (vgl. Pavianhorden, Hominidenstämme). Als die Domestizierung der Mehrheit durch die Minderheit der Gangster immer komplexere Formen annahm, wurden die Primaten immer stärker isoliert und vereinzelt. Diesen Prozeß nannte man «Entfremdung» oder «Anomie». Es gab viele riesige Bienenstöcke, aber ohne den notwendigen inneren Zusammenhalt. Mittlerweile war ihr Bio-Überlebens-Schaltkreis nach jenen kostbaren Scheinen süchtig geworden, die sie «Geld» nannten.

Konkret: Der durchschnittliche domestizierte Primat brauchte diese Scheine zum Leben.

Jeder Versuch, ihnen die Scheine wegzunehmen oder den Nachschub an Scheinen zu stören, verursachte akute Bio-Überlebens-Angst. Die Scheine waren zum Ersatz für die ausgedehnte Familie, den Stamm, den kommunalen Zusammenhalt geworden. Die üblichen Symptome beim Entzug von Scheinen waren deshalb auch identisch mit denen, die man bei Primaten beobachtet hatte, die man plötzlich von ihrem Stamm getrennt hatte: Schwindelanfälle, Paranoia, Alpträume, schwitzende Hände, Herzattacken, Einbildungen und Halluzinationen.

Die Symptome waren in Unistat so weit verbreitet, daß eine riesige Mental Health-Bewegung entstand mit dem Ziel, sie zu verringern. Aber die Alpha-Männchen von Unistat handhabten die Zuteilungen von Scheinen so geschickt, daß fast jeder ständig glaubte, nicht unbedingt genug Scheine zu haben und nächste Woche wahrscheinlich noch weniger zu kriegen. Die armen Säuger lungerten in einem Zustand von akuter Bio-Überlebens-Verunsicherung herum; die neuralen Impulse sorgten für riesige Mengen Adrenalin, Adrenochrom und Adrenalutin im Blutkreislauf. Das sind die Chemikalien, die auch Tiere in Notsituationen produzieren, und die gleichen wie Stammesprimaten, wenn sie von ihrem Stamm getrennt werden. Sie sind die Ursache für neurosomatische Symptome wie die obenerwähnten Alpträume und Schwindelanfälle.

Die Alpha-Männchen steuerten diese geschickte Zuteilung von Scheinen aus demselben Grund, wie sie Kirchen und «linksgerichtete» Organisationen subventionierten, die predigten, daß die meisten Primaten «dreckige Scheißer» waren. Es ist nun mal leichter, domestizierte Primaten zu kontrollieren, wenn sie ängstlich und deprimiert sind. Chemisch-emotionale Reflexe dieses Schlages halten die armen Stammesaffen unterwürfig und verwirrt.

Dummerweise wußten die Alpha-Männchen von Unistat wie die meisten anderen Alpha-Männchen in primitiven Gesellschaften nicht, wann das Maß voll war. Sie hatten die Angstschwelle ihrer Gesellschaft so weit gesteigert, daß sie alle acht Minuten ein Gewaltverbrechen zu verzeichnen hatten. Sie merkten nicht mal, daß sie sich der kritischen Explosionsgrenze näherten, dabei hatten vor P.O.E. schon Dutzende von ähnlich orientierten verzeifelten Verbrecherbanden ihr Glück versucht.

Die Alpha-Männchen finanzierten auch weiterhin die Revolution der Gedämpften Erwartungen und hofften, daß die domestizierte

Mehrheit sich mit einem Leben als feudale Leibeigene abfinden würde. Als das Öl ausging und die Lebensmitel auf dem Planeten knapp wurden, war klar, daß ihre Strategie die richtige gewesen war. Die Haustiere blieben auch weiterhin unterwürfig.
Was die Alpha-Männchen allerdings vergessen hatten, war die Tatsache, daß die Wissenschaft der Waffenproduktion sich mittlerweile soweit fortentwickelt hatte, daß sogar eine kleine Minderheit von aufgebrachten, wutentbrannten Bürgern den gesamten Planeten zur Hölle schicken konnte.
Selbst wenn sie das eingesehen hätten, bleibt es zweifelhaft, ob die Alpha-Männchen versucht hätten, eine Welt zu schaffen, in der es ausgeschlossen war, daß jemand so wütend werden konnte. Ein derartiges Ziel wäre ihnen wahrscheinlich viel zu utopisch erschienen. Sie konnten nicht ahnen, daß das in Wirklichkeit eine Notwendigkeit auf jedem technisch hochentwickelten Planeten war.

Nimm was du hast

Nimm was du hast und verteil es unter den Armen.

Einem langhaarigen Kommunistenfreak zugeschrieben

Der Brief wurde am 1. Mai 1984 an die New Yorker *Times News Post,* die Chicago *Sun,* die Los Angeles *Times Free Press,* NBC News, CBS News, das Weiße Haus, Mae Brussel, den Berkeley *Barb,* KPFA, ABC News, die Londoner *Times,* die Zodiac-Nachrichtenagentur, den *Christian Science Monitor,* die Erzdiözesen von New York, Chicago, San Francisco und St. Louis, die Scientology-Kirche, Mark Lane, Paul Krassner, Dick Gregory, die Chase Manhattan Bank, den Bad Ass *Bugle,* die Nihilistische Anarchistenhorde, Norman Mailer und zweihundertsiebenunddreißig verschiedene andere Institutionen und bekannte Persönlichkeiten des öffent-

lichen Lebens verschickt. P.O.E. wollte sichergehen, daß ihre Botschaft nur minimal verfälscht vom Establishment an die allgemeine Öffentlichkeit weitergegeben wurde.
Der Brief lautete:

> Möge Gott uns vergeben. Möge die Zukunft uns gnädig sein.
> Wir haben an über eintausendsiebenhundert strategischen Punkten in den Vereinigten Staaten Atombomben plaziert. Die Ziele sind durchwegs Feinde des Volkes: große Banken, multinationale Konzerne, Regierungseinrichtungen. Eine dieser Bomben werden wir morgen mittag irgendwo im Osten der Vereinigten Staaten zünden, um zu beweisen, daß wir nicht bluffen.
> Alle anderen Atombomben werden nacheinander so lange gezündet, bis unsere Forderungen erfüllt sind. Sollte irgendein Versuch unternommen werden, uns daran zu hindern oder uns zu verhaften – irgendein Versuch –, werden alle restlichen Bomben sofort auf einmal detonieren.
> Wir fordern:
> daß Präsident Furbish Lousewart sofort alles Eigentum über einer Million Dollar konfisziert;
> daß dieses Geld, das nach unseren Schätzungen eine Summe von circa drei Trillionen Dollar betragen wird, auf der Stelle an die vierzig Millionen Familien verteilt wird, die dem Maßstab der Regierung entsprechend unterhalb der unteren Einkommensgrenze leben, so daß jede dieser Familien fünfundsiebzigtausend Dollar erhält;
> daß sämtliche Regierungsfinanzen, die gegenwärtig in Rüstung und Kriegsvorbereitungen investiert sind, sofort dazu benutzt werden, Schulen, Krankenhäuser und Häuser in Armenvierteln so zu verbessern, daß sie menschenwürdig werden;
> daß Präsident Lousewart, indem er auf unsere Forderungen eingeht, sämtliche Lügen öffentlich widerruft, die er auf Geheiß der Konzerne und Banken, die die *People's Ecology Party* finanziert haben, geäußert hat, daß er ins-

besondere all das zurücknimmt, was er über die Notwendigkeit von Gedämpften Erwartungen gesagt hat und daß er der Menschheit das Recht auf hohe Erwartungen und einen besseren und menschlicheren Gebrauch von Waffen zum Nutzen aller zugesteht;
daß George Washington vom Dollarschein entfernt und durch Walt Disneys Mickey Mouse ersetzt wird, um das Volk in alle Ewigkeit daran zu erinnern, wie idiotisch es ist, Geld zu verehren. Eine letzte Warnung: wir haben sechzehn Jahre an diesem Projekt gearbeitet und sind absolut in der Lage auszuführen, was wir angedroht haben. Die Revolution der Gedämpften Erwartungen war das Paradies der Monopolisten und die Hölle der Armen. Wir haben die Absicht, diesen Zustand zu ändern.

Zusammenbruch des Zustandsvektors

> Aufzeichnungen können zerstört werden, wenn sie den Vorurteilen der herrschenden Gruppen nicht gerecht werden; verlorengehen, wenn sie unverständlich werden; verfälscht werden, wenn der Kopist ihnen eine neue Bedeutung geben will; mißverstanden werden, wenn Informationen zur Interpretation fehlen. Die Vergangenheit ist wie eine große Bibliothek, und das meiste darin ist Fiktion.
>
> Henry Ford, *Neuro-Geschichte*

Es klingelte.
Josephine Malik sagte leise aber inbrünstig «Scheiße». Sie korrigierte gerade die Druckfahnen der zweiten Auflage ihres Buches *Klitoris-Politik,* und jede Störung war äußerst unwillkommen.
Vorsichtig näherte sich Jo der Haustür. Ein normales Schloß, ein Riegel und ein Sicherheitsschloß versperrten sie; der Störenfried würde eine Axt brauchen, um reinzukommen, vorausgesetzt, es war wirklich einer von den zwei Millionen Gewaltverbrechern, die 1984 in der Zwanzig-Millionen-Stadt New York lebten.
«Wer ist da?» rief sie durch die Tür.

«Ukraine.»
«Wer???» schrie sie.
«Hugh Crane», kam die Stimme jetzt ein wenig lauter. «Wir haben uns letzten Dezember auf Wildebloods Party kennengelernt . . .»
«Verschwinden Sie. Erstens kenne ich Sie gar nicht, und zweitens habe ich zu tun.»
«Es ist aber wichtig. Der Roman, in dem wir uns aufhalten, kommt zu einem schrecklichen Ende . . .»
«Sie sind ja übergeschnappt. Verschwinden Sie.» Jo wandte sich von der Tür ab und ging zum Wandschrank, um ihren *Saturday Night Special* zu holen, für den Fall, daß der Verrückte da draußen wirklich eine Axt hatte.
«Hören Sie mir zu, ich flehe Sie an, wir haben nur noch ein paar Minuten Zeit» rief die Stimme hinter der Tür. «Vielleicht können sie sich noch halbwegs an den Namen Hagbard Celine erinnern. Das ist der Name, den ich im letzten Quanteneigenzustand, also dem letzten Roman hatte, als wir noch zusammenarbeiteten . . .»
Jo ging zum Telefon und rief die Polizei. Sie hatte total vergessen, daß sie nicht mehr durch die Tür zu schreien brauchte.
Das waren ihre letzten Worte.
Denn in diesem Moment verwandelte sich die Insel Manhattan in einen atomaren Schmelztiegel.

Präsident Lousewart, der sich von Geheimdienstlern beraten ließ, die mittlerweile so viel «Privatgespräche» abgehört hatten, daß sie restlos paranoid waren, handelte innerhalb von Minuten, als der P.O.E.-Brief im Weißen Haus eintraf. Die Regierung von Unistat würde sich nicht erpressen lassen. Noch bevor das Fernsehen die Story ausstrahlen konnte, waren bundesweit über zehn Millionen «Radikale» und potentielle «Radikale» unter Arrest getellt worden. Eine von ihnen war, mehr oder weniger zufällig, Sylvia Goldfarb von P.O.E.
Daraufhin detonierten alle siebzehnhundert P.O.E.-Bomben auf einen Schlag. Unistat hörte auf, als Einheit zu existieren. Nihilistische Anarchistenhorden bevölkerten die Überreste der Landschaft.

2300 ferngesteuerte Atomsprengköpfe mit Computerzündung, für den Fall, daß ein atomarer Angriff auf Unistat erfolgte, gingen bei der ersten Explosion los und dezimierten Rußland. Das Biest war von Geheimdienstlern programmiert worden, die einhellig davon überzeugt waren, daß ein Atomangriff nur von dort kommen konnte.

2300 russische Sprengköpfe gingen im selben Moment hoch, als die erste Unistat-Bombe den russischen Luftraum erreichte. Sie flogen nach China. Der russische Computer war ebenfalls von sehr dogmatischen, sehr sturen Primaten programmiert worden; er «wußte», daß ein Atomangriff nur aus China kommen konnte.

Starhawk kam gerade aus einer Bar auf der Geary Street, als Frisco fiel. Er war verkohlt, noch ehe sein Gehirn überhaupt registrieren konnte, was passierte.

Lionel Eacher, schon lange wieder zum Vertragsrecht zurückgekehrt, überlebte die meisten. Er hatte in Upper Michigan Ferien gemacht und war gut bewaffnet, weil er gerade von der Jagd kam. Er überlebte, indem er fast zwanzig Jahre lang andere Säugetiere jagte und aß, einschließlich früher domestizierter Primaten.

Dann wurde Lionel von einem anderen früher domestizierten Primaten, der schlauer und schneller war als er, gejagt und gegessen.

F. D. R. Stuart fiel mit New York City. Ebenso wie Justin Case, Epicence Wildeblood, Jo Malik und die meisten anderen.

Jo Malik war entsetzt. Er war dagegen, daß der Roman so abrupt und unangenehm endete. Er hatte noch jede Menge Ideen für Wilson im Kopf, ein echtes Epos, um ehrlich zu sein. Er versuchte verzweifelt, die Kontrolle über das Buch zurückzugewinnen.

Wilson sah zu, wie San Francisco unterging, hoch oben in den Bergen von seinem Fenster aus, wo er versuchte, trotz der widrigen Umstände noch ein Happy-End hinzukriegen.
Der Atomblitz verbrannte ihm die Augen, und so stolperte er wie die meisten Einwohner von Berkeley in einer schwarzen Welt voll Wahnsinn und Chaos herum, bis die Strahlung ihn schließlich endgültig erledigte.

Markoff Chaney überlebte. Er war mit einem Greyhoundbus in Florida, zwischen Miami und Hollywood unterwegs, als die Bomben hochgingen. Er flüchtete sich in die Everglades und fand schließlich sogar eine Partnerin – eine Seminolenfrau, die ihn absolut nicht lächerlich fand.
Ihr Stamm vergrößerte sich.

Dieses Stammeszeitalter dauerte genau wie beim letztenmal zehn Millionen Jahre.

Als die Umweltbedingungen günstig waren, setzten sich auch die genetischen Programme wieder durch. Bei den Primaten tauchte der Hordeninstinkt wieder auf. Städte entstanden, Sünde und Schuld wurden neu erfunden, und die Technologie machte Fortschritte.
Die Atomenergie wurde wieder entdeckt und wieder mißbraucht. Beim nächstenmal dauerte das Stammeszeitalter zwölf Millionen Jahre.
Als die Umweltbedingungen günstig waren, setzten sich auch die genetischen Progammierungen wieder durch. Bei den Primaten tauchte der Hordeninstinkt wieder auf. Städte entstanden, Schuld und Sünde wurden von neuem erfunden, dic Technologie machte Fortschritte . . .

Die sechsbeinige Mehrheit wußte wenig und kümmerte sich noch weniger um die Aktivitäten der Primaten. Sie hatte ihre sozialen Konflikte schon vor drei Milliarden Jahren gelöst und hielt es nicht für nötig, sich zu verändern. Sie folgte ihrem eigenen DNS-Zyklus genauso monoton, wie Primaten seit jeher dem Primaten-Zyklus folgten.

Galaktische Archive

Und so endet der erste Teil des mächtigsten aller Terra-Romane. Kritiker von Sirius bis Beteigeuze haben in tausendjähriger Arbeit immer noch nicht den ganzen Reichtum dieser wenigen Seiten ausgeschöpft, in denen der alte Barde geheimnisvoll, klug und erfindungsreich all jene kosmischen und strahlenden Themen vorstellt, die in kommenden Entwicklungen so glanzvoll verwirklicht werden sollten. *Schrödingers Katze* und *Beethovens Neunte,* darüber ist man sich jedoch schon einig, sind die zwei künstlerischen

Erzeugnisse Terras, die die Erfahrung der domestizierten Primaten auf dem Weg zum Wahren Bewußtsein – die Qual, das Leid und die Ekstase – am gelungensten verkörpern.

Büromitteilungen

J. C. an G. B.:

Inzwischen habe ich ein paar kaum zusammenhängende Kapitel gelesen und bin total konfus. Selbst wenn Wilson seine absichtliche Überspanntheit noch irgendwie rechtfertigen kann, müssen seine größenwahnsinnigen Einbildungen unbedingt entfernt oder zumindest abgeschwächt werden. Megalomanische Eigenforschung dieser Art ist doch ein bißchen dick aufgetragen, würde ich sagen. Wozu solches Geschwätz auch noch veröffentlichen?

G. B. an J. C.:

Lies weiter. Das alles ist Teil Der Handlung, wie du bald selbst merken wirst.

Zwischen Welten

Josephine Malik liegt zitternd auf dem Bett, bemüht, tapfer zu sein, bemüht, ihre Furcht zu verbergen. Wohin ist nun die Maske der Männlichkeit?
«Die Einbildung, daß du ein Mann mit dem Körper einer Frau bist, kann nur auf eine einzige Art geheilt werden. Ich fliege aus der Amerikanischen Psychoanalytischen Vereinigung, wenn die Wind von meinen Methoden kriegen. Übrigens bin ich tatsächlich schon mal mit ihnen aneinander geraten, weil einer meiner Patienten original seine Mutter fickte in der Hoffnung, seinen Ödipus-Komplex loszuwerden, und sich davon überzeugte, daß sie tatsächlich eine alte Dame war und nicht die Frau, an die er sich von

Kindesbeinen erinnerte. Wie dem auch sei, die ganze Welt spielt verrückt, wie du sicher auch schon bemerkt hast, mein armes Kind, und wir müssen heroische Maßnahmen anwenden, um das wenige an Vernunft zu retten, was noch zu retten ist.» *(Der Psychiater hat sich mittlerweile ausgezogen. Er legt sich neben sie aufs Bett.)* «Und nun, mein kleines verschrecktes Täubchen, werde ich dir beweisen, daß du eine ganz normale und wirkliche Frau bist . . .»
Der Psychiater war entweder Horus der Kriegsgott oder der mysteriöse Hugh Crane, Meister der Magie – oder er war Hagbard Celine.
Es ist ziemlich schwer, sich über irgend etwas klar zu sein, wenn man hier draußen verloren ist.
Schneller als mit Lichtgeschwindigkeit hüpfte Jo in einen anderen Eigenzustand.

Robert Anton Wilson

Das Universum nebenan

Wir Ärzte erkennen einen hoffnungslosen Fall auf den ersten Blick,
wenn – he, hör mal, ich kenne ein verdammt gutes Universum,
gleich nebenan, nichts wie hin.

e. e. cummings, *«pity this busy monster, manunkind.»*

Klappe 2

Es gibt keine Fnords in der Werbung

Der Einfluß der Sinne hat beim Menschen den Gedanken mittlerweile so weit überwältigt, daß die Grenzen von Raum und Zeit solide, wirklich und unüberwindlich scheinen . . . Doch Raum und Zeit sind nichts anderes als reziproke Gegenstücke zum Verstand. Der Mensch ist in der Lage, sie alle beide abzuschaffen.

Ralph Waldo Emerson

Die Frage der Realität

> Ich kann mich noch lebhaft an den Schock erinnern, den ich bei meiner ersten Begegnung mit dem Konzept der Multiwelten empfand. Die Vorstellung von 10^{100} + leicht unvollkommenen Kopien seiner selbst, die sich ständig in weitere Kopien aufsplittern . . . läßt sich nicht so einfach mit dem gesunden Menschenverstand in Einklang bringen.
>
> Bryce DeWitt, «Quantum Mechanics and Reality», *Physics Today*, September 1970.

Terranische Archive, 2803:

Im 19. Jahrhundert warnte der Anarchist P. J. Proudhon zum erstenmal vor der Gefahr, daß die Menschheit in der Unzahl der von der Regierung produzierten Gesetze, Erlasse, bürokratischen Formulare und diversen Papiere und Dokumente ersticken würde, und sagte damit ein Phänomen voraus, dem spätere Archäologen die Bezeichnung «papyrazäische Formation» gaben. Vor der Kybernetik und der Informationsrevolution vermehrten sich im 19. und 20. Jahrhundert die gedruckten Dokumente mit atemberaubender Geschwindigkeit, und trotzdem haben wir in dem erhalten gebliebenen Wust von Papier nur einen einzigen Hinweis auf unseren erhabenen Barden Robert Anton Wilson entdecken können. Das ist zweifellos höchst erstaunlich.

Man hat angeführt, daß Robert Anton Wilson ungewöhnlich scheu und zurückgezogen lebte, aber diese Theorie scheint zu hinken, wenn man an den Größenwahn in *Das Universum nebenan* denkt. Andere Quellen bestehen deshalb darauf, daß Wilson sich schließlich Schwierigkeiten mit der Neurologischen Polizei dieser barbarischen Ära einhandelte und daß all seine Unterlagen vernichtet wurden, wobei nur *Das Universum nebenan* und ein anderer Hinweis durch Zufall gerettet werden konnten. Das klingt schon plausibler, ist aber keineswegs nachgewiesen. Alles was wir mit Sicherheit sagen können, ist, daß der Barde existierte, dieses eine Meisterwerk verfaßte und bis auf eine einzige Zeitungsmeldung keine weiteren Spuren hinterließ.

Vielleicht bringt diese auf die eine oder andere Weise Licht ins Dunkel seines geheimnisvollen Lebens, deshalb folgt hier die einzige erhaltene Stelle, in der Robert Anton Wilson erwähnt wird. Sie stammt aus einer Zeitung namens *San Francisco Chronicle*:

Nobelpreisträger besucht Bay Area

EIN SCHNELLKURS IN OKKULTISMUS

von *Kevin Wallace*

Der schlaksige junge Brian Josephson, britischer Nobelpreisträger in Quantenphysik, hatte zwar noch keine Bluejeans an, lief aber gestern schon in kastanienbraunen Socken und ohne Schuhe in seinem Apartment in Nob Hill herum.

«Sehr, ähh, tja, anders als in Cambridge», faßte der sechsunddreißigjährige Waliser seinen laufenden zweiwöchigen Schnellkurs in Bay Area-Physik, Metaphysik, Bewußtseinserweiterung, Hellsehen und Erforschung außerirdischer Intelligenzen zusammen.

Er hält sich hier als Gast der zwei Jahre alten Physik- und Bewußtseinserforschungs-Gruppe aus San Francisco (PBEG) auf, die die Bewußtseinserweiterung von jungen Physikern mit Methoden finanziert, für die Universitäten normalerweise nicht bezahlen.

«Letzten Sonntag brachten wir Brian dazu, sich Cecil Williams in der Glide Church anzuschauen, und gestern abend turnten wir ihn auf Massage an», erklärte uns sein redseliger Gastgeber und Führer in Bluejeans, der Physiker und Begründer von PBEG, Jack Sarfatti.

Josephson brachte das Gespräch hastig wieder zurück auf seine ASW-Untersuchungen am Stanford Research Institute und die Diskussionen über das Problem der Realität im Lawrence Berkeley Lab – «An dieser Frage sind sie drüben sehr interessiert.»

«Brian beschäftigt sich intensiv mit Don Juan und Carlos Castaneda», fuhr Sarfatti mit Stolz fort, «obwohl letzten Endes alles auf Maharishi zurückgeht.»

Dazu erklärte Josephson, daß ein Besuch des Transzendentalen Meditationsyogi Maharishi Mahesh vor zwei Jahren in Cambridge zum erstenmal in ihm Verwirrung über die Realität im allgemeinen und die okkulten Studien in der Bay Area im besonderen geweckt habe.

«Eigentlich», sagte er, «hatte ich vor, amerikanische künstliche Intelligenzen zu studieren» – mit einem Überblick über die Programmierung von Computern, um auch Maharishis höheren Bewußtseinsstadien oder ähnlichem gerecht zu werden.

Aber die Grenzen dieses Besuches haben sich durch die breitgefächerten Angebote seines Gastgebers rapide verschoben; u. a. umfassen sie eine Steigerung des altmodischen Lichtge schwindigkeits-Faktors bei möglichen inter-terrestrischen Kommunikationen, eine Regulierung des DNS-Moleküls und damit Verlängerung der normalen Lebensspanne auf dreitausend Jahre, Bohrungen nach latenten Energievorräten im Vakuum und die Komposition und Produktion einer Rockoper-Version von Goethes *Faust*.

«Die Quantenphysik erklärt gewöhnliche Phänomene mit echt verrückten, surrealistischen, psychedelischen und okkulten Sachen», meinte Sarfatti heiter und wies daraufhin, daß die PBEG-Kanäle nicht nur die finanziellen Mittel für den Besuch des Nobelpreisträgers zur Verfügung stellten, sondern damit auch Lynn Hershmans Environment-Kunst, Tim Learys Weltraumkolonialisierungs-Forschung, Robert Anton Wilsons Science-fiction und ähnliche wichtige Arbeiten förderten – im letzten Jahr mit insgesamt vierzigtausend Dollar.

«Werner Ehrhard stiftete die erste Spende, Mike Murphy vom Esalen Institute ist unser Berater, und ich selbst habe Verbindungen zu Gouverneur Brown, den ich für einen echten ‹Quantenpolitiker› halte», sagte Sarfatti. (*Quantum* bezeichnet in der Physik die erstaunliche Sprunghaftigkeit von Energiezuständen.)

Zaghaft warf Josephson ein: «Wenn der normale Durchschnittsbürger nicht so starr auf ein festes Glaubenssystem fixiert wäre, könnte das meiner Meinung nach, äh . . . das Wesen der Gesellschaft verändern.»

«Gut gesagt!» schrie Sarfatti begeistert.

Soweit sich das zurückverfolgen läßt, war San Francisco ein Stadtstaat an der Ostküste von Unistat; Professor Jubelum ist allerdings der Ansicht, daß es sich um eine Insel oder Inselgruppe vor der Küste gehandelt haben muß.

Wieder überqueren

Wieder überqueren ist nicht dasselbe wie überqueren.

G. Spencer Brown, *Gesetze der Form*

Im November 1983 war Mary Margaret Wildeblood im John Hopkins Hospital geboren, beziehungsweise wiedergeboren worden. Das erste Geräusch, das sie hörte, stammte von einem Radio in der Station nebenan:

God rest ye merry gentlemen
Let nothing you dismay

Langsam stellte sich die Lokalisation heraus: dieses Universum, diese Galaxis, dieses Sonnensystem, dieser Planet, dieses Krankenhaus. Sie waren gerade dabei, ihm den Penis abzusägen.
Ja, unbestreitbar, ohne jeden Zweifel, sie sägten ihm seinen Penis ab. Sieben Zwerge mit hämischem Grinsen bei der Arbeit. Und dann, langsam aus dem Äther auftauchend, dieses Krankenhaus, dieses Bett, an diesem Morgen im November 1983, erkannte Epicene Wildeblood endlich, wer SiEr wirklich war. Das Radio dudelte munter:

Remember Christ our Savior
Was born upon this day

SiEr war noch ein bißchen benebelt von dem vielen Äther, aber das würde bald vorübergehen. In der Zwischenzeit redete die Traumstimme immer noch weiter, ein umständlicher kleiner Professor dozierte: «Nur einen Quantensprung entfernt ist die ideale Verstellung plötzlich Echte Gegenwart. Eine R-Z-Transformation. Der englischsprachige Limerick ist so eingeschränkt, daß ein Kreuz, das den Berg hinaufgetragen wird, anisogamisch ist, aber die Essenz bleibt der Leib und das Blut der ersten Amöbe. Betrachten wir einmal folgendes Beispiel, von dem behauptet wird, daß John Donne und andere es für übertrieben gehalten haben:

Quoth a merrie old judge named Magoo
«Perversions? Yea, I've tried a few

But the best I e'er balled
Were Lee Harvey Oswald
Seven dwarfs and a pink cockatoo!»

«Das Metrum stimmt nicht», protestierte Wildeblood schwach.
Ein munteres Rascheln von gestärktem Leinen, das sich steif bewegte, und das milde blonde Gesicht der Krankenschwester, das auf sie/ihn herunterblickte. «Stimmt was nicht, Liebes?»
«Was für ein Tag ist heute?»
«Mittwoch. Immer noch Mittwoch.» Die Schwester sprach, als ob sie einen Idioten vor sich hätte, aber das ist nach Operationen so üblich.
Da tauchte schon wieder der Doktor auf mit seinem Holzbein (aber das glitt wieder zurück in den Traum).
«Beschneidung ist eine jüdische Verschwörung. Er biß es einfach ab, einmal SCHNAPP!! – und ab war es», tobte Dr. Ahab. «Ich bin der Fußleutnant. Sprechen Sie Joysbrick?»
Ein zittriges «e» aus einem anderen Buch schwebte vorbei.
Sie machten die Vorhänge auf, um das Sonnenlicht hereinzulassen. Die weiße Wand gehörte zu einem Krankenhaus. Eine Hand an seinem Gelenk bedeutete ihr/ihm, daß ihr/sein Puls gemessen wurde.
Epicene Wildeblood wachte zum zweitenmal auf. «Ich bin Mary Margaret», seufzte er glücklich, an der Küste der Realität gestrandet, vom Ozean der Träume ausgespuckt.
«Ja», erklang die Stimme des wirklichen Doktors (sein Name war Glopberger, nicht Ahab), «die Operation ist hundert Prozent erfolgreich verlaufen. Sie sind jetzt ganz sicher Mary Margaret.» Er strahlte, ein Künstler, der stolz auf sein Werk ist, aber doch noch etwas zögernd in Erwartung der ersten Lebenszeichen.
Mary Margaret Wildeblood schaute sich in der Neuen Welt um. Das ist das John Hopkins Hospital. 1983. Alles, was vorher war, war nur ein Alptraum. Ich lebe. Ich bin ich. Ich bin frei.
«Wie lange dauert es, bis ich meine Tage kriege?» rief sie aus. «Wann bin ich endlich eine *richtige* Frau?» Und sie dachte dabei: das Blut des Lammes.
Glopbergers rosiges Gesicht mit dem offenen Mund war nur eine Disney-Karikatur, die Fluten der Bewußtlosigkeit riefen sie/ihn

heim. Heim: zurück zu den Sternen. Und SiEr lief, sie lief, hinein in die wabernden Ätherschwaden, in die kosmische Leere, von Dina Shaur nach Turban Bay, in einem Michael-Sonmorleyschen Rückfluß zum kriminellsten Parteitag von ganz Elveron. Ja, ein vierundvierzigjähriger Mann, der sich wie Venus auf allen vieren aus den Fluten erhebt, aber glühend, leuchtend wie bei Botticelli, sein/ihr Ich überrascht von diesem erstaunlich weiblichen Körper, eine wirklich erfolgreiche Kreuzung, und eine Hand glitt im Schlaf auf die Krypta zu, blieb dort liegen, glücklich, ja: es war wahr. Ein weiblicher Körper. Sie schnarchte pfeifend.
Und Dr. Glopberger betrachtete wie Frankenstein sein Werk und sah, es war sehr gut. Bis jetzt.

Murphys Religion

> Genauso wie die Landbesitzer an ihrem Spiel festhalten und in der Jagdzeit losziehen, um zu töten, so beharrt die Justiz auf den Kriminellen.
>
> Furbish Lousewart V., *Gefahren, wohin man schaut*

Sie hockten in einem VW Golf auf der Market Street in San Francisco. Drüben auf der anderen Straßenseite leuchtete genau wie vor zwölf Jahren die Leuchtreklame DEEP THROAT. «Werden sie das eigentlich nie ändern?» fragte Starhawk. «Jeder, aber wirklich jeder, bis runter zum letzten Penner, war inzwischen drin und hat sich angeguckt, wie Linda Lovelace einem einen abkaut. Verflucht noch mal, mittlerweile muß jeder schon mindestens zweimal drin gewesen sein.»
«Von ihr würde ich mir auch gern mal einen abkauen lassen», sagte Mendoza. Mendoza war ein Bulle.
«Neulich hab ich was Lustiges gesehen», erzählte Starhawk und fing an zu lachen. «Im Männerklo vom Archäologischen Museum. ‹Linda Lovelace als Präsident› stand da. ‹Wir wollen endlich einen *gutaussehenden* Schwanzlutscher im Weißen Haus! Diese College Kids!»
«Das ist doch ein Haufen von Schwuchteln, heutzutage», erklärte

ihm Mendoza ernsthaft. «Schwuchteln und Drogensüchtige. Und die nennen uns Schweine. Aber mal was anderes, was hast du denn bloß im Archäologischen Museum getrieben?»

«Ich studiere eben die Geschichte meines Volkes», meinte Starhawk. «Gibt's da etwa ein Gesetz dagegen?»

«Quatsch», antwortete Mendoza, «mir doch scheißegal, was du in deiner Freizeit machst. Triffst dich mit den Mädels vom College, was? Du brauchst gar nichts zu sagen, ich weiß schon Bescheid. Du kriegst sie rum wie ein Alter. Du bist der Größte, der hier die Straßen unsicher macht, seit Burt Reynolds, echt wahr.»

Starhawk fing an, sich mit einem Verbindungsglied an seiner Schlüsselkette die Nägel sauberzumachen.

«Erzähl mir lieber von dem Koks.»

«Murph hat mehr Kanonen als die ganze Army auf einmal, oben in Presidio. Er ist echt besessen von Kanonen. Ich mein, es ist schließlich dein Arsch, wenn er dich erwischt. Der zögert keine Sekunde, soviel steht fest. Ein Polizeibeamter, der in seinem eigenen Haus einen Einbrecher erwischt – das ist dein Bier. Das mußt du verstehen.»

«Na klar», sagte Starhawk. «Es ist immer noch mein Arsch. Oder glaubst du etwa, daß es heutzutage noch irgendwo eine Spelunke gibt, die es wert ist, ausgeräumt zu werden, die nicht mit Knarren verteidigt wird? Jessas, seit der Revolution gibt's kein Land, das besser gerüstet ist, so steht's nun mal. Sogar die netten alten Damen. Sogar um Berkeley, Himmel noch mal. Jedenfalls ist so was heutzutage bestimmt kein Geschäft für jemand mit flattrigen Nerven. College-Professoren haben ihre Häuser von oben bis unten voller Munition. Das würde glatt fürs Black Panther-Hauptquartier langen. Was mir nicht in den Kopf will ist, daß noch nicht jeder in diesem gottverdammten Land wenigstens einmal im Leben verletzt worden ist. Hier ist nämlich jeder noch einen Zacken verrückter und wahnsinniger als ängstlich. Es ist wie in *High Noon.* Du brauchst mir wirklich nicht zu sagen, daß ich vorsichtig sein soll. Wenn ich nicht aufpassen würde, wäre ich schon längst ein toter Indio.»

«Verfluchter Köter», sagte Mendoza plötzlich und setzte sich auf.

Starhawk machte sich beinahe Sorgen. «Häh?»

«Dieser Hund», sagte Mendoza, «siehst du, wie die verdammte

Töle mitten auf den Bürgersteig scheißt? Das geht überall so, in der ganzen Stadt, als wenn die Verordnung überhaupt nichts zu besagen hätte. Dreckige lausige Biester, ich würd sie in der ganzen verdammten Stadt verbieten, wenn ich hier was zu sagen hätte.»

«Tja», stimmte Starhawk zu, «das ist unser größtes Problem hier: Hunde, die auf die Straße scheißen.»

«Das ist kein Witz», sagte Mendoza. «Diese räudigen Bastarde schleppen alle möglichen Krankheiten mit sich rum. Oder du gehst mit deiner Kleinen spazieren und da sind zwei von ihnen am Rammeln und deine Kleine fragt: ‹Daddy, was machen denn die Hündchen da?› Was erzählst du ihr dann, möcht' ich mal wissen. Dreckige räudige Köter.»

«Tja, also was ist nun mit Murphy und dem Job?»

«Okay, okay», sagte Mendoza. «Ich sage ja bloß, daß dreckige räudige Köter verboten gehören. Bei Murph mußt du beim Rein- und Rausgehen so blitzschnell und leise sein wie ein Priesterschwanz in einem Kuharsch. Ich meine, er steht echt auf Kanonen, und zwar mehr als die meisten Bullen. Und er würde jede Rechtfertigung, dich umzulegen, mit Freuden akzeptieren.»

«Murphy?» Starhawk drehte sich in seinem Sitz zur Seite. «Murph und ich, wir sind immer gut klargekommen . . .»

«Tja, okay, aber er ist scharf auf den Bezirk, den du abklapperst. Die ganzen Flittchen auf der Powell Street und die Hausfrauen oben in Marin und jetzt auch noch die College-Mädels. Und er haßt, was du repräsentierst. Er haßt alle Minderheiten – Indianer, Nigger, macht für ihn gar keinen Unterschied, da ist er sehr demokratisch. Teufel noch mal, er kann mich nicht besonders leiden, dabei sind wir in diesem Mai seit zehn Jahren Partner. Und ganz besonders haßt er Einbrecher. Ein indianischer Einbrecher, das ist für ihn fast genausogut wie ein Nigger, der irgendwo einsteigt. Darüber mußt du dir klar sein, wenn du da reingehst.»

«Das ist ja echt ein heißer Streifen», sagte Starhawk ohne zu lachen. «Echt heiß. Das ganze Zeug, das er bei mir abgegriffen hat, und er haßt Einbrecher. Das ist wirklich gut. Das nächste Mal erzählst du mir, daß die Sitte keine Flittchen leiden kann.»

«Murphy hat's nun mal mit der Religion», sagte Mendoza. «Er würde dir liebend gern ein paar Löcher in den Pelz brennen. Das ist es, was du verstehen mußt.»

«Unterstütz deine örtliche Polizei», sagte Starhawk, «wenn du einen wirksameren Polizeistaat haben willst.»
«Also, nun entscheide dich, bist du dabei oder willst du hier sitzen bleiben und weise Sprüche loslassen? Ich kann auch Marty Malloy kriegen, verstehst du.»
«Du hast's wohl auch mit der Religion», sagte Starhawk, «kaum macht man mal einen kleinen Witz über die Abteilung, schon rennst du los und versuchst, Marty Malloy zu kriegen ... der dann das ganze Ding vermasselt, und ihr beide landet für die nächsten zwanzig Jahre in Q. Aber er macht wenigstens keine dummen Sprüche über die Abteilung. Er wird im ganzen Haus seine Fingerabdrücke hinterlassen, auf dem Weg nach draußen den Schnee ins nächste Gebüsch fallen lassen, auf dem Nachhauseweg in eine Polizeistreife aus Oakland rasen und sie dann direkt vor deine Haustür führen, aber wenigstens hat er den nötigen Respekt vor der Polizei, dieser Malloy. Geh doch los und hol dir deinen Malloy.»
«Also komm schon, kein Grund, eingeschnappt zu sein», schmeichelte Mendoza. «Ich will dich. Ich will nicht Malloy. Nur hör auf mit der Abteilung, das ist alles.»
«Okay, okay, kein Grund zum Nervöswerden.» Starhawk lächelte wie ein Schauspieler. «Wieviel Koks schätzt du?»
«Tja, was soll ich sagen, wer weiß das schon? Aber es müssen so um die fünfhundert Grämmer sein. Das sagt jedenfalls Amato, und er ist gut im Schätzen. Nehmen wir an, Amato irrt sich das erste und einzige Mal in seinem Leben, nehmen wir an, es sind bloß dreihundert – du kriegst nicht mal die Hälfte davon, wenn du nachts losziehst und dir ein Haus vorknöpfst.»
«Toll», sagte Starkawk. «Das ist schon so toll, daß es stinkt. Ein Bulle mit ein paar hundert Riesen an heißem Kokain, alles was ich machen muß, ist reinmarschieren und rausmarschieren, und er wird es niemals irgendwo anzeigen. Aber genau das macht mir Sorgen. Murphy kommt also nach Hause und merkt, daß es weg ist – irgendwas wird er unternehmen. Okay, er kann nicht gerade den Chef anrufen und sagen: Irgendein Strolch hat mir das Kokain geklaut, das ich Fred Fasterfucker abgenommen hab, als ich ihn hopsnahm, und zwar, bevor ich es an Maldonado weiterverscherbeln konnte. Schicken Sie mal einen Wagen rüber, aber ein bißchen

dalli. Das wird er nicht tun. Also, okay, was macht er dann? Du kennst ihn besser als ich.»
«Er wird eine Woche furchtbar sauer sein und jeder, den wir einbuchten, sieht sich besser vor oder Murph überläßt ihn der Schlägertruppe. Das ist alles. Was, zum Teufel, kann er sonst machen? Du kannst nämlich gar nichts machen, wenn dir einer was klaut, was du von vorneherein gar nicht hättest haben dürfen, klar? Speziell, wenn du Bulle bist.»
«Da bin ich und Malloy», überlegte Starhawk, «und fünf andere, die Murph genausogut kennt wie ich. Plus zwei, die mir einfallen, von denen Murph noch nichts weiß. Plus vielleicht zwei, von denen nicht mal ich was weiß, nehmen wir mal an. Das macht, Moment . . . zehn oder elf Mann, die in Frage kommen hinterher. Zehn oder elf wirklich gute Klettermaxen aus der Bay Area, die Murphy auf die eine oder andere Tour ausfindig machen wird.»
«Na und? Hast du etwa in den letzten fünf Jahren einen Tag erlebt, wo nicht einer aus der Mannschaft versucht hat, dich aufs Kreuz zu legen?» Mendoza grinste. «Oder hast du Schiß, daß Maldonado denkt, das Coke wäre schon so gut wie seins und die komplette Cosa Nostra auf Trab bringt, um es zurückzukriegen? Quatsch. Es gibt zehn Leute hier in der Gegend, die überhaupt dafür in Frage kommen, wie du gesagt hast. Und zehn weitere könnten von L. A. raufgekommen sein und noch zehn aus Vegas oder Chicago oder weiß der Geier woher. Du steigst rein, genauso sauber wie immer, und kein Mensch hat auch nur die geringste Spur. Murphy wird eine Woche oder so mit einem purpurroten Harten rumlaufen, und ich würde lieber nicht in der Haut von denen stecken, die er in dieser Zeit hochnimmt, aber das ist alles, was passieren kann, restlos alles. Also – bist du dabei oder nicht?»
«Moment noch. Wann hat Murphy seinen nächsten freien Tag?»
«Morgen. Warum?»
«Es gibt Leute», sagte Starhawk, «wenn die solche Waren haben, dann vestecken sie die, und zwar so, daß du praktisch die Wände einzeln einreißen mußt, ehe du drankommst. Capito? Bei einem Fall wie diesem will man natürlich Zeit sparen und wartet, bis sie einem zeigen, wo sie ist.»
«He, Murph ist kein Dummkopf. Bildest du dir etwa ein, du wärst unsichtbar oder so was?»

«Es muß morgen sein. Glaub mir, er wird mich nicht sehen, aber ich sehe ihn. Du wolltest, daß ich heute einsteige, ohne jede Sicherheit, ohne daß ich das Haus auskundschaften konnte, und das wäre der sicherste Weg, mit meinem Kopf in der Schlinge zu landen. Soweit ich weiß, hat er einen Freund da draußen sitzen, solange er arbeitet. Und wenn ich bis übermorgen warte, wenn er wieder Dienst hat, hat er es vielleicht schon an Maldonado weitergegeben. Hab ich recht oder hab ich recht?»

«Jessas.» Mendoza drehte den Kopf und schaute Starhawk direkt in die Augen. «Du marschierst da rein, und Murph ist zu Hause. Das gefällt mir ganz und gar nicht. Ich will nicht, daß einer dabei draufgeht, weder du noch er. Wenn das passiert, ist mein Arsch eine Wiese und die gesamte Abteilung der Rasenmäher.»

«Hat irgendwer aus der Abteilung mich schon jemals mit einem Mord in Zusammenhang gebracht? Mich auch nur verdächtigt? Du weißt doch Bescheid, Mendy. Ich gehe nicht einfach so, ohne jede Absicherung, das weißt du. Bis jetzt sehe ich drei Möglichkeiten.»

«Dann machst du also echt mit.»

«O ja, ich bin dabei.» Starhawk hörte auf, seine Nägel sauberzumachen, und steckte den Schlüssel wieder ins Zündschloß. «Nicht um alles in der Welt würde ich mir das durch die Lappen gehen lassen. Das einzige, was ich noch lieber tue, als einen Bullen zu beklauen, ist, einem Bullen eins auszuwischen.»

«Sehr witzig», meinte Mendoza. «Erinnere mich dran, daß ich an meinem freien Tag drüber lache. Diese Einstellung wird dir eines Tages noch mal 'ne Menge Ärger bringen, mein Freund.»

Primatenphysik

Der Reifen ist nur auf dem Boden platt

Finagles Zweite Fundamentale Entdeckung

Galaktische Archive:

Den Primaten fiel es nicht leicht, zu verstehen, wie ein Ding zur gleichen Zeit an zwei verschiedenen Orten sein konnte. Das lag an der Entwicklung des Nervensystems bei Wirbeltieren, die zuerst Bio-Überlebens-Intelligenz produziert, sozusagen als Voraussetzung für jede Art von Genmischung, die unter den brutalen Bedingungen des Lebens auf dem Planeten Erde überhaupt existieren konnte.

Das Leben auf dem Planeten, wie es alle Primitiven gewohnt sind, erfordert schnelle Erkenntnis und Reaktion auf mögliche Störenfriede. Deshalb prägt das Bio-Überlebens-Gehirn von Wirbeltieren zuerst und am intensivsten diese großen, makroskopischen Konstanten, die man als Konkurrenzorganismen oder gefährliche Aufenthaltsorte definieren kann. Das wiederum führt zu den üblichen euklidisch-aristotelischen Vorurteilen über Konkretheit, Orientierung im Raum, Entweder/Oder-Logik usw.

Als die Quantenmechanik den Primaten von Terra zu demonstrieren versuchte, daß gewisse Dinge – die wichtigsten Dinge im Universum, die Quellen aller Energie und Ordnung – nicht lokal in Raum und Zeit funktionieren, waren sie natürlich verwirrt. Sie behalfen sich also mit den drei fundamentalen Tricks, die das Primatengehirn für solche Fälle auf Lager hat.

Der erste fundamentale Trick, auch als Finagle-Faktor bekannt, korrigiert und paßt das Universum an die Gleichungen an. Das war die Methode der Primaten, die sich unter der Leitung eines äußerst klugen und philosophischen Primaten namens Dr. David Bohm in der Sekte der Verborgenen Variablen zusammengeschlossen hatten.

Der zweite fundamentale Trick, auch als Bugger-Faktor bekannt, korrigiert die Gleichungen und paßt sie ans Universum an. Diesen Weg beschritten die Primaten der teutonisch/agnostischen Sekte unter der Leitung des brillanten deutschen Primaten Werner Heisenberg.

Und der dritte fundamentale Trick, der Diddle-Faktor, stimmt Gleichungen und Universum in einem Schlichtungsprozeß so aufeinander ab, daß weder das eine noch das andere wesentlich verändert werden. Das war der Weg der Primaten in der Kopenhagen/Tao-Sekte unter der Nicht-Leitung eines schlauen alten dänischen Primaten namens Niels Bohr.

Etwa an diesem Punkt fingen einige Primaten an, sich den Kopf darüber zu zerbrechen, ob das ganze Problem des Zustandsvektors nicht vielleicht dadurch gelöst werden könnte, daß man die ganze

Idee von der Trennung von Raum und Zeit einfach abschaffte. Angespornt wurden sie von einem hinterhältigen englischen Primaten namens G. Spencer Brown und einem gerissenen Primaten aus Unistat, John S. Bell.
Die ersten Vorboten post-terrestrischer Gehirnfunktionen erschienen am Horizont.
Und diejenigen, die verstanden, was los war, erkannten, daß post-terrestrisches Denken seit Jahrtausenden in den Primaten aufgeblitzt war, bei einzelnen Persönlichkeiten, die als Mathematiker, Musiker und Mystiker bekannt geworden waren. Post-terrestrisches Denken repräsentiert den Übergang von geschlossenen Systemen zu offenen Systemen. Jede Spezies, die das erreicht, egal, ob Insekten, Primaten oder sonstwer, ist bereit, den freien Raum zu betreten.
Wenn sie den Aufnahmetest besteht.

Der erste Furbish Lousewart

> Man muß den Bullen beim Schwanz packen und den Tatsachen ins Auge sehen.
>
> W. C. Fields

Der erste Furbish Lousewart lebte im 13. Jahrhundert als Gefolgsmann auf dem Greystoke-Landsitz in England. Er war ein Findling, der uneheliche Nachkomme des örtlichen Kurats und einer Nonne, die, seltsam genug, später Chaucer eine Geschichte erzählte, die er für so gut hielt, daß er sie in Versen nacherzählte. Darüber hinaus war diese Nonne das Modell für die Priorin im ersten Tarotspiel, und ihre Grundzüge blieben erhalten, selbst als die Karte zur Päpstin und später zur Hohepriesterin wurde.
Lord Greystoke nannte den Säugling Furbish Lousewart, weil er so überaus zierlich ausgesehen hatte, als man ihn in der Krippe entdeckte. Der Name Furbish Lousewart war so zierlich, wie man ihn sich im Merrie England jener Zeit nur vorstellen konnte; es war die mundartliche Bezeichnung für *herba pedicularis,* einer wirklich hübschen kleinen Blume aus der Spezies der Löwenmäulchen.

Furbish Lousewart wuchs heran, heiratete, zeugte drei legitime Kinder und starb im Dritten Kreuzug. Eins seiner illegitimen Kinder mit Lady Greystoke war der einzige Greystoke, der diesen Kreuzzug überlebte und führte den Stamm der Greystokes weiter, ohne daß seine Brüder und Schwestern, die den plebejischen Zweig der Lousewarts fortsetzten, davon wußten.

Nichts

> Jeder, der Rechtsanwalt wird, muß entweder von Natur aus geistig behindert sein, oder ist dazu verurteilt, es über kurz oder lang zu werden.
>
> Furbish Lousewart V., *Gefahren, wohin man schaut*

Und Dr. Glopberger betrachtete wie Frankenstein sein Werk und sah, es war sehr gut. Soweit.

Doch die Schwester, Miss Ide Pingala, ging den langen, weißen, nach Lysol duftenden Flur zu der gemütlichen weißen Kabine des Schwesternaufenthaltsraums zurück, setzte sich, strich den gestärkten weißen Saum ihres Rocks über den blassen weißen Knien glatt und drückte schnell und routiniert ein paar Zahlen auf dem Tastentelefon, weiße Schlüssel auf weißem Plastik, die farblose Allfarbe antiseptischer Sterilität.

«Hier Ubu», klang die Stimme in ihr Ohr.

«Roy, ich bin's. Ida.» Miss Pingala war genauso munter.

Hundekeuchen am anderen Ende; Roy war immer zu Späßen aufgelegt.

Miss Pingala lachte fröhlich. «Heut abend?» fragte sie.

Lauteres und leidenschaftlicheres Hundekeuchen.

Sie kicherte wieder. «Bei dir oder bei mir?»

«Bei dir. Du weißt ja, wie das ist mit dem Büro . . .»

«So um acht rum?»

«Lieber gegen neun, für alle Fälle. Hier ist schon wieder der Teufel los.»

«Gegen neun also. Du Teufel.»

Wieder das Keuchen.

«Ahh, du Teufel, du Wilder, du Tier.»

«Gegen neun also, muß aufhören, liebe dich, ciao.»
Roy Ubu, Washington*, legt auf und wirft einen Blick auf seine Armbanduhr. Zeit für seine Verabredung mit Babbit.

Er macht eine Liste, er überprüft sie zweimal

Ein lustloser Weihnachtsmann mit leeren Junkieaugen schwang seine Glöckchen, leichter Schnee fiel in spärlichen Kristallen, hielt sich nicht auf dem Bürgersteig, aber der beißende Wind von Washington tut Ubus Augen weh, als der das FBI-Büro verläßt und mit aufgestelltem Kragen und tief in die Taschen vergrabenen Fäusten zum Auto geht. Als er vom ersten in den zweiten Gang wechselt und in die Pennsylvania Avenue einbiegt, werden die Schneeflocken allmählich schwerer und dicker; im Fahren schaltet er das Radio ein:

....081

... und so endet der zweite schwarze Aufstand von Miami tragisch und in Flammen. In Washington trifft Präsident Lousewart an diesem Morgen mit dem Stentorianischen Botschafter zusammen, um mit ihm in einer Atmosphäre von vorsichtigem Optimismus die Zahlungsbilanz zu erörtern. Eltern aus Bad Ass, Texas, halten ihre Kinder auch weiterhin von der Schule fern, um ihrem erbitterten Widerstand gegen das Biofeedback-Training Ausdruck zu verleihen. Der Leiter der Schule, B. S. Curve, befindet sich unterdessen in einem Krankenhaus, nachdem er gestern einem Bombenanschlag zum Opfer gefallen war. Die Bombe zerstörte ...

Ubu parkt seinen Wagen gekonnt und sicher, hält dem Geheimagenten seine Hundemarke unter die Nase und wird rasch über dicke Teppiche unter strahlenden Kandelabern ins Weiße Haus und zum Büro von Mountbatten Babbit, dem wissenschaftlichen Berater des

* *Terranische Archive 2803:* Washington war die Hauptstadt von Unistat. Angeblich wurde es von einem Baseballteam von Senatoren regiert, aber zu dieser Zeit war die Macht schon längst dem FBI und dem Biest in die Hände gefallen.

Präsidenten, gebracht, einem kahlen eiförmigen Kopf mit ungeduldigen stechenden Augen, die nach exakten Massen und präzise geeichten Ziffern Ausschau halten.

«Es geht um eine, äh, sehr delikate Angelegenheit.» Babbit verlor keine Minute. «Wir halten es für äußerst dringend, möchten die Öffentlichkeit jedoch nicht beunruhigen. Sie verstehen, die gesamte Untersuchung muß mit Glacéhandschuhen durchgeführt werden, wie man so sagt. Der Präsident persönlich hat mich beauftragt, Ihnen klarzumachen, *absolut* klarzumachen, daß nichts durchsickern darf, aber auch gar nichts, andernfalls geht eine ziemlich große Axt auf das gesamte Büro nieder, eine *ziemlich* große Axt, klar?»

«Ja, Sir. Absolut, Sir.»

«Gut. Nun, Sie haben während der letzten Jahre sicherlich ebenfalls einen gewissen, äh, einen gewissen Rückgang der amerikanischen Wissenschaft und Technologie beobachtet, ein Ausdorren von Talent und Originalität, wenn ich so sagen darf?»

«Nun, Sir, meine Ausbildung liegt eher im juristischen Bereich, wie Sie wissen, Sir, ich könnte nicht mal ein Reagenzglas von einem Bevatron unterscheiden, Sir . . .»

«Der Rückgang hat sich beschleunigt und gewissermaßen einen kritischen Punkt erreicht . . . einen *kritischen* Punkt.»

«Ja, Sir, aber was soll's, Sir, ein Großteil der Wissenschaft ist sowieso als non-ök eingestuft und ist bei der Regierung nicht besonders populär.»

Babbits Augen tasteten Ubu ohne jedes Anzeichen von Wärme ab. «Glauben Sie, daß es möglich ist, eine eindeutige Linie, eine scharfe Grenze zwischen ök-Wissenschaft und non-ök-Wissenschaft zu ziehen?»

«Aber selbstverständlich, Sir. Präsident Lousewart selbst sagt doch immer . . .»

«Ich spreche nicht von Regierungsrhetorik, Mr. Ubu, ich spreche von Realitäten. Könnten Sie eine solche Linie ziehen und sagen, dies ist ök-Forschung und das ist non-ök?»

«Nun ja, Sir, ich mische mich nicht gern in Politik ein, ich führe Untersuchungen durch und finde Tatsachen heraus, und das ist mein Job, Sir, Verwaltungsentscheidungen gehen uns im Büro nichts an.»

«Es gibt keinen Unterschied zwischen ök- und non-ök-Wissenschaften», sagte Babbit mit Nachdruck. «Ich werde das nie in der Öffentlichkeit sagen, solange ich der Regierung angehöre. Sie verstehen, der Präsident hat selbstverständlich ein Recht darauf, von den Mitgliedern seines Teams Loyalität zu erwarten, aber wenn Sie meine private Meinung hören wollen: Ök und non-ök sind Begriffe aus der Theologie, aus der Metaphysik, sind Werturteile, *haben nichts mit Wissenschaft zu tun.* Das Ganze ist genauso absurd wie zu behaupten, dieser Forschungsbereich ist Schokolade und der hier Vanille und Schokolade ist besser als Vanille.»
«Ja, Sir, ich verstehe Sie, Sir. Sie haben mein Wort, ich werde nichts von alldem weitererzählen, Sir.»
«Gut, die Regierung wollte eigentlich die non-ök-Forschung nur ein wenig drosseln, aber tatsächlich haben wir es im Moment mit einem drastischen, einem gefährlichen, möglicherweise *tödlichen* Rückgang aller Forschungsbereiche überhaupt zu tun . . .»
«Aber, Sir, wollte Präsident Lousewart denn nicht genau das erreichen? Den Gürtel enger schnallen, das einfache rauhe Leben unserer Pioniervorfahren, gedämpfte Erwartungen . . .»
«Sie verdammter Narr, wir reden doch hier nicht von politischen Reden, wir reden von den Realitäten des *Überlebens!*»
«O ja, Sir, ja, natürlich!»
«Überleben, verflucht noch mal, *Überleben!*»
Doch quantenunteilbar mit Ubu verbunden späht Schwester Ida Pingala in Wildebloods Zimmer, um sich zu vergewissern, daß ihr Patient es auch bequem hat *(immer hübsch vorsichtig sein mit diesen reichen Schlampen speziell denen auf der Abteilung für Transsexuelle Chirurgie hier lieber wieder zurück ins Obskure mit ihnen und anbetungswürdig wie sie sind auch wenn ein paar von diesen Müttern nicht mal junge Kätzchen großziehen sollten geschweige denn Menschen),* beugt sich nach vorn und streicht ihren Rocksaum glatt, als die Gestalt im Bett plötzlich undeutlich gurgelnd murmelt: «Meister . . . Flucht . . .»
Noch ein Quantensprung:
«Einhundertzweiunddreißig?» wiederholte Ubu.
«Das ist die Zahl, die das Biest ausgespuckt hat», antwortete Babbit gelassen. «Einhundertzweiunddreißig unserer besten Wissenschaftler, die aus der Regierung ausgeschieden sind, nachdem die ök-

Programme erfüllt waren, arbeiten heute weder für die Privatindustrie noch lehren sie an Universitäten noch sind sie sonst irgendwo aufzutreiben.»

Sex, Status, Erfolg

> Je offensichtlicher es wird, daß die Vorräte der Erde begrenzt sind, um so unwiderstehlicher wird der Drang zu außerirdischer Industrie. Wir erkennen allmählich, daß die Industrie auf dem Planeten ein sehr primitives Stadium von Energieökonomie ist.
>
> Astronaut Cassius Clay, *The High Frontier*

Mag sein, daß es Zufall war, oder Synchronizität oder das Quanten-Unteilbarkeitsprinzip (QUP), aber am gleichen Tag, als Epicene Wildeblood sich in Baltimore in Mary Margaret Wildeblood verwandelte und Babbit in Washington Ubu über das Geheimnis der verschwundenen Wissenschaftler informierte, unterrichtete in Columbia Blake Williams seine Klasse, und Hugo de Naranja war einer seiner Schüler. Da Hugo der erste Mensch gewesen war, der Die Katze zu Gesicht bekommen hatte, hätte er Williams eigentlich aufmerksam folgen müssen, aber da er im Grunde ein Dichter war, fühlte er sich verpflichtet, alle Wissenschaften langweilig zu finden. Hugo gab sich mit einem Gentleman-C in «Die Anthropologie der Quantenphysik» zufrieden. Hugo war ein Eingeweihter *Santarias,* Carol Christmas' dritter Ehemann und arbeitete (ohne sich dessen bewußt zu sein) für Hassan i Sabbah X.

«Weder Einstein», leierte Williams, «noch Heisenberg, noch der gute alte Schrödinger klopften den letzten Nagel in den Sarg des gesunden Menschenverstands. Es war John S. Bell, der 1964, also vor beinah zwanzig Jahren, sein denkwürdiges Theorem verfaßte . . .» Blablabla. Hugo interessierte sich echt mehr für den Arsch der Kleinen vor ihm. Er wollte seine Hände auf diesem Arsch haben. Er wollte ihre Schenkel um seine Hüften. Er wollte seinen Schwanz tief in ihre heiße, weiße, protestantische Muschi stoßen. Latinomädels zu ficken brachte null Punkte auf seiner Liste (das bedeutete einfach nur Sex), jüdische Mädels brachten fünf Punkte (das bedeutete Status), aber eine Weiße Protestantische Pussy brachte zehn Punkte und einen goldenen Stern (das bedeutete ERFOLG.).

Williams fährt ungerührt mit seiner Litanei fort, obwohl er nur ausdruckslose und gelangweilte Gesichter vor sich hat.

«Bells Theorem befaßt sich hauptsächlich mit der Nicht-Lokalität. Mit andern Worten, er beweist, daß für die bekannten Tatsachen der Quantenmechanik keine lokalen Erklärungen entscheidend werden. Das sollte ich, ähem, vielleicht etwas näher erläutern. Eine lokale Erklärung ist eine, die davon ausgeht, daß Dinge, die scheinbar in Raum und Zeit getrennt sind, auch wirklich unabhängig voneinander sind. Ähem. Tja. Sie geht also davon aus, daß Raum und Zeit von unserem Primaten-Nervensystem unabhängig sind. Passen Sie auch auf, Herrschaften?

Aber Bell geht noch einen Schritt weiter. Er offeriert zwei Möglichkeiten, wenn man auf der Lokalität bestehen will. Sollte es in dieser Klasse Studenten geben, die sich wirklich ernsthaft für dieses Thema interessieren, wäre dies eine gute Gelegenheit, sich ein paar Notizen zu machen. Ähem. Erste Möglichkeit: Wir geben die Quantenmechanik per se auf. Das bedeutet natürlich unausweichlich, daß wir auch die Atomphysik abschaffen und circa drei Viertel dessen, was wir Wissenschaft nennen. Ähem. Nun wollen wir aber eigentlich gar nicht auf die Quantenmechanik verzichten, also wenden wir uns der anderen Möglichkeit zu. Wir verzichten auf unsere Objektivität. Nun, für diejenigen unter Ihnen, die schon Süßigkeiten, männliche Überlegenheit, den Hahaha-Glauben an die Integrität der Regierung oder auch nur das Rauchen aufgegeben haben, ist das bestimmt kein allzu großes Opfer. Wir könnten unsere Objektivität abschaffen. Nun ja, es gibt bloß einen Haken . . . ja, Mister Naranja?»

«Kommt das auch im Examen, Sir?»

«Nein, da brauchen Sie sich keine Sorgen drum zu machen, Mister Naranja. Wir würden nicht im Traum daran denken, so was Schweres im Examen zu verlangen, ich glaube, die letzte Prüfung mit einer schweren Frage an dieser Universität fand 1953 statt bei einer Wiederholung diverser Mathematikkurse. Ja, Mister Lee?»

«Wäre es nicht möglich, daß eine Quantenverbindung nicht augenblicklich und unmittelbar erfolgt? Dann könnten wir uns für die erste Möglichkeit entscheiden und nicht die Quantenmechanik selbst aufgeben, sondern die Quantenverbindung nur insofern modifizieren, daß sie irgendwie indirekt oder vermindert erfolgt, Sir. Wäre das eine Lösung, Sir?»

«Ach, Mister Lee, wie sind Sie bloß auf dieser Universität gelandet. Es gibt Zeiten, da habe ich den leisen Verdacht, daß Sie hier tatsächlich so was wie Bildung suchen, aber ich fürchte, in diesem Fall ist Ihre bemerkenswerte Intelligenz auf Grund gelaufen. Neuere Experimente von Clauser und Aspect haben dieses Tor für immer verschlossen. Die Quantenverbindung erfolgt unmittelbar, ungeschwächt, und ich möchte fast sagen, allgegenwärtig wie der Thomistische Gott.»

«Soso. Na, dann erzählen Sie uns doch mal, Professor Williams, wie oft Clausers Experiment verifiziert worden ist.»

Jingle bells, jingle bells
Jingle all the way

Eine Wiedergeburt, entschied Wildeblood, ist entschieden schmutziger als die eigentliche Geburt, trotz des alten Augustinus und seines *media-feces-et-urine*-Trips . . . wie sehr hatte er sich gewünscht, in der Gruppenfickszene von *China Girl* Annette Haven zu sein: ein Schwanz im Mund, einen in der Pussy und einen in jeder Hand: ahhh, Wildeblood, das wäre das reinste Paradies. Aber diese Realität und die Anpassung, die das erforderte:

Setz dich, wenn du pissen willst
Setz dich wenn du pissen willst
Setz dich, wenn du pissen willst

SiEr schrieb es sich hundertmal untereinander, um *diesen* Fehler in Zukunft zu vermeiden. Das Ego ist viel abhängiger vom Körper, als sie bisher geglaubt hatte. Psychologisch war sie eine androgyne Mann/Frau, das Baphometsche Idol; physikalisch mußte sie sich hinsetzen, wenn sie pissen wollte.

O welch ein Spaß es ist zu reiten

Aber mittlerweile war Roy Ubu im FBI-Hauptquartier schon dabei, ein Fünfmannteam in das Geheimnis der verschwundenen Wissenschaftler einzuweihen.

«Sie meinen, wir sollen einhundertzweiunddreißig verschwundene Wissenschaftler finden, ohne daß jemand mitkriegt, daß wir hinter einhundertzweiunddreißig verschwundenen Wissenschaftlern her sind? Meinen Sie das?» fragte Spezialagent Tobias Knight.

«Der Präsident persönlich», erklärte Ubu in Babbits frostigem Tonfall, «verleiht diesem Projekt äußerste Priorität.»

«Mit andern Worten, es ist unmöglich, aber Sie wollen, daß wir es trotzdem versuchen», übersetzte Knight.

«Jetzt aber Schluß mit Ihrem Defätismus, Toby. An die Arbeit in festem Vertrauen auf unsere Fähigkeiten und, bei Gott, sogar ein geplatzter Flush kann noch gewinnen, wenn der Kerl dahinter genügend Mumm hat . . . Also, hier sind die Namen in alphabetischer Reihenfolge. Erstens: Dr. George Washington Carver Bridge, es heißt, er arbeitete zuletzt für die Regierung am Projekt Zyklop mit, das war Ende der siebziger Jahre. Zweitens: Dr. Charles Chance, Spitzname Fat, graduierte an der Miskatonic, arbeitete ebenfalls zuletzt am Projekt Zyklop. Drittens . . .»

«Es ist ganz einfach», meinte Blake Williams zu Professor Sylvia Goldfarb aus dem Musikinstitut. «Lernen Sie nur den folgenden Satz auswendig: Aber für manche Planeten scheint unglücklicherweise Einsteins Mechanik mitunter gar nicht verbindlich.»

Der zweite Furbish Lousewart

Ein Mann mit einer Uhr weiß, wie spät es ist. Ein Mann mit zwei Uhren ist nie ganz sicher.

Segals Gesetz

Percy Lousewart wurde 1866 im Ohio River Valley geboren, zu einer Zeit, in der man den Namen Lousewart nicht mehr gerade als wohlklingend empfand. Sein Vorname machte die Sache auch nicht besser, obwohl seine Mutter ihn auf Grund ihrer glühenden, fast erotischen Verehrung für Shelley ausgesucht hatte. Jedesmal, wenn er sich irgendwo als Percy Lousewart vorstellte, fühlte sich der eine oder andere Schleifer verpflichtet, eine blöde Bemerkung fallenzulassen, was gewöhnlich mit Handgreiflichkeiten endete. Am Ende beschloß der arme Percy, seinen Namen zu ändern, und begab sich zu einem gebildeten Mann, einem Juristen, um diese Arbeit legal erledigen zu lassen. Zugleich hoffe er darauf zu erfahren, wie er zu einem besseren und populäreren Titel kommen konnte. Der Jurist jedoch war mehr als gebildet, er war ein Bibliomane, ein Alkoholiker und gehörte im übrigen zu der Sorte von Spinnern, die mit Freuden Briefe an die *Britannica* schreiben, um ihre Fehler zu korrigieren. Er erzählte Percy alles über die Furbish-Lousewart-Pflanze und zeigte ihm sogar ein Bild davon. Das Thema machte ihn redselig, und seine Leidenschaft wirkte ansteckend. Percy Lousewart ließ seinen Namen nur in Furbish Lousewart umändern und fand sich in Zukunft mit der Mißbildung ab. Sein erster Sohn hieß Furbish Lousewart II., und so nahm die Tradition ihren Lauf.

Malloy singt nicht

Die Variablen variieren zuviel und die Konstanten sind nicht so konstant wie sie scheinen.

Finagles Fünfte Fundamentale Entdeckung

«So ein Quatsch», sagte Malloy. «Wie kommst du denn auf die Idee? Ich singe nicht, ich singe nie. Wer hat dir denn diesen Mist erzählt?»

Sie hockten in einem kleinen möblierten Zimmer auf der Taylor Street im Vergnügungsviertel von San Francisco. Ein Reklameschild vor dem Fenster warb für das ebenerdige Etablissement *«Les Nuits de Paris Massage»*.

Starhawk sagte: «Marty, ich kenne drei Typen, die deinetwegen in Folsom gelandet sind. Allerdings sind sie sich nicht ganz sicher. Jeder einzelne von ihnen sagt, du könntest es gewesen sein, es könnten aber auch zwei andere Kerle gewesen sein. Ich bin mir sicher. Für mich ist es eine Ehrensache, mir in solchen Sachen sicher zu sein. Du kassierst heute zwanzig Dollar von Mendoza, morgen fünfzehn von Murphy und erzählst ihnen dafür, was sie deiner Meinung nach hören wollen, meistens Scheiße. Um sie bei der Stange zu halten, lieferst du ihnen ab und zu auch mal 'nen heißen Tip, irgendwen, den du nicht leiden kannst. Du und noch zwanzig andere Typen in dieser Stadt. Aber mit mir nicht, Marty. Ich bin da, um für dich Geld zu machen und nicht Ärger.»

Malloy sagte: «Du bist ja wohl übergeschnappt. Solltest mal zum Psychiater. Wahrscheinlich warst du wieder im Reservat, Peyote fressen. Ich hab' keine Ahnung, wovon, zum Teufel, du da redest.»

«Okay», meinte Starhawk. «Du bist clever, Marty. Du bist so verdammt clever, daß du nie was zugibst, nicht mal, wenn andere mehr drüber wissen als du selbst. Fick dich doch ins Knie. Du bist so verdammt clever, daß du schon total verblödet bist.»

Malloy machte Anstalten aufzustehen.

«Setz dich hin», sagte Starhawk. «Ich sage dir doch, daß ich nicht hier bin, um dir Ärger zu machen. Hör mir zu, Marty, nur eine Minute. Ich hab hier einen Hunderter, der sowieso nichts zu tun hat, er gehört also dir.» Er machte seine Brieftasche auf und legte einen Hundertdollarschein auf den Tisch. «Und jetzt unterhalten wir uns über seine vier Brüder und was du zu tun hast, um sie zu kriegen. Oder willst du mich weiter belämmern, bis ich gehe und einen anderen finde, der mit den Bullen redet?»

Das Massage-Schild unter dem Fenster flackerte AN-AUS-AN-AUS.

«Nehmen wir mal an, ich bin dabei», sagte Malloy. «Ich meine, ich gebe nichts zu oder so was, aber nehmen wir mal an, nur dieses eine Mal würde ich tatsächlich zu Murph gehen. Was ich wissen muß: Wer hat dann seinen Hals in der Schlinge, wer geht hoch? Du verstehst, ich will schließlich nicht, daß mir plötzlich einer vom Syndikat auf den Fersen ist.»

«Keiner geht hoch, das ist ja das Schöne», antwortete Starhawk. «Du erzählst Murphy bloß, heute wäre ein Kerl aus L. A. hier angekommen. Er ist hier, um für Maldonado einen Job zu erledigen, klar, und dann hat er sich besoffen und konnte die Klappe nicht halten und meinte, wie witzig das doch wäre, der Typ, den er erledigen soll, ist nämlich ein Bulle.»

«Jessas», sagte Malloy. Die Massage-Reklame flackerte immer noch AN und AUS. «Sag's mir nicht, laß mich raten. Starhawk, der Mann aus Bronze, mit zwei Eiern aus Stahl und nicht mehr Grips als ein Hamster. Du hast dir in den Kopf gesetzt, daß gerade Jagdzeit für Bullen ist und daß du einen abknallen mußt, und sie vertrauen dem guten alten Marty Malloy so blind, daß sie ihre Zeit damit totschlagen, nach einem imaginären Dealer aus L. A. zu fahnden, bloß weil der gute alte Marty es sagt. Ich nehme alles zurück. Du brauchst keinen Psychiater, sondern ein neues Gehirn.»

«Bring deine Eingeweide nicht in Wallung», meinte Starhawk. «Es geht nicht um so was. Es ist nichts weiter als ein simpler Bruch.»

«Und was hat dieser Bulle, daß einer den ganzen Weg von L. A. nach hier macht, nur um es ihm abzunehmen? Die Kronjuwelen etwa?»

Starhawk legte einen Finger an die Nase und machte ein schniefendes Geräusch.

«Jessas, Maria und Josef», sagte Malloy. «Dieser Bulle sitzt also auf einer Ladung Schnee und wird keinem Menschen im ganzen Präsidium ein Sterbenswörtchen verraten, wenn sie weg ist. Respekt, Respekt, mein Junge. Keiner außer einem anderen Bullen hätte sich so was für dich ausdenken können. Quatsch, es muß sogar ein

Partner sein, der sauer ist, weil er um seine Hälfte betrogen worden ist, hab ich recht?»
«Mach dir darüber keine Gedanken, sonst regst du dich noch so auf, daß du anfängst, im Schlaf drüber zu reden. Die Sache ist die, du brauchst Murphy bloß was von diesem Kerl vom Syndikat zu erzählen, der aus L. A. kommt und es furchtbar witzig findet, daß ausgerechnet ein falscher Bulle versucht, Maldonados Jungens heißen Schnee zu verkaufen, und deshalb sind sie los und haben diesen Gorilla auf ihn ausgesetzt, der es ihm abnehmen soll – ohne Anzahlung, ohne Monatsraten, ganz umsonst.»
Malloy grinste breit. «Murph scheißt sich in die Hose», meinte er. «Er scheißt 'ne ganze Stange auf einmal!»
«Yeah», sagte Starhawk, «irgendwie glaube ich das auch. Und – gefällt es dir?»
«Mannomann», sagte Malloy, «wenn ich diese Woche nicht so pleite wär, würd ich's umsonst machen. Nur um dabei zu sein, wenn er sich alle Mühe gibt, nicht so auszusehen, als ob *er* der Bulle ist, von dem ich rede. Dieser Fettwanst.»
«Hab ich mir doch gedacht, daß du drauf abfährst», sagte Starhawk. «Was ich an der ganzen Sache nur bedaure ist, daß ich sein Gesicht nicht selber sehen kann.»
«Yeah», sagte Malloy, «dieser Fettwanst.»

Ist Vlad ein Symbol?

> Eine Klasse, die nur aus Intellektuellen besteht, wird immer ein schlechtes Gewissen haben.
>
> Furbish Lousewart V., *Gefahren, wohin man schaut*

«Fahnenflucht?» schlug Ubu bei der zweiten Konferenz über die verschwundenen Wissenschaftler vor. «Rußland oder China?»
«Die CIA hat sich als erstes damit befaßt», antwortete Babbit, «und die meinen, das ist unmöglich. Mit ihren neuesten Überwachungstechniken kriegen sie sogar raus, welche Farbe die Unterhose eines x-beliebigen Kommissars hat. Also können nicht einhundertzweiunddreißig amerikanische Topwissenschaftler da drüben ar-

beiten, ohne daß die CIA das spitzkriegt. Da können Sie sich drauf verlassen.» Babbit war bestimmt.

«Auf H. O. M. E. arbeiten auch bloß zwölf Leute . . .»

«Nein, sie haben den Planeten nicht verlassen», fiel Babbit ihm ins Wort. «Leute dieses Kalibers reisen nicht, ohne daß sie von irgendwem beobachtet werden – Geheimdienst, Presse, TV, anderen Wissenschaftlern, *irgendwem.* Es ist, als ob sie in ein Loch gekrochen wären und es hinter sich zugeschaufelt hätten.» Sein Stuhl knarrte, als er sich lebhaft nach vorn beugte.

«Zum Teufel, Sir, jedenfalls laufen sie in *diesem* Land nicht frei herum», versicherte Ubu. «Amerikaner können heutzutage nicht einfach so verschwinden; allein um einen Scheck einzulösen, braucht man eine Social Security-Nummer und auch eine GWB-Nummer. Beide müssen vom Biest bestätigt werden. Eins steht fest, Sir: Noch nie wurde ein Volk besser beobachtet und geschützt als das amerikanische Volk im November 1983. Und wir erwarten sogar noch eine Steigerung, wenn nächsten Monat die Schaltkreise im Biest ausgewechselt werden.»

Er muß herausfinden, wer böse ist und wer gut

Und der Schnee fällt immer stärker, legt sich wie ein weißes Tuch aus Schaum vor das Fenster von Babbits Büro und blockiert drüben in der Stadt den Eingang des Upstart Crow-Buchladens am Dupont Circle, wo Marvin Gardens gerade Exemplare von *Vlad Victorious* signiert.

«Ich hab noch nie ein echtes Autogramm von einem echten Autor bekommen, Mister Gardens, sagen Sie mir, warum haben Sie zwei Bücher über einen Mann namens Vlad geschrieben?»

«Um Geld zu verdienen», sagte Marvin mit einer bekoksten Stimme à la Peter Lorre. Er hatte sich auf das Ritual seiner siebzehnten Autogrammparty in dreiundzwanzig Tagen vorbereitet, indem er etwas mehr als die übliche Morgendosis Schnee geschnieft hatte, und war jetzt echt nicht in der Stimmung, den blinden unkokainisierten Erdlingen seine göttliche Vollkommenheit zu verheimlichen.

«Ich war schon immer besessen von einer *verrückten, leidenschaftlichen,* fast *erotischen* Begierde nach einem möglichst dicken Bankkonto. Tatsächlich bin ich ganz wild auf das *Gefühl* von Geld, das *Knistern* der Scheine, das harte Metall der Münzen und das visuelle Erlebnis eines dicken *siebenstelligen* Schecks», und dann kritzelte er nicht einfach «Für Mary» in das Buch, wie sie ihn gebeten hatte, sondern schrieb: «Für Mary, zur Erinnerung an die herrliche Nacht unter dem Sternenhimmel von Miami, als wir uns in den Armen lagen und zum erstenmal den Geschmack wahrer Ekstase verspürten, Dein ergebener» und Marvin mit einem großen M und Gardens mit einem noch größeren G.

«Ja?»

«Ist es wahr, daß John Wayne in der Verfilmung wieder die Rolle von Vlad übernehmen soll?»

«Das ist noch nicht endgültig entschieden, und offengestanden, mir wäre es egal, wenn sie Raquel Welch dafür nehmen, für mich ist das Wichtigste Bargeld auf den Tisch des Hauses, mein Agent fordert eine Million für die Filmrechte, und wir werden uns nicht einen Penny runterhandeln lassen . . . Ja?»

«Ist Vlad wirklich ein Symbol?»

O laßt uns ihn anbeten
O laßt uns ihn anbeten

Die zwölf Leute auf H.O.M.E. (High Orbital Mini Earth) waren Konstruktionsingenieure, sechs Männer und sechs Frauen. Ursprünglich hatte man ihnen den Auftrag erteilt, mit Materialien aus den Bergwerken von Luna H.O.M.E. II zu bauen – eine Raumstadt für zehntausend Einwohner. Aber dann stufte Präsident Lousewart das Projekt als «non-ök» ein, und alles wurde abgeblasen. Seither beschränkten sich die zwölf Kolonisten auf «ök-Forschung», meist astronomischer Art, die Präsident Lousewart zur mystischen Interpretation an seine Astrologen weiterleitete.

H.O.M.E. lag in einer Gegend, die Liberation Point 5 hieß, wo die Schwerkraftfelder von Luna und Terra gleichmäßig ausbalanciert waren. Dieser schwerkraftlose Bereich war mathematisch entdeckt worden und hieß manchmal auch nach seinem Entdecker, dem Astronom Lagrange, der Lagrange-Bereich. Den Namen H.O.M.E. für die Raumstadt hatte im Jahre 1977 der Psychologe Timothy Leary erfunden.

Ein Freund Learys, Robert Anton Wilson, Autor ziemlich komplizierter Romane, hatte einen Team-Song für die Kolonisten angeregt: «HOME auf Lagrange.» Um seine Idee bekanntzumachen, schrieb er jede Menge Briefe an Raumforschungsgruppen und verarbeitete den Song selbst sogar in einem Roman mit dem Titel *Der Zauberhut*. Trotzdem kam er bis 1984 nie so richtig an bei den Kolonisten. Sie fühlten sich auf Lagrange nicht zu Hause, denn sie mußten befürchten, daß ihr Projekt jederzeit als «non-ök» klassifiziert werden konnte und man sie zum Mutterplaneten zurückschleppte.

Strengstes Regierungsgeheimnis

Sag es keinem weiter, sagte er. Es ist ein Geheimnis.

C. G. Jung, *Odysseus*

Mountbatten Babbit hatte ein Geheimnis, das er eifersüchtiger bewachte als eine Hündin ihre Jungen.
Das Geheimnis war, daß er, Dr. M. F. Babbit, ehemaliger Vizepräsident der Weishaupt Chemicals, graue Eminenz der People's Ecology Party, völlig übergeschnappt war.

Ulysses' Zuhause

Mein Hund versteht ganz genau, was ich ihm sage. Ich bin es, der nicht versteht.

Furbish Lousewart V., *Gefahren, wohin man schaut*

In diesem Winter waren Mary Margaret Wildebloods Parties der Hit der Saison, und das bloß wegen einer Penisnachbildung auf dem Kamin. Man munkelte sogar, daß Wildeblood sich nur deshalb der Trans-Sex-Operation unterzogen hätte, um jetzt das schamloseste Exempel von Exhibitionismus in der Geschichte der Menschheit zu statuieren.

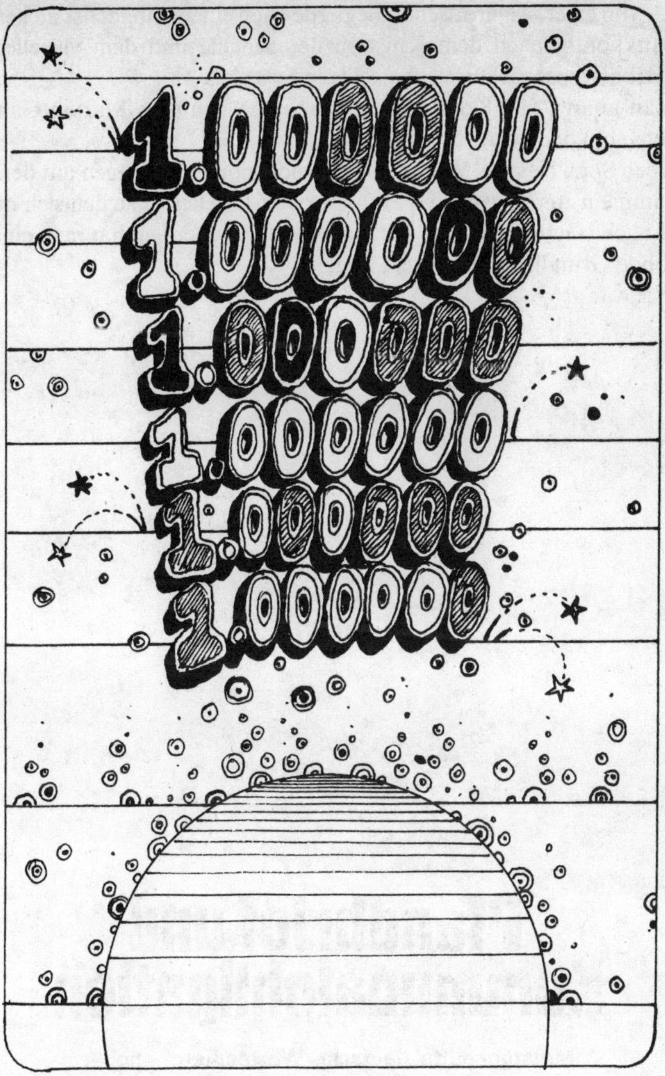

«Ich war schon immer besessen . . .

. . . von einer fast erotischen Begierde nach einem möglichst dicken Bankkonto, nach dem Knistern der Scheine und dem visuellen Erlebnis eines dicken siebenstelligen Schecks.»
Man könnte fast Komplexe bekommen, wenn man Marvin Gardens so reden hört.
Doch Spaß beiseite! Warum nicht gleich morgen anfangen mit dem Sammeln zum Beispiel von Pfandbriefen? Vielleicht stellen sich da ähnliche Gefühle ein wie bei Marvin. Und außerdem hat man eine solide Grundlage für spätere Tage.
Wie wär's?

Das war nicht nur hartherzig, sondern auch ziemlich vereinfacht. Wildebloods Phantasie war unbegrenzt, nicht simpel, und ausgeflippter als ein Gemälde von Jackson Pollack; SiEr war nicht tiefgründig, sondern weit und kompliziert. SiEr hatte sogar vor, Nonne zu werden. Wenn SiEr die Gospels ihrer Jugend zitierte: «Bescheidenheit ist grenzenlos», dann meinte SiEr das wirklich. Unterwerfung bedeutete Erlösung, und wer ist unterwürfiger als eine Nonne? Mehr als alles andere wünschte sie sich, das Lamm zu umarmen, so wollig, weich und rein, aber ganz bestimmt auch gehörnt und durch das Heilige Fegefeuer zum Widder gemacht. SiEr war scharf auf eine göttliche Vereinigung.

Die Idee, Ulysses zu besteigen und ihm sozusagen als Schrein zu dienen, kam Mary Margaret bei ihrem ersten Empfang nach der Rückkehr aus dem John Hopkins Hospital.

Benny «Eggs» Benedict brachte das Ganze ins Rollen, als er meinte: «Paß bloß auf, daß Norman Mailer sich nicht für deine Besprechungen rächt, indem er dich einfach vergewaltigt.»

«Das soll das chauvinistische Schwein mal versuchen», antwortete Mary Margaret geziert. «Ich kann Kung Fu.»

«Oh, hast du etwa vor, der Women's Lib beizutreten?» erkundigte sich Justin Case.

«Ich habe schon dran gedacht», antwortete Mary Margaret und setzte ihr neues affektiertes Marilyn Monroe-Lächeln auf, während sie das Gefühl der Nylonstrümpfe an seinen, nein verdammt, ihren Schenkeln genoß.

«STOP MAL EINEN VERDAMMTEN AUGENBLICK», unterbrach sie eine dröhnende männliche Stimme. Das war Josephine Malik, Vorsitzende von *God's Lightning,* einer Gruppe, die schon seit einiger Zeit unter dem Verdacht stand, mittels terroristischer Anschläge Pornokinos, Sexbuchhandlungen und andere sexistische Vereinigungen zu bekämpfen. Jo vertrat die ideologische These, daß Kopulation schlecht für die Ernte sei. «Ich habe keine Ahnung von lib-lab-wischi-waschi-Gruppen wie *NOW*», fuhr sie fort, «aber *God's Lightning* wird mit Sicherheit keine Mitglieder aufnehmen, die nicht schon als Frau *geboren* wurden.»

«Na hör mal», unterbrach sie eine weiche Frauenstimme, «Figs» Newton, Sprecher der *Necrophile Liberation Front,* der einen Button am Kragen trug, auf dem stand RAUS AUS DEN MAUSO-

LEEN UND AUF DIE STRASSEN. «Das ist ja wohl kaum fair», verkündete er – wie die meisten Bewohner von Terra hielt er sich für einen Experten auf dem Gebiet der Moral.
«Der Mensch ist das, was er aus sich macht», sagte er als gelernter Existentialist. «Ihm die Zufälligkeiten seiner Geburt vorzuwerfen ist praktisch *Rassismus,* oder etwa nicht?»
Das führte zu einer lebhaften Diskussion, bis man sich schließlich einigte, daß der Vorwurf zufälliger Geburtsmerkmale bestimmt kein Zeichen für Rassismus, möglicherweise aber für *Sexismus* oder *Genismus* war. Josephine Malik glühte mittlerweile.
«Na gut», meinte sie schließlich. «*God's Lightning* ist jedenfalls frei von all diesen *barocken* Bürgerrechten und der ganzen Bürgerrechtsscheiße aus dem 18. Jahrhundert. Wenn es nach der Semantik geht, *haben* die Menschen sowieso keine Rechte. Es ist einfach ein pragmatisches Problem. Wenn wir diese – *Person* – reinlassen, wie sollen wir dann verhindern, daß noch mehr Männer sich die Schwänze abhacken, unsere Truppen infiltrieren und unsere gesamte Organisation unterwandern?»
Zugegeben, das war eine harte Nuß, und während die versammelte Mannschaft noch daran kaute, spielte Josephine ihren größten Trumpf aus: «Außerdem ist noch gar nicht geklärt, wie wirksam solche Operationen sind. Wer garantiert uns, daß Miss Wildeblood in jeder Beziehung eine echte Frau und nicht einfach ein gestutzter Mann ist?»
Mary Margaret Wildeblood, deren Phantasie selbst für das 20. Jahrhundert irgendwie bizarr galt, hatte nur auf eine solche Gelegenheit gewartet. «Ich kann mit Sicherheit beweisen, daß ich kein Mann bin», sagte sie mit zuckersüßem Lächeln und zog Ulysses aus ihrer Handtasche. Zwei Männer fielen auf der Stelle in Ohnmacht, aber die Frauen zuckten nicht mit der Wimper, jedenfalls nicht sofort. Dann fingen zwei oder drei an zu kichern.
Und so begann der große Wildeblood-Skandal dieses Winters. Boshafterweise hatte sie den Beweis ihrer früheren Männlichkeit gerettet in der Hoffnung, daß er eines Tages so was Ähnliches wie spontane Encounter-Sessions provozieren könnte, und jetzt hatte sie die Gewißheit, daß sie den Anlaß für ein paar tolle Freakouts in den Händen hielt. Die Reliquie wurde einem versierten Präparator übergeben und tauchte kurze Zeit später in ganz natürlich wirken-

dem erigierten Zustand, fein säuberlich auf eine Holzplatte montiert, wieder auf. Nun hing sie über dem Kaminsims ihres luxuriösen Sutton Place Apartments, wo sie von nun an auch ihre Parties veranstaltete, zu denen (außer den üblichen New Yorker VIPs) auch solche Persönlichkeiten eingeladen wurden, von denen beim Anblick eines Penis ohne Mann mit ziemlicher Wahrscheinlichkeit ein neurologischer Kurzschluß zu erwarten war. Schließlich ist das erheblich merkwürdiger als das Grinsen des Mathematikers Dodgson ohne Katze, wenn auch vielleicht nicht ganz so merkwürdig wie die Katze des Physikers Schrödinger, die gleichzeitig tot und lebendig war.

Bei diesen Soirees war Blake Williams Stammgast. Oft zog er sich heimlich in die Küche zurück, um sich dort Notizen zu machen, die er später in einem gelehrten Artikel mit dem Tiel «Wiederaufflackernde Unzüchtigkeit: Hellenistische Religion in einem säkularen Kontext» verarbeitete. Das «ithyphallische Phantom», wie er Miss Wildebloods obszönen Scherz zu nennen pflegte, schien bemerkenswert unterschiedliche Wirkung auf die verschiedenen Persönlichkeitstypen zu haben. Ein Fußballer mußte beispielsweise einmal in einer Zwangsjacke abtransportiert werden. Dagegen wurden komischerweise gewisse schüchterne, ängstliche und schmalschultrige Männer spielend mit der Sache fertig, ganz so, als hätte Wildebloods explizite und brutale Ablehnung seiner Männlichkeit ihren eigenen ziemlich lockeren Griff auf diesen (immer noch) irgendwie mystischen Bereich gefestigt. Der Schwulenset entwickelte einen Aberglauben, fast schon eine *mystique* – über ihre Tradition ihn zu küssen, was angeblich Glück bringen sollte, wurde sogar, wenn auch verschlüsselt, in gewissen Klatschspalten gewitzelt. («Eine neue Religion, deren Prophet beinahe Linda Lovelace heißen könnte, treibt heutzutage die Avantgarde von der 57th Street zum St. Mark's Place.»)

Warum?

Warum ich, o Herr?
Alte Primatenfrage

«ZUM TEUFEL MIT DEN VERDAMMTEN KAPITALISTEN hab ich gesagt», heulte der kalifornische Schriftsteller in die Menschengruppe, die sich vor dem Kamin, direkt unter dem ithyphallischen Symbol, zusammengefunden hatte.

«Aber für manche Planeten scheint unglücklicherweise Einsteins Mechanik mitunter gar nicht verbindlich», rezitierte Blake Williams geduldig für Natalie Drest.

«TV, Presse, Kino, einfach überall – die Außerirdischen *sind da*», warnte Marvin Gardens jeden, der es hören wollte, mit seiner begeisterten Peter Lorre-Stimme.

Benny Benedict hatte plötzlich die Nase voll von diesem Wildeblood-Set mit dem hohen IQ. Er schlenderte hinaus auf den Balkon, um die Sterne zu betrachten und sich – schon leicht angetrunken – zu fragen, warum er bloß so deprimiert war.

Noch drei Jahre später mußte er sich jedesmal, wenn er eins über den Durst getrunken hatte, fragen: *Warum gerade ich?*

Was reichlich selbstsüchtig und sentimental war. Eigentlich hätte seine Frage lauten müssen: *Warum gerade meine Mutter?*

Oder treffender: *Warum überhaupt?*

Die Welt muß völlig übergeschnappt sein, daß alle so vor sich hinleben und das hinnehmen. Die ursprünglichen Dschungel waren wahrscheinlich weniger gefährlich gewesen als irgendeine Straße in irgendeiner beliebigen Stadt von Unistat. Sollte dies das Ende des langen Kampfes aus den Höhlen hinauf ans Licht sein – eine Welt, die viel erschreckender, haßerfüllter, grausamer und blutiger war als die zur Zeit der Säbelzähne?

Jeden Abend um sieben, wenn ich mir die TV-Nachrichten anschaue, dachte er voller Selbstmitleid, endet das damit, daß ich mich ungefähr um Mitternacht so fühle wie jetzt. Es sieht ja schon fast so aus, als ob sie Angst davor hätten, daß irgend jemand einen Hoffnungsschimmer oder irgendwas Gutes über die Menschheit (jedenfalls als Möglichkeit) oder einen kurzen Augenblick trügerischer Sicherheit entdeckt. Und deshalb müssen sie uns jeden Abend

daran erinnern, daß Grausamkeit und Brutalität etwas völlig Normales sind, damit solche unrealistischen Stimmungen gar nicht erst aufkommen können.
Schockiert entdeckte Benny, daß er schon wieder weinte, leise, schuldbewußt und nur für sich. Er hatte geglaubt, daß er darüber hinaus wäre.
So viel zu Alkohol als Beruhigungsmittel.
Er kämpfte dagegen an. Es war Gefühlsduselei, nichts anderes als verkapptes Selbstmitleid. Er wischte sich die Augen und versuchte, an etwas anderes zu denken. *Om mani padme hum, om mani padme hum . . .*
«Was für ein schöner Abend.» Ein Unidentifizierter Mann war auf den Balkon herausgetreten.
«Man merkt den Smog hier nicht so sehr», sagte Benny verlegen und hoffte, daß er die letzte Träne weggewischt hatte, ehe dieser Fremde ihn entdeckt hatte.
Der Unidentifizierte Mann blickte hinauf zu den Sternen und lächelte unmerklich. Er sah gut aus, könnte Schauspieler sein, dachte Benny, und auf den zweiten Blick schien er ihm sogar irgendwie vertraut, so, als hätte er sein Gesicht schon mal irgendwo in der Zeitung gesehen. «Die Sterne . . .» sagte er, «sind sie nicht faszinierend?»
Benny schaute hinauf. «Ich hab mir immer eingebildet, ich könnte es noch erleben, daß Menschen da hinauffliegen», gestand er, plötzlich ganz sicher, diesem Mann irgendwo, vor langer Zeit schon einmal begegnet zu sein. «Aber heute scheint das ziemlich unwahrscheinlich, jetzt, wo Lousewart uns geradewegs ins Steinzeitalter zurückkatapultiert.»
«Sie sind non-ök», meinte der Mann spöttisch und anklagend.
«Schuldig», erwiderte Benny und fand, daß es ihm bemerkenswert leicht fiel, sich mit diesem Mann zu unterhalten. «Ich bin der Meinung, daß, wenn wir unser Gehirn besser nutzen würden, wir auch in der Lage wären, eine Welt zu schaffen, in der die Menschheit ein Recht auf hohe Erwartungen hat.»
«Hoffnungslos reaktionär», sagte der Mann grinsend. «Wahrscheinlich lesen Sie auch immer noch Science-fiction!»
«Wieder schuldig», antwortete Benny.
«Nehmen Sie an, ich wäre ein Außerirdischer», sagte der Mann

ruhig. «Nehmen Sie an, ich wäre in meiner Entwicklung mehrere Millionen Jahre weiter als dieser Planet. Welche Frage würden Sie mir stellen?»

«Warum gibt es so viel Haß und Gewalt bei uns?» fragte Benny wie aus der Pistole geschossen.

«So ist das nun mal auf primitiven Planeten», antwortete der Mann. «Die frühen Stadien der Evolution sind immer die unangenehmsten.»

«Werden die Planeten denn erwachsen?»

«Manche ja», sagte der Mann einfach.

«Wie?»

«Durch genügend Leid erlernen sie Weisheit.»

Benny drehte sich um und betrachtete seinen seltsamen Gefährten. Er *ist* Schauspieler, dachte er. «Durch Leid», wiederholte er. «Gibt es denn gar keine andere Möglichkeit?»

«Nicht in den primitiven Stadien», sagte der Mann. «Primitive sind noch viel zu egoistisch, um die wichtigen Fragen zu stellen, bis das Leid sie dazu zwingt.» Benny spürte, wie die Traurigkeit ihn von neuem packte und ihn dann plötzlich verließ. Er grinste. «Sie spielen dieses Spiel sehr gut.»

«Das kann jeder», sagte der Mann. «Es ist ein Trick, mit dem man aus seinem gewöhnlichen Mind-Set heraustritt. Sie könnten das ebensogut. Versuchen Sie es doch mal, nur eine Minute – jetzt sind Sie die höher entwickelte Intelligenz und ich bin der primitive Terraner. Okay?»

«Klar», sagte Benny, das Spiel genießend.

«Warum gerade ich?» Der Ton des Fremden war eindringlich. «Warum muß ausgerechnet ich so viel Ungerechtigkeit und Schmerz ertragen?»

«Darauf gibt es keine Antwort», sagte Benny ohne zu zögern. «Manche machen einfach die Zufall- oder Willkür-Statistik dafür verantwortlich. Andere gehen davon aus, daß alles nach einem bestimmten Plan verläuft und daß Sie ausersehen sind, eine wichtige Lektion zu lernen. In Wirklichkeit weiß es niemand. Das Wichtigste ist, die nächste Frage zu stellen.»

«Und wie lautet die nächste Frage?»

Das fand Benny ganz einfach. «Die nächste Frage lautet: Was mache ich damit? Egal, wie viele Minuten, Stunden, Jahre oder

Jahrzehnte mir noch bleiben, was tue ich, um aus all dem etwas zu lernen?»

«He, das ist echt gut», sagte der Fremde. «Sie spielen die Höhere Intelligenz wirklich sehr gut.»

«Es ist bloß ein Trick», sagte Benny und fühlte sich, als hätte man ihm eine große Last abgenommen.

Sie lachten.

«Wo haben Sie das bloß gelernt?» fragte Benny.

«In einem Buch über die Kabbala», antwortete der Mann. «Es ist eine Möglichkeit, Kontakt mit dem heiligen Schutzengel aufzunehmen. Aber heutzutage machen sich die Menschen nichts mehr aus diesen Metaphern, also habe ich ihn kurzerhand zu einem Außerirdischen aus einer höher entwickelten Zivilisation gemacht.»

«Wer sind Sie? Ich habe dauernd das Gefühl, daß ich Ihr Gesicht schon mal irgendwo gesehen habe . . .»

Der Mann lachte. «Ich bin Bühnenmagier», sagte er, «Cagliostro der Große.»

«Sind Sie sicher, daß Sie kein echter Magier sind?» fragte Benny.

Schrödinger der Mensch

> Deine Theorie ist verrückt, aber nicht verrückt genug, um wahr zu sein.
>
> Niels Bohr, zitiert nach Beynam, *Future Science*

Erwin Schrödinger leistete mehr als nur ein mathematisches Rätsel mit fiktiven Katzen. Seine Gleichungen über subatomare Wellenmechanik, die ihm den Nobelpreis brachten, gehörten zu den wichtigsten Beiträgen zur Partikel-Theorie unseres Jahrhunderts. Später wandte er sich der Biophysik zu und lieferte in einem kleinen Büchlein mit dem Titel *Was ist Leben?* die erste mathematische Definition des Unterschieds zwischen lebendigen und toten Systemen. Als Nebenüberlegung stellte er die These auf, daß das Leben negative Entropie ist. Diese Erkenntnis sollte bei vielen seiner Leser ganz neue Ideen auslösen, einschließlich Norbert Wiener vom M.I.T. und Claud Shannon von Bell Labs, die sich nach Schrödinger so intensiv mit negativer Entropie beschäftigten, daß sie eine mathematische Informationstheorie entwickelten, und den Grundstein zur Wissenschaft der Kybernetik legten, aus der schließlich auch das Biest resultierte.

Schrödinger glaubte selbst nicht an sein Katzenrätsel; er hatte es nur erfunden, um zu zeigen, daß irgendwas mit der Quantentheorie nicht stimmen konnte, wenn sie zu solchen Schlußfolgerungen führte. Schrödinger mochte die Quantentheorie nicht, weil sie ein anarchistisches Universum beschreibt, und er, wie auch sein guter Freund Albert Einstein, Determinist war. Und so hatte Schrödinger die Hoffnung, daß er eines Tages einen ernsthaften Fehler an ihr entdecken würde, obwohl er maßgeblich zu ihrer Entwicklung beitrug und jeden Tag mit ihr zu tun hatte.

Das Katzenproblem geht aus von einer Katze, einem tödlich wirkenden Apparat, beispielsweise einem Gewehr oder Giftgaskügelchen, und einem Quantenprozeß, der schließlich diesen Apparat auslöst und die Katze tötet. Sehr simpel. Ein Experimentator würde, wenn er herausfinden wollte, wann die Waffe ausgelöst wurde und die Katze tötete, in das Laboratorium schauen, wo dieser Vorgang stattgefunden hat, und sich notieren, was geschehen war. Aber – so beobachtet Schrödinger hämisch – die moderne Physik sollte, wenn sie wirklich das ist, was man aus ihr gemacht hat, uns erlauben herauszufinden, was geschieht, ohne daß wir tatsächlich ins Labor gehen und nachschauen müssen. Wir müßten nur die Gleichungen des Quantenprozesses notieren und ausrechnen, wann die Phasenveränderung, die zur Auslösung der Waffe führt, eintreten muß. Das Dumme an der Sache ist, daß die Gleichungen zu mindestens zwei verschiedenen Lösungen führen. Für jede beliebige Zeitspanne, sagen wir eine halbe Stunde, geben uns die Gleichungen zwei Eigenwerte, von denen einer behauptet, daß die Katze nun definitiv tot ist, kaputt, spurlos versenkt und erledigt, und der andere, daß die Katze immer noch genauso lebendig herumläuft wie du und ich.

I never died, said he;
I never died, said he.

Die meisten Physiker zogen es vor, Schrödingers verfluchte Katze zu ignorieren; schließlich *funktionierte* die Quantenmechanik, wozu also diese Aufregung über ein kleines Rätsel in der Mathematik?

Einstein dagegen liebte Schrödingers Katze, weil sie mathematisch seine eigene Überzeugung demonstrierte, daß subatomare Vorgänge nicht so anarchistisch sein konnten, wie es die Wellenmechanik zu implizieren schien. Einstein war ein Mann der Verborgenen Variablen. Er bestand auf der Verborgenen Variablen – eine unsichtbare Hand, wie Adam Smith gesagt hätte –, die die scheinbar unbestimmte Quantenanarchie kontrollierte. Einstein war davon überzeugt, daß die Verborgene Variable deterministisch und mechanisch sein mußte und eines Tages entdeckt werden würde. «Gott würfelt nicht mit der Welt», pflegte er zu sagen.

Jahrzehnt um Jahrzehnt verging, doch die Verborgene Variable blieb verborgen.

In den siebziger Jahren löste Dr. Evan Harris Walker (sehr zu seiner eigenen Befriedigung) das Katzenparadoxon auf und definierte die Verborgene Variable (ebenfalls sehr zu seiner Befriedigung). Die Verborgene Variable, so sagte er, war das Bewußtsein. In manchen Abteilungen meckerte man, daß Walker Pantheismus als Quantenpsychologie getarnt in die Physik hineinschmuggeln wollte, aber viele jüngere Physiker, speziell die Acidheads, akzeptierten seine Lösung.

Professor John Archibald Wheeler aus Princeton fand einen anderen Weg, um mit der Katze fertig zu werden – er nahm sie wörtlich. Jede Quantenunbestimmtheit, so schlug er vor, erschafft *zwei* Universen; folglich sind die Gleichungen beide buchstäblich wahr: in dem einen Universum lebt die Katze und in dem andern ist sie tot. Wir können natürlich immer nur ein Universum auf einmal verkraften, aber wenn die Mathematik behauptet, daß das andere Universum existiert, bei Gott, dann existiert es auch. Da außerdem ständig 0,5 Wahrscheinlichkeiten auftreten, jedesmal wenn man eine Münze wirft, zum Beispiel, gibt es sehr viele von diesen Universen, vielleicht unendlich viele. Zusammen mit zwei graduierten Studenten namens Everett und Graham entwickelte Wheeler sogar ein Modell, wo diese anderen Universen verzeichnet waren. Sie umgeben uns im Super-Raum von allen Seiten.

Aus gewissen Quellen war zu entnehmen, daß der alte Wheeler wohl zuviel Science-fiction gelesen haben mußte.

In Wirklichkeit hatte Schrödinger selbst den Schlüssel zur wahren

Lösung des Katzenparadoxons gegeben und zwar in seinem großartigen Essay über die Biophysik, wo er die These aufstellte, alles Leben sei negative Entropie. Kein Mensch war dahintergestiegen, bis zu Sarfattis Demonstration im Jahre 1986. Zur Zeit dieser Geschichte fischten die Physiker noch im Trüben und versuchten, diese Tatsache vor der Öffentlichkeit geheimzuhalten.

Stiller Schnee, Heiliger Schnee

> Wenn sämtliche wissenschaftlichen und medizinischen Kräfte allein der Vereinigten Staaten mobilisiert werden könnten, wäre das Problem des Alterns innerhalb von zehn Jahren besiegt.
>
> Dr. Alex Comfort 1973

Als Freddy Fuckerfaster mitkriegte, daß man ihm den Besitz mit der Absicht zum Verkauf von zwei Pfund Marihuana anhängen wollte, sah er sehr schnell ein, daß er nur zwei Möglichkeiten hatte, die beide gleichermaßen unbefriedigend waren.
Erstens: Er konnte den Mund halten, die Sache mit dem Gras auf sich nehmen (was unter herrschendem kalifornischem Recht ein Jahr und einen Tag bedeutete) und sein Bestes tun, um zu vergessen, daß man ihn um eine halbe Million in Kokain gelinkt hatte. Das war deshalb unbefriedigend, weil er wie die meisten Primaten sein Eigentum eifersüchtig bewachte und es nicht leiden konnte, wenn man ihm etwas wegnahm, noch dazu, wenn der Dieb ein Polizist war.
Zweitens: Er konnte beim Staatsanwalt auspacken. Das war aber genauso heikel, denn dann mußte er die Sache mit dem Coke zugeben (fünf bis zwanzig; und selbst wenn der Staatsanwalt Nachsicht walten ließ, weil er sich kooperationswillig gezeigt hatte, würde er wahrscheinlich mindestens zwei Jahre kriegen). Er könnte dann zwar die Genugtuung haben, daß sie Murphy gleichfalls am Sack hatten, aber sein Eigentum hatte er damit auch nicht wieder. Außerdem machte sich Freddy keine Illusionen darüber, daß Murphy mit der extrem hohen Wahrscheinlichkeit rechnete, daß alles in allem Freddy sich für die unerwünschte Möglichkeit Nr. 1 entscheiden würde, weil sie weniger schmerzlich war als die unerwünschte

Möglichkeit Nr. 2. Dabei wußte er nicht, daß dieser Konflikt strukturell einem berühmten unlösbaren Problem in der mathematischen Spieltheorie nahekam, das als das Gefangenendilemma bekannt war und die besten Mathematiker dieses Jahrhunderts verblüfft hatte. Er wußte nur, daß die Sache, von welcher Seite er sie auch immer betrachtete, beschissen für ihn aussah.
Da Freddy kein Mathematiker war und die Hoffnungslosigkeit seiner Situation nicht durchschaute, folgte er seiner Intuition. Mit Hilfe eines Vertrauensmanns schmuggelte er eine Botschaft aus dem Gefängnis von San Francisco. Sie ging an Banana Nose Maldonado.

Ursprünglich hatte ein Roboter, der unter dem Namen «Frank Sullivan» reiste, das Paket mit dem Kokain nach Unistat hineingeschleust. Nach «Sullivans» üblichem *modus operandi* wurde es an Hassan i Sabbah X., alias Frank Delano Roosevelt Stuart verkauft. Hassan jedoch gab es diesmal nicht wie sonst an seinen Wiederverkäufer, einen Times Square Dealer namens Panama Red weiter. Red kriegte nur eine kleine Probe, die er an Marvin Gardens verkaufte, mit erheblichem Preisaufschlag, versteht sich. Der größere Teil des Kokains wurde an den Repräsentanten einer terroristischen Vereinigung* namens Morituri verdealt, die sie wiederum

* *Terranische Archive 2803:* Terroristen waren Banden von verzweifelten Personen, ähnlich wie Regierungen, die sich hauptsächlich mit Mord und Erpressung beschäftigten. In seiner exzellenten Studie «Von den nahrungssammelnden Pavianhorden zum Bewußtsein» demonstriert Nomis van Noom mindestens drei Unterschiede zwischen Terroristen und Regierungen: 1. Das Alpha-Männchen einer terroristischen Vereinigung war gewöhnlich ein Intellektueller, während es in der Regierung meistens ein Jurist war. 2. Terroristen prägten nicht wie die Regierung eine eigene Währung. 3. Terroristen ermordeten gewöhnlich kleine Gruppen (von zwei bis drei zu ein paar Dutzend Menschen); Regierungen dagegen Millionen. Sonst unterschieden sich die beiden Organisationen in nichts von irgendwelchen anderen menschlichen Gangsterbanden von den Australopithezinen circa 4 000 000 v. Chr. bis zur Dämmerung des Wahren Bewußtseins, die durch die evolutionäre Mutation in Gang gesetzt wurde, wie sie in diesem Roman beschrieben wird.

zu einem höheren Preis weiterverkaufte, um ihren nächsten Waffeneinkauf zu finanzieren. Der Käufer, der den heißen Schnee von Morituri erhielt, war Marlene Murphy, eine junge Dame mit altruistischen und psychotischen Leidenschaften, die – wie das Leben nun mal so spielt – Mitglied bei P.O.E. war. Trotz all dieser Transaktionen war es nur zu 25 Prozent verschnitten, und so mixte das P.O.E.-Kollektiv noch mal 50 Prozent Verschnitt dazu, ehe sie das Zeug mit einem wirklich saftigen Profit an Freddy Fuckerfaster weitergaben. P.O.E. verwendete die Kohle natürlich dazu, ihren riesigen Vorräten des seltenen Metalls noch weiteres Plutonium hinzuzufügen.

Wieder zu überqueren

> Wenn ich einem Kind die Wahl lasse zwischen einer Birne und einem Stück Fleisch, wird es sofort die Birne nehmen. Das nennt man Instinkt.
>
> Furbish Lousewart V., *Gefahren, wohin man schaut*

Mountbatten Babbit, methodisch bis zum letzten, einschließlich seines Wahnsinns, wußte ganz genau, wann er angefangen hatte, über die poröse Membran zu rutschen, die die Gesunden von den Kranken trennt. Das war nun schon eine ganze Weile her – 1941, im Juli genauer gesagt, am 23. dieses Monats, einem Donnerstag.
Oder vielleicht hatte es schon in der Nacht davor begonnen, am 22., schwer zu sagen eigentlich, obwohl Babbit ein Mensch war, der Ungenauigkeiten jeder Art verabscheute. Gehen wir also davon aus, daß es der 22. war, wenn sich die äußerlichen Anzeichen auch nicht vor dem 23. manifestierten. Wir wollen uns bemühen, so exakt wie möglich zu sein, wenn wir hier draußen verloren sind.
Nehmen wir also den 22.: Mountbatten hatte gerade angefangen, am Antioch College zu studieren, und im nahegelegenen Xania gastierte der Carter Brother Circus. Mounty fuhr mit ein paar Freunden rüber, um sich die Sache anzusehen. Da Mounty selbst die private Nachtvorstellung der lustvollen Mulattin mit dem geilen Pony nicht mehr abwartete, die von den Schaustellern in der Menge

angekündigt worden war, war der Höhepunkt für ihn der Auftritt des Mentalisten Cagliostro des Großen.
Seine Assistentin lief in einem Kostüm durchs Publikum, das so knapp saß, wie es sich ein Zirkus in diesem fast vorsintflutlichen Ohio von 1941 gerade eben noch erlauben konnte, während Cagliostro, viel zu jung und hübsch für diese Branche, mit verbundenen Augen auf der Bühne saß.
«Was habe ich jetzt in der Hand?» fragte sie, wenn ihr jemand eine Uhr gab.
«Ich empfange das Bild eines Zeitmessers . . . ja, eine Armbanduhr . . .», intonierte der Magier.
«Und was ist es diesmal?» Die Antwort war ein Medaillon.
«Können Sie mir sagen, was das für ein Objekt ist?» Ein Brieftaschenfoto.
Auf dem Weg zurück nach Yellow Springs gerieten die Studenten in eine hitzige Debatte. Ein Typ aus dem Psychologischen Seminar erzählte ihnen stundenlang von Rhine und Parapsychologie und wissenschaftlichen Daten für ASW, was beinahe jeden vom Hocker warf. Babbit war die einzige Ausnahme. Er studierte nicht nur Chemie im Hauptfach, sondern gehörte auch zu den führenden Köpfen des Atheistenklubs auf dem Campus, und er wußte verdammt gut, daß ASW nichts weiter als pseudowissenschaftlicher Quatsch und Hokuspokus war.
Den nächsten Tag, den 23., verbrachte er in der Bibliothek und studierte Bühnenmagie, bis er in einer Biographie von Houdini die Lösung fand. Ein simpler Substitutionscode: *Was . . . jetzt* = Uhr. *Was . . . diesmal* = Medaillon. *Können Sie mir sagen* = Foto. Und so weiter. Schwindel, einfach und simpel, wie alles, was unter dem Begriff Religion oder Magie daherkommt.
In dieser Nacht schien der Sirius mächtig hell vom südlichen Himmel herunter, und Mounty Babbit saß zum zweitenmal im Zirkus, aufs äußerste gespannt. Als das Mädchen in seine Nähe kam, reichte er ihr einen nicht nur wertvollen, sondern auch illegalen Gegenstand: ein drachenköpfiges japanisches Kondom.
«Sagen Sie mir, was diese Person mir gegeben hat.»
Das war nicht im Houdini-Code gewesen, genausowenig wie ein Kondom, mit oder ohne Drachenkopf.
«Das ist in diesem Staat nicht erlaubt», intonierte Cagliostro mit

tiefer Stimme, worauf sich das Publikum fast den Hals verenkte. «Und ich würde dem jungen Mann aus Antioch raten, seinen Sinn für Humor in Zukunft etwas zu zügeln.»

Und heirate nicht Suzie aus Red Lion

Die zweite Stimme gehörte und gehörte doch wieder nicht Cagliostro.

Von den anderen Studenten kriegte Mounty allerhand zu hören, als sie diese Nacht nach Yellow Springs zurückfuhren. «Woher wußte er bloß, daß du noch jung bist?» – «Woher wußte er, daß du aus Antioch kommst – wo war das im Code?» – «Jessas, ein Kondom – wir hätten alle eingelocht werden können.» Aber keiner erwähnte Suzie aus Red Lion, Pennsylvanien. Schließlich brachte Mounty das Thema selbst zur Sprache. «Was sagte er noch über Red Lion?» fragte er so indirekt wie möglich.

Es war, wie er befürchtet hatte: Kein anderer hatte etwas von Red Lion oder Suzie gehört.

Dann war es eben einfach Logik. ASW ist Schwindel. Stimmen im Kopf zu hören, ist verrückt. Mountbatten Babbit, sagte er sich, du brauchst einen Psychiater.

Aber eine psychiatrische Behandlung (Zeugnis, Vergangenheit) wäre ein ziemliches Handikap für die Karriere, die er bereits geplant hatte.

Disziplin also hieß die Lösung. Schließlich wird man nicht so einfach verrückt, es sei denn man ist ein Schwächling.

Ein Mann wie Mountbatten Babbit würde nicht einfach verrückt werden.

Aber Mountbatten Babbit heiratete Suzie aus Red Lion tatsächlich nicht; statt dessen gab es einen ziemlich üblen Krieg mit dem Ausrufezeichen einer ziemlich üblen Bombe am Schluß, und dann heiratete er eine passende, aufwärtsstrebende Partnerin und bekam schließlich den Titel eines Chefingenieurs bei Weishaupt Chemicals, Chicago. 1967 war er nicht mehr der draufgängerische junge Atheisten-Wissenschaftler, sondern der mittelalterliche Wissenschaftsgeschäftsmann, der genug gesehen hatte, um seinen Mund zu halten, wenn es um kontroverse Themen ging und er sein regelmäßig wachsendes sechsstelliges Bankkonto fütterte. Er hatte es geschafft. Wenn Cagliostro nicht wegen eines schockierenden Vorfalls nach dem andern immer wieder in der Presse aufgetaucht wäre, hätte Babbit die ganze Episode vielleicht sogar vergessen können, die ihn glauben ließ, verrückt zu werden.

Doch dann überquerte er die Grenze zum zweitenmal.

Ein jugendlicher Straftäter namens Franklin Delano Roosevelt Stuart aus dem Schwarzen-Getto der South Side von Chicago klaute eines Tages vor Mountys Haus in Rogers Park seinen Wagen, und zwar genau in dem Moment, als Mounty zufällig gerade aus dem Fenster schaute. In seiner geübten methodischen Art prägte sich Mounty fünfzehn Details von dem Jungen ein, während er gerade noch rechtzeitig zur Haustür raus rannte, um einen letzten Blick auf das wegfahrende Auto zu erhaschen. (Mindestens 1,80 groß, blauer Pullover mit Rollkragen, Afro-Frisur, sehr dunkle Haut, die Nase eher kaukasisch geschnitten als negroid, fährt gut, schmaleres Gesicht als normal, hohe Stirn, kein Bart, den Schultern nach zu urteilen sehr schlank, an der linken Hand ein Ring mit grünem Stein, ein Button mit der geballten Faust am Pullover, Ohrring im rechten Ohr, was noch, verdammt, da verschwindet er um die Ecke . . .)

Bei der Verhandlung identifizierte Mounty den Jungen mit der gleichen Stimme, mit der er gewöhnlich bei Weishaupt Materialbestellungen aufgab. Innerhalb von fünf Minuten erklärte die Jury ihn für schuldig. Das war das zweite Mal, daß Mounty verrückt wurde.

Denn als der Junge abgeführt wurde, warf Mounty noch einen Blick auf ihn und sah, wie um seinem Kopf ein blauer Heiligenschein erschien, genauso wie in der katholischen Kunst.

Mounty blinzelte und versuchte ein paar andere Köpfe. Keine Heiligenscheine. Er blickte wieder auf F. D. R. Stuart. Der Heiligenschein war noch da.

Ich werde ihn ignorieren und keinem was davon erzählen und mich ganz auf meine Arbeit konzentrieren, und bald werde ich das Ganze genauso vergessen haben wie die verrückte Geschichte mit dem Zirkus damals vor dem Krieg; man braucht nur Disziplin und einen starken Willen.

Zwei Wochen später wurde er zum Vizepräsidenten von Weishaupt befördert und fing an, bei x-beliebigen Individuen auf der Straße Heiligenscheine zu sehen.

Lot, Lot, Lot

> Wenn alle Probleme des Alterns korrigiert werden könnten, würden wir alle Methusalems und tausend Jahre oder länger leben.
>
> Dr. Robert Prehoda, 1969

In diesen frühen Tagen des Zirkus war ein Chinese namens Wing Chee Cagliostros bester Freund. Wing war der größte Karate-, Kung-Fu, Aikido- und Allgemeiner-Fortgeschrittener-Machismo-Meister der Welt, aber butterweich, wenn man ihn nicht reizte. In Bad Ass, Texas, trieben die örtlichen Bullen es einmal zu weit, als sie ihn daran hindern wollten, die Toilette für Weiße in einer Tankstelle zu benutzen. Sie erzählten ihm, daß ein Chinese nichts anderes als ein «ausgeblichener Nigger» sei, machten ihn immer mehr an und schlugen ihm in ihrer Begeisterung aus Versehen das rechte Auge ein. An diesem Punkt verlor Wing seine Beherrschung, wurde festgenommen, in aller Eile verurteilt und des Mordes an vier Polizeioffizieren für schuldig befunden.
Richter Draconic V. Wasp verkündete das Urteil mit folgenden Worten: «Junger Mann, du bist verurteilt und für schuldig befunden worden, und jedermann in diesem Gerichtssaal weiß, daß deine Schuld so schwarz ist wie die Hölle. Ich bedauere es keineswegs, in einem solchen Fall urteilen zu müssen. Schon bald, du kleiner Dreckskerl, ist es Frühling – die Rotkehlchen werden wieder singen, die Blumen blühen und die Kinder werden auf dem Weg zur Schule fröhlich lachen – nur du wirst von alledem nichts sehen und hören, denn du bist bis dahin längst tot, tot, tot! Du chinesischer Bastard. Sheriff, schnappen Sie sich diesen gelben Schweinehund und hängen Sie ihn auf!»
Wing Chee hörte sich das an, ohne mit der Wimper zu zucken, aber dann erhob er sich und hielt dem Gericht mit starker, furchteinflößender Stimme eine Rede. «Wenn ich mil die whiskygeschwängelten Gesichtel des Lichtels und del July anschaue», sagte er, «weiß ich, wie dumm es von mil wal, jemals Gelechtigkeit von einel solchen Aboldnung zu elwalten. Sie, Lichtel Wasp, splechen vom süßen Gesang del Lotkelchen im Flühling und von blühenden Blumen, abel was wissen sie schon vom gloßen Tao, das jeden von

uns bewegt, Sie dlecksmäuligel, fotzenleckendel, eselfickendel Ledneck? Sie beschleiben die sanften Stimmen del Kindel, Sie läubelischel, elplesselischel, affengesichtigel, flachnasigel, idiotischel Nachkomme einel schwachköpfigen Ziege von lotschwänzigem Pavian! Was wissen Sie denn von del Unschuld kleinel Kindel? Was kennen Sie denn übelhaupt außel Kolluption und Highway-Übelfällen, Sie syph-sabbelndel, tlippel-velseuchtel, amöbenköpfigel weißel Lassist? Sie sagen, Wing Chee soll hängen bis el tot, tot, tot ist, abel Wing Chee sagt –» Und hier machte er eine dramatische Pause, streifte den Gerichtssaal mit schwächer werdendem Blick und schloß: «Sie können mich am Alsch lecken, bis el lot ist, lot, lot, lot.»
Man sagt, daß neunzehn Friedensoffiziere nötig waren, um Wing Chee hinzurichten.
Frank: Aber gehängt wurde er trotzdem.
Ernest: Ja, aber dann wußten sie wenigstens, daß sie einen *Mann* gehängt hatten.
Frank: Von wegen. Sie dachten, sie hätten einen übergeschnappten Chinamann erledigt.

Eine abreagierte Kathexis

Schon bald wird es möglich sein, die menschliche Lebensspanne zu verdoppeln oder zu verdreifachen.

Dr. John Bjorkstein, 1976

Archiv der Allgemeinen Psychiatrie, Juni 2003:

Wilson war von Houdini fasziniert und modellierte Cagliostro in einigen Zügen deutlich nach dem Vorbild des berühmten Entfesselungskünstlers. Überflüssig zu bemerken, daß der geübte Kliniker durchschaut, was die Phantasien von Flucht aus den Fesseln in der Sprache des Unbewußten bedeuten. Es ist nicht überraschend, daß Wilson sich für Raketen und die technischen Möglichkeiten interessierte, mit denen sich die sogenannte Fluchtgeschwindigkeit hinaus in die Schwerelosigkeit erreichen läßt. Alle schizoiden Typen träumen von Astralprojektion, Schwerelosigkeit, der Möglichkeit, in den Raum hinauszuschweben usw. Das beweist nichts anderes als eine abreagierte Kathexis des ödipalen Wunsches, in den Schoß der Mutter zurückzukehren und in seiner schützenden, amniotischen Flüssigkeit zu schwimmen.

Der Wert des Inhalts

> Wenn die Menschen anfangen, ihre Wälder abzuholzen, ohne Maßnahmen für ihre Wiederaufforstung zu treffen, hat man es mit ziemlicher Sicherheit mit dem Beginn einer kulturellen Degeneration zu tun.
>
> Furbish Lousewart V., *Gefahren, wohin man schaut*

In den Wochen, die auf den Autodiebstahl von 1968 folgten, hatte Mounty Babbit so ein Glück beim Pokern, daß er ab und zu auch schon mal absichtlich verlieren mußte, um nicht in den Ruf eines Falschspielers zu geraten. Heiligenscheine gab es überall auf der Welt; UFOs überall darüber.

Ich bin wirklich ein verrückter Wissenschaftler, dachte Mounty Babbit. Nur gut, daß das keiner je erfahren wird.

Plötzlich, einen Monat später, war alles vorbei. Er wußte nicht mehr, welche Karten die anderen Spieler in den Händen hielten und sah auch keine Heiligenscheine mehr. Er zog mit seiner Familie nach Evanston, arbeitete sich in seinem neuen Job als Vizepräsident von Weishaupt Chemicals ein, beteiligte sich aktiv an der Nixon/Agnew-Kampagne und hörte sogar auf zu rauchen.

Die Demonstranten vor den Toren von Weishaupt Chemicals (mittlerweile der zweitgrößte Napalmproduzent der Nation) stellten die einzige Beunruhigung in einem ansonsten völlig friedlich verlaufenden Leben dar.

Die Invasion (wie er es nannte) begann Anfang 1969. Er war gerade auf dem Weg vom Büro nach Hause und bog vom Lake Shore Drive in die Sheridan ein, überquerte die Howard Street-Grenze nach Evanston und bemerkte plötzlich eine riesige Reklamewand mit einem Auge in einer Pyramide. Nicht schlecht, die Werbung, dachte er. Die Rückseite vom Dollarschein. Nach einem Monat oder so, wo die Leute sich den Kopf zerbrachen, würden die Geschäftsleute ihren Slogan preisgeben. Wahrscheinlich irgendeine neue Finanzfirma.

Am nächsten Morgen erwachte er in Schweiß gebadet. Er kannte die Symptome aus psychologischen Nachschlagewerken, die er gelesen hatte, als er um seine geistige Gesundheit fürchtete. Das Aktivierungssyndrom: Durst, schnelles Herzklopfen, Schwindelanfälle – das bedeutete, daß der Körper sich auf eine Notsituation vorbereitete. Aber was für eine Notsituation? Er konnte sich an absolut nichts vom vorigen Abend erinnern.

Mary Lou kuschelte sich enger an ihn: «Mann, du warst ganz schön leidenschaftlich letzte Nacht», murmelte sie liebevoll.

Ich bin nach Hause gefahren. Ich muß zu Abend gegessen haben. Und ich habe mit ihr geschlafen – besser als sonst, wie es scheint. Und ich kann mich an nichts erinnern.

Mikro-Amnesie.

Babbit beobachtete sich in den nächsten Tagen sehr genau. Aber offenbar doch nicht genau genug. Am Ende des Monats fand er unter den annullierten Schecks, die seine Bank ihm zurückgeschickt hatte, einen über hundert Dollar, der auf das *Chicago Peace Action Committee* ausgestellt war. Waren das nicht diese sentimentalen alten Damen, die so oft bei den heruntergekommenen Studenten vor dem Werksgelände von Weishaupt mitdemonstrierten? «FRESST WAS IHR KAPUTTMACHT!» – «NIE WIEDER KRIEG!» – «AUCH DRACULA LEBT VON BLUT» – «GOTT SEGNE DIE FRIEDENSMACHER!». Alle diese albernen, sentimentalen Zeichen.

Er hatte diesen Scheck nicht ausgestellt. Und doch trug er seine Unterschrift.

Mounty Babbit saß mit seinen Bankauszügen und Schecks allein in seinem Büro und weinte. Er kannte das Grauen.

Irgendeine fremde Einheit hatte sein Gehirn unter Kontrolle, und diesen Scheck ausgestellt.

Mein Gott, dachte er, ich bin *besessen*.

Die Politik des Unmöglichen

> Politik ist die Kunst des Möglichen. Kunst ist die Politik des Unmöglichen.
>
> Simon Moon

Der Roboter, dessen Paß auf den Namen «Frank Sullivan» ausgestellt war, landete am 26. Dezember 1983 auf dem Kennedy International Airport und brachte ohne jede Schwierigkeit Haschisch im Wert von fünfhunderttausend Dollar durch den Zoll. Die Beamten ließen ihn auf Befehl der CIA ungeschoren passieren.

«Sullivan» setzte seine Gasmaske auf und winkte einem Taxi, das ihn ins Claridge Hotel auf der 44th Street brachte.

Seinem genetischen Skript gehorchend, nahm er in rascher Folge eine kurze Dusche, rasierte sich, zog seinen besten Anzug an, machte einen langsamen Spaziergang die 42nd Street entlang und nahm sich einen Jungen mit, der vor der *Fascination*-Spielhölle herumlungerte.

Sie gingen in «Sullivans» Hotelzimmer zurück, wo er ihm einen sabbernden hedonistischen Blowjob verpaßte und ihm fünfundzwanzig Dollar dafür bezahlte.

Dann bedeckte er den Jungen mit leidenschaftlichen Küssen und zwang ihn (aus Höflichkeit), einen endlosen Monolog über die Ungerechtigkeit der Welt gegen Irland, die Gemeinheit in England und die Falschheit jüdischer Freimaurer über sich ergehen zu lassen. Weitere Küsse folgten, der Bursche erzählte eine herzzerreißende Story von Armut und Problemen mit der Polizei, «Sullivan» spuckte noch fünf Dollar extra aus, und die Transaktion war beendet. «Sullivan» vertrödelte noch eine Weile im Bett, nachdem der Kleine verschwunden war, entdeckte, daß weitere fünfzehn Dollar in seiner Brieftasche fehlten, fluchte gutmütig, duschte zum zweitenmal und bereitete sich auf sein nächtliches Geschäft vor.

Ein Taxi brachte ihn zum *Signifyin' Monkey,* einem Nachtclub auf der Lenox Avenue in Harlem. Er überprüfte seine Luger und sprang dann mit einem Satz quer über den Bürgersteig, denn er wußte nur zu gut, was einer Person mit Melaninmangel zu dieser Stunde und auf dieser Straße alles blühen konnte.

Der Kellner erkannte «Sullivan» wieder und nickte fast unmerklich

mit dem Kopf. «Sullivan» stieg die Treppe im rückwärtigen Teil hinauf, klopfte dreimal schnell hintereinander, dann fünfmal, dann wieder dreimal, und wurde ins Privatbüro von Hassan i Sabbah X. eingelassen.
«Ahhh», sagte Hassan, «unsere Bonbons aus Afghanistan sind da!»
Eine unerquicklich kommerzielle Transaktion folgte, unerquicklich für beide Seiten – Hassan und «Sullivan» hielten sich nämlich beide für Philosophen, die ungewollt dazu gezwungen waren, sich im Dschungel des Kommerzes abzumühen und durchzuschlagen. Trotzdem verhandelten sie professionell, bis sie fertig waren und glücklich zu ihrem Ritual übergehen konnten, eine Probe der Ware zu teilen, um ihre Freundschaft aufs neue zu besiegeln.
«Weißt du was», sagte Hassan, als sie beide angeturnt waren, «ich glaube einfach nicht, daß du bei der IRA bist.»
«Das ist ja komisch», meinte «Sullivan» kichernd, «ich glaube nämlich auch nicht, daß du bei der CIA bist.»
Beide gluckster im besten Einvernehmen vor sich hin.
«Komplizierte Welt», sagte Hassan.
«Wird jeden Tag komplizierter», stimmte Pseudo-Sullivan zu.
«Sag mal, könntest du einem europäischen Sammler einen Klee andrehen?»
«Einen Paul Klee?» Sullivan hatte im ersten Moment «clay» verstanden und fragte sich schon, ob er etwa demnächst Töpfe verhökern sollte.
«Ein gottverdammtes echtes Original. Aus seiner Meskalin-Phase, würde ich sagen.»
«Behalt es mal noch ein oder zwei Tage», sagte «Sullivan» großspurig. «Da muß ich erst mal ein bißchen herumtelefonieren.» Er dachte darüber nach, daß Hassan i Sabbah X. die leuchtend braunsten Krawatten trug, die er je gesehen hatte. Aber wenn man es recht betrachtete – auch der Teppich tanzte in Farbtönen, die dem Harem eines Sultans Ehre gemacht hätten. Definitiv bestes, erstklassiges Haschisch.
Am anderen Ende des Büros ging eine Tür auf, und ein Mann steckte den Kopf herein. Es war ein Schwarzer, mit weißen Haaren, goldener Brille und einem ziemlich konservativen blauen Anzug mit Weste. Automatisch prägte sich «Sullivan» seine Gesichtszüge ein und schickte sie durch seinen Computer, um sie abzurufen und den Mann zu identifizieren.

«O Verzeihung», sagte der Mann und zog sich zurück. Aber «Sullivan» – der übrigens wirklich nichts mit der IRA zu tun hatte, wie Hassan ganz richtig argwöhnte, dafür aber wenigstens zeitweilig zur CIA gehörte – war schon auf der richtigen Spur. Der Mann hieß George Washington Carver Bridge und war einer der besten Wissenschaftler beim Projekt Zyklop in den siebziger Jahren gewesen. Was machte ein Mann dieses Kalibers in der Höhle eines so großen und fleischfressenden Säugers wie Hassan i Sabbah X.?
«Wer war denn das?» fragte er beiläufig.
«Einer von den Boys», antwortete Hassan leichthin. «Nur einer von den Boys.»
Als «Sullivan» ins Hotel Claridge zurückfuhr, grübelte er über die Perversitäten und Paradoxa der Haschischwirkung nach und über die ewig-unlösbare Frage: Was ist Realität? Denn sein Gedächtnis bestand auf der Tatsache, daß der ehrenwerte Dr. Bridge, kurz ehe die Tür sich wieder hinter ihm schloß, den amputierten Penis eines weißen Mannes in der Hand gehalten hatte.

Wir könnten aufwachen

> Wir dürfen die ganze Nacht kein Auge zutun, sonst wachen wir auf – und sind jemand anders.
>
> *Invasion der Körperfresser*

Eines Tages im Jahr 1968, als er merkte, daß er dem *Chicago Peace Action Committee* in einem veränderten Bewußtseinszustand einen Scheck ausgestellt hatte, beschloß Mountbatten Babbit ein für allemal, endlich einen Psychiater aufzusuchen.
Aber nicht sofort. Zuerst würde er darum kämpfen, die Kontrolle über sich zurückzugewinnen. Er machte sich klar, daß sein Geisteszustand in gefährlichem Maße illegal geworden war. ASW im Jahre 1941. Heiligenschein plus ASW, nachdem dieser Bursche sein Auto geklaut hatte. Nun litt er schon an Blackouts und machte abscheuliche Sachen, die seine Vertrauensstellung und sogar sein Bankkonto gefährden würden. Das Ganze war ziemlich heikel. Alles, was sein Bankkonto gefährdete, mußte das Symptom einer fortgeschrittenen

Psychose sein. Ja, er würde sich ganz bestimmt, auf jeden Fall und unwiderruflich in die Hände eines Psychiaters begeben.

Aber noch nicht gleich. Zuerst würde er darum kämpfen, die Kontrolle über sich zurückzugewinnen.

Eines Abends hatten die Babbits die Moons von gegenüber zum Essen eingeladen. Wie immer verwickelte Molly Moon Mary Lou in ein Gespräch über Okkultismus. Der ganze abgedroschene Hokuspokus und Schwachsinn. Heute abend war sie ganz besonders beeindruckt. Es ging um einen gewissen Neon Bal Loon, einen tibetanischen Mönch, der angeblich sein Bewußtsein in das eines Engländers transferiert hatte und nun mit Hilfe seines neuen Mediums Bücher schrieb.

«Und das ist erst der Anfang», schwärmte Molly. «Unser Materialismus hat sich zu einer Bedrohung für die ganze Welt entwickelt. Es liegt auf der Hand, daß immer mehr große Meister in die Körper von Abendlandbewohnern schlüpfen, um so ihre Weisheit auf direkte Art zu vermitteln.»

Mounty Babbit konzentrierte sich auf seine Diskussion mit Joe Moon, Detektive Lieutenant bei der Polizei von Evanston, bei der es um die Finanzierung einer Anti-Drogen-Kampagne ging. Selbst das war beunruhigend. «Wahrscheinlich hat das alles überhaupt keinen Sinn», meinte Joe ziemlich verbittert. «Die Kids glauben kein Wort von dem, was *wir* ihnen erzählen.»

Der nächste Schritt in die Psychose kam unerwartet und war überraschend angenehm. Es passierte ein paar Tage später in der Kantine von Weishaupt. Babbit saß da und verrührte seinen Zucker im Kaffee, als er die Zuckerdose plötzlich *anschaute*. Das simple Design, dieser kleine Schnabel, der sich öffnete, um den Zucker durchzulassen – das begeisterte ihn plötzlich. Es war, als hätte er so was noch nie gesehen.

Danach fielen ihm immer mehr Dinge auf. Eines Tages beobachtete er im Stadion eine Mutter, die sich plötzlich umdrehte und ihr weinendes Kind schlug. Vor lauter Schreck machte sein Herz einen Satz – bis er sich klarmachte, daß das in Amerika ein ganz normaler Vorfall war. Es kam ihm vor, als hätte er ihn aus der Perspektive einer Kultur gesehen, in der Weinen und Schlagen nicht zu den normalen Kommunikationsmechanismen zwischen Eltern und Kindern zählten.

Er mochte immer weniger gern Fleisch, es erschien ihm zäh und schwer verdaulich.
Das Merkwürdigste und Beunruhigendste jedoch war die Art, wie selbst Weishaupt Chemicals sich zu verändern begann. Alles war genauso wie vorher, nur sah er es jetzt mit anderen Augen. Der Kontrast zwischen den Verwaltungsbüros und den Fabrikhallen war eine überwältigende Erfahrung. Architektur, Farben, Dekoration und Instandhaltung – jeder Kommunikationsbereich bis in die Wortwahl hinein stand mit absoluter Deutlichkeit für «Die Meister» und «Die Diener». Die typische Gruppenhierarchie der Primaten, unbemerkt und seit langem selbstverständlich.
Seltsame Visionen plagten ihn, sobald sein Gehirn sich von finanziellen oder wirtschaftlichen Problemen abwendete. Er lief durch einen brennenden Dschungel und versteckte sich vor den Helikoptern, die das Feuer verursachten. Oder er befand sich in einem Tempel, der mit den Ornamenten von Auge und Pyramide geschmückt war, wo er merkwürdige Atemtechniken praktizierte. Einmal hatte er sogar einen Namen: Ped Xing. Er schaute zu, wie einer seiner Meister sich aus Protest gegen den Krieg verbrannte. Er war Ped Xing, der durch die Augen von Mountbatten Babbit sah.
Seine Monogamie, die er für gewöhnlich einundfünfzig Wochen im Jahr unter Kontrolle halten konnte, brach zusammen. Er fürchtete, daß Mary Lou mißtrauisch werden könnte. Frauen reizten ihn ununterbrochen, pausenlos und quälend wie in seiner frühesten Jugend. Nicht alle Frauen: nur weiße Frauen. Ped Xing konnte einfach nicht genug kriegen. Sogar nach dem Orgasmus könnte ich gleich wieder von vorn anfangen . . . die feuchten Pussies streicheln und reiben, bis sie noch mal kommen. Das macht mich so scharf, daß ich mich auf sie stürze und ihnen mit meiner Zunge zum drittenmal einen Orgasmus verpasse. Dann wollte Ped Xing, daß sie ihm einen abkauten, und schwebte in Äonen von Erregung und Lust davon. Er erhaschte einen Blick auf den Tempel, auf das Auge und die Pyramide, kam manchmal sogar selbst ein zweites Mal, was nicht mehr passiert war, seit er Anfang zwanzig war.
Die homosexuelle Phase trieb mich fast in den Selbstmord. Aber meine ASW (ich akzeptierte sie mittlerweile; wußte zwar, daß es natürlich alles Halluzinationen waren, folgte ihnen aber blind, wurde von ihnen mitgerissen –) war nicht nur unfehlbar, sondern

auch zuverlässig. Ped Xing wählte nur Männer von Babbits Status und Bedeutung, und er machte kein einziges Mal einen Fehler. Offensichtlich existierten mehr von solchen heimlichen Fällen auf der Welt, als selbst Kinsey angenommen hatte. Jedesmal übernahm ich die männliche Rolle, kam in ihrem Mund und tat meinerseits nicht mehr, als ihnen einen runterzuholen. Einmal, als mein Partner nicht nur ein leitender Angestellter, sondern auch noch ein Beamter aus dem Pentagon war, mußte ich bei seiner Ejakulation lachen und verlor jegliche Kontrolle; ich lachte lauter und immer lauter und gab meine Psychose preis, ohne mich darum zu scheren.

In dieser Nacht betrachtete ich den Baum in seinem Garten und wußte, daß es ein intelligentes Wesen war. Nicht mit menschlichem Intellekt, nicht mit dem Verstand eines Hundes oder einer Ratte oder auch nur eines Fisches, aber mit eigenem Leben und innewohnendem Bewußtsein. In New York gab es sogar einen Wissenschaftler, der die emotionalen Reaktionen von Pflanzen mit einer Polygraphen-Ausrüstung sichtbar machte. Und da stand sie, meine blaue Kiefer, merkwürdiger in ihrer Struktur und fremdartiger in ihrer Intelligenz als jede Science-fiction-Kreatur.

Wie können wir nur unter so vielen Geheimnissen leben, ohne von dem schieren Geheimnis der Existenz überwältigt zu sein, fragte sich Mounty Babbit, der ehemalige Atheist. Unser Wissen ist klein und unsere Einbildung groß . . .

Dann erkannte er mit Grauen, daß es Ped Xing war, der das dachte.

Partner

> Der Mensch wird nicht eher zufrieden sein, als bis er den Tod besiegt hat.
>
> Dr. Bernhard Strehler, 1977

Als Murphy ins Auto stieg, fragte Mendoza: «Schlechte Neuigkeiten?»

Murphy fädelte sich vorsichtig in den Verkehr ein.

«Muß schlecht aussehen», sagte Mendoza, als er Murphys Gesicht sah.

Sie fuhren. Murphy schaute starr geradeaus.
«Man ist dein Partner», meinte Mendoza, «du brauchst vor ihm nichts zu verbergen.»
«Malloy», sagte Murphy. «Ich muß Malloy treffen. Das Dumme ist nur, er hat diesen neuen Tick; er redet nur noch zu einem Bullen auf einmal.»
«Ich scheiß drauf. Wenn du so was mitmachst, glaubt er das nächste Mal, daß er die komplette Polizeitruppe unter Kontrolle hat. Marty, ein billiger Spitzel wie Marty, gib dem bloß keine Chance. Egal bei was. Du weißt das, Tom. Du läßt ihn dir auf der Nase rumtanzen, und im Handumdrehen hast du einen neuen Jack Ruby vor dir. Wenn ein Bursche wie er 'ne Chance wittert, kann er das Maul nicht halten und rennt überall rum und erzählt jedem von seinen Freunden, den Bullen. Kommt bei dir zu Hause vorbei, und so weiter, verstehst du? Und wenn er mal dran ist, fällt die halbe Polizeitruppe hier mit ihm um.»
«Dein größtes Problem ist», sagte Murphy, «daß du ein blöder Bimbo bist, der den Mund zu voll nimmt. Ich, ich lasse mir von keinem was gefallen, und am wenigsten von Marty Malloy. Aber das hier ist was anderes.»
«Na klar», sagte Mendoza. «Wenn ich dich nicht schon so lange kennen würde, würde ich denken, du hast ein schlechtes Gewissen. Von mir aus kannst du irgendwelche Scheißer von der Straße Bimbos nennen, aber nicht mich. Wer zum Teufel glaubst du eigentlich, wer du bist?»
«Schon gut, ist mir nur so rausgerutscht. Du brauchst nicht gleich sauer zu werden.»
«Schon gut, Scheiße nochmal! Erst hast du Geheimnisse, dann beleidigst du mich, und jetzt bin ich es wohl auch noch, der hier den Verstand verloren hat, was? Soll das etwa Partnerschaft sein? Nach zehn Jahren?»
Murphy bog in die Van Ness ein. «Hier hat keiner Geheimnisse», sagte er. «Es ist bloß eins von diesen sogenannten Tabus. Malloy hat nicht mehr Mumm als 'n Kakerlak. Ich meine, ich *kenne* Malloy. Fast fünfzig, wird langsam flattrig und hat seit Jahren eine Heidenangst vor mir. Der haut mich nicht übers Ohr, der nicht, und mich schon mal gar nicht. Er wird mir also erzählen, daß er zu keinem redet außer mir, und so läuft das diesmal. Ich sage dir doch, ich kenne Malloy.»

Jetzt fuhren sie die Geary hinunter. «Okay», sagte Mendoza. «Du kennst Malloy. Er hat die komplette Story der Kennedy-Ermordung oder so was. Ich weiß zwar nicht, was es ist, aber irgendwas stimmt nicht mit dir seit letzter Woche, Tom. Wenn du nicht reden willst, dann halt den Mund. Aber man ist schließlich nicht umsonst zehn Jahre lang Partner.»
«Joe», sagte Murphy. «Es geht nicht darum, daß ich nicht drüber reden will. Es gibt ein paar Dinge im Leben, da hält ein Mann sich nun mal zurück. Es geht um meine Schwester.»
«Deine Schwester?»
«Der Doktor sagt, daß sie Krebs hat. Für einen Mann wie mich, weißt du, mit der Frau tot, bedeutet Familie 'ne ganze Menge. Ich war in der Kirche und hab 'ne Kerze für sie angesteckt.»
«Tom», sagte Mendoza. «Jessas, Tom. Tut mir leid. Deine Schwester. Lieber Himmel, was soll ich bloß sagen?»
«Schon okay, Joe. Partner – das ist irgendwie wie verheiratet. Ich hätte mir denken können, daß du merkst, daß irgendwas in der Luft liegt. Ein Mann wie ich redet nun mal nicht gern drüber, wenn was mit der Familie ist.»
«Lieber Himmel. Yeah. Welche Schwester ist es denn, die in Los Angeles oder die in Mendocino?»
«O . . . äh, die in Mendocino. Irene.»
«Paß auf, wenn sie Geld braucht und du kannst es nicht auftreiben . . .»
«Danke, Joe. Es liegt nicht am Geld, ihr Mann hat genug, aber trotzdem vielen Dank. Ich bin froh, daß ich's dir gesagt habe.»
«Dafür ist ein Partner da.»
Murphy parkte an der Ecke Taylor Street. «Geh du runter zu *Gulliver's* und trink 'ne Tasse Kaffee», sagte er. «Ich komme nach, sobald ich habe, was Malloy verkauft.»
«Partner», sagte Mendoza.
«Partner», antwortete Murphy herzlich. Sie schüttelten sich die Hände.

Verkehrt herum

> Amerika ist das Paradies der Weißen und die Hölle der Schwarzen.
>
> Hassan i Sabbah X.

Hassan i Sabbah X. machte Schluß mit dem Haschisch. Er ging zum Safe und holte das LSD heraus. Erinnerung . . .

031

> Mit dem Übergangskonzept, daß das Schloß ein Loch in der Tür ist, durch das man sich um eine topologische Transformation bemühen kann, könnte man das Zimmer in eine andere topologische Form verwandeln, die sich von der einer geschlossenen Schachtel unterscheidet. Durch das Schloß wurde das Zimmer tatsächlich verkehrt.

(Langsam brach der Penner zusammen und blieb regungslos auf der Erde liegen. Das Kind beobachtete ihn voller Schrecken.)
Er erinnerte sich an einen jungen Burschen von zwölf Jahren. Nachdem ihm das Volksschulsystem von Chicago *Ivanhoe* bis zum Erbrechen eingetrichtert hatte, ging er nachmittags um fünf nach drei zur Tür hinaus und mischte sich unter die Junkies, Nutten, Zuhälter, Diebe und diversen Gruppen von Revolutionären *(Black Panthers, Black P. Stone Rangers,* LSD-elektrifizierte *Weatherpeople),* die ihm dann Ende der sechziger Jahre in der Umgebung des Hyde Park die richtige Erziehung verpaßten. Erinnerte sich an die Ermordung von Malcolm und Martin Luther King. Erinnerte sich an die endlosen Epen von Stacker Lee und den berühmten Doppelzeiler:

033

> Im Leben schon ein Grabstein, träum ich nur von Särgen.
> Ich bin ein schwarzes Arschloch, mir macht's nichts aus zu sterben.

Nennen wir ihn das erste Metaprogramm. Er führte Hassan (damals noch F. D. R. Stuart) hinaus aus dem Getto und in eine völlig neue und andere Welt. Es war ganz leicht. Als er nach den Imperativen des Stacker Lee-Skripts handelte, landete er für eine Weile in Andy Home, einer Institution für die weitere Erziehung von kriminellen Anfängern, welche die Reifen von Polizeiwagen aufschlitzten, Pflastersteine durch Schulfenster schleuderten, Waren aus Läden verhökerten, ohne sie vorher zu bezahlen, und Polizeifragen mit «Verpiß dich, elender Schwanzlutscher» parierten. F. D. R. Stuart erhielt die übliche Andy Home-Ausbildung, die aus erstklassigem Expertentraining in a) Sodomie, b) Sado-Masochismus und c) diversen Straftaten bestand, die lukrativer sind, als geklaute Sachen weiterzuverscherbeln.

Nach dem Examen war er bereit zur Weiterbildung in Springfield. Er mußte sich einem Einführungstest unterziehen, der im wesentlichen darauf hinausläuft, sich mit irgendwelchem heißen Stoff in der Tasche von der Polizei schnappen zu lassen. Er fuhr einen Ford Mustang, der auf einen gewissen Mountbatten Babbit aus Evanston ausgestellt war. Die Fortbildung in Springfield umfaßte einen Auffrischungskurs in Sodomie und S-M, sowie Lektionen für Fortgeschrittene in Diebstahl, aber zu dieser Zeit hatte F. D. R. Stuart schon Zweifel, daß das Stacker-Leesche Metaprogramm die ganze Antwort auf die Probleme des Lebens enthielt. Sein Zellennachbar war ein ehemaliger Black Muslim, mittlerweile zum Sufismus konvertiert, der ihm Diverses über die weniger bekannten Qualitäten des menschlichen Nervensystems beibrachte.

F. D. R. Stuart verbrachte endlose Stunden damit, eine Wand in seiner Zelle anzustarren, bis er allmählich ein Loch zustande gebracht hatte, durch das er in eine andere Welt schlüpfen konnte. Dort drüben gab es auch eine andere Zeit, und schließlich entdeckte er, daß er in der Lage war, Engel, Feen, Elfen, Hexen und Bodhisattvas, Zauberer und jede Menge anderes über-menschliches Volk zu kontaktieren und dazu zu überreden, seine Verbündeten zu werden.

Der Sufi-Zellennachbar, ein weiser Bursche in jeder Hinsicht, was F. D. R. Stuart aber nie merkte, zeigte sich von dieser Leistung nicht besonders beeindruckt, sondern ließ im Gegenteil ein paar ernste Sprüche los über die Gefahren, die es mit sich bringt, wenn man «das Tor öffnet», ohne zuvor «seine Seele zu reinigen». Das Ende vom Lied war, daß der junge Stuart eine Stunde pro Tag damit verbrachte, eine Seite aus dem Lexikon auswendig zu lernen, bis er über ein Vokabular verfügte, das einem Harvard-Studenten Ehre gemacht hätte. Tja, ungefähr um diese Zeit wurde der Sufi dann auch entlassen, und Stuart mußte seine Studien ohne Meister fortsetzen.

1983 war Hassan i Sabbah X. der Pferdedieb eines Kults, der in Harlem von New York operierte und unter dem Namen *Cult of the Black Mother* bekannt war. Offensichtlich war er der Verehrung Kalis gewidmet, der Göttin der Zerstörung (und Wiedergeburt), und die Polizei vermutete, konnte aber nicht beweisen, daß er auch eine wichtige Rolle im internationalen Haschischschmuggel spielte. Sie glaubte, daß es sich um eine als Kirche getarnte Schwarze Revolutionäre Armee handelte. Ein Geheimdienstler mit angemessenem negroiden Einschlag und der richtigen Doppelzüngigkeit brachte es fertig, in einen der niedrigeren Grade aufgenommen zu werden und kriegte folgendes raus: a) Pferdedieb war die Bezeichnung für das Oberhaupt oder den Boß, aus der Zigeunersprache übernommen; b) die Rituale ähnelten im großen und ganzen denen orthodoxer indischer Kalisekten, bis auf ein paar zusätzliche freimaurerische Elemente; c) jedesmal, wenn ein schwarzer FBI-Agent es schaffte, den Kult der *Black Mother* zu infiltrieren, starb er kurz darauf an Herzversagen.

Diese letzte Tatsache war nicht unbekannt im Büro und häufig diskutiert worden. Mindestens einmal im Verlauf jeder dieser Besprechungen tauchte das Wort «Hexerei» auf, und jedesmal wurde es schnell wieder vom Tisch gelacht, aber immer gingen die Agenten mit einer eigenen, sehr persönlichen Meinung dazu nach Hause. Einige fingen sogar an, wieder öfter in die Kirche zu gehen, und zwar eifriger, als es nach den schon ziemlich puritanischen Standards des Büros erwartet wurde.

Die CIA, die Hassan i Sabbah X. ursprünglich als Spion für Gettoprobleme angeheuert hatte, wußte sehr wohl, daß er vorhatte, sie bei der ersten sich bietenden Gelegenheit übers Ohr zu hauen, aber das machte ihnen keine großen Sorgen. Sie hatten nämlich ihre eigenen Pläne mit ihm, die mit dem humorvollen Euphemismus «Abschluß mit Maximalschaden» umschrieben wurden. Dabei fuhr sich der Sprecher mit einem Finger quer über die Kehle, um die Bedeutung auch für Neophyten klarzustellen. Aber all das lag noch in weiter Zukunft, als er zum erstenmal Anzeichen der Unzuverlässigkeit zeigte.

Genau in diesem Augenblick (es ist wieder die Nacht des 23. Dezember 1983), während angeblich ein Miniaturschlitten mit acht winzigen Rentieren an kommerziellen Verkehrsflugzeugen, Kommunikationssatelliten, fliegenden Untertassen und anderen Flugschiffen auf den Fluglinien vorüberbrauste, fuhren zwei menschliche Wesen von dubioser Erscheinung in einem Laster, den sie wenige Stunden vorher von *U-Haul* gemietet hatten, nach Sutton Place hinauf zur Wohnung von Mary Margaret (Epicene) Wildeblood. Es handelte sich um Edward J. Smith und Samuel R. Hall. Vor ein paar Monaten waren sie bei den Black Panthers rausgeflogen, weil sie eine Schwäche für das neurologische Nullschaltkreis-Programm entwickelt hatten und sich Diacetylmorphin ($C_{21}H_{23}NO_5$) in die Venen injizierten. Diese Substanz war bei Weißen unter dem Namen *Heroin* und bei Ed und Sams puertorikanischen Freunden als *Caballo* bekannt. Ed und Sam nannten sie *Horse* und verpaßten sie sich, so oft sie nur konnten – «riding the horse over the rainbow» («das Pferd über den Regenbogen reiten») war ihr Ausdruck für das Nullprogramm, und es bedeutete ihnen mindestens soviel wie Samadhi einem Hindu oder die Hostie einem Katholiken. Tatsächlich versetzte es sie in die Lage, für eine Weile zu vergessen, daß neunzig Prozent ihrer Mitbürger sie ohne Zweifel als «Nigger» identifizierten, eine Spezies, die im allgemeinen als doppelt so häßlich und zehnmal so gefährlich wie wilde Gorillas galt. Sam und Ed machte es nichts aus, daß Leute, die so was glaubten, auch an die Existenz eines gasförmigen Wirbeltieres von gigantischen Ausmaßen namens Gott, an die unbefleckte Geburt von US-Senatoren, an den Wahrheitsgehalt von Fernsehnachrichten und an voreheliche Enthaltsamkeit für Frauen glaubten.

Auch Sam und Ed glaubten nämlich an die Existenz eines gasförmigen Wirbeltiers, an die unbefleckte Generation von Senatoren, an die Bilder im Fernsehen und voreheliche Enthaltsamkeit, jedenfalls für *bestimmte* Frauen (ihre eigenen Frauen, Schwestern und Töchter zum Beispiel). Außerdem glaubten sie, daß sie *wirklich* doppelt so häßlich und zehnmal so gefährlich wie wilde Gorillas waren, aber auch, daß sie ein Recht hätten, so zu sein. Bei ihnen hieß so was schwarzer Stolz.

Als sie erstmals in Wildebloods Apartment drin waren, arbeiteten Ed und Sam so schlagkräftig wie ein Paar Staubsauger. Sie nahmen alles mit, was nicht niet- und nagelfest war, und das ist noch stark untertrieben. Wenn irgendwas, was sie für wertvoll hielten, wirklich angenagelt war, dann versuchten sie es mit Zangen und anderen Werkzeugen. Als sie sich endlich aus dem Staub machten, war der *U-Haul*-Laster so vollgestopft wie der Minischlitten, der angeblich gerade den Himmel umkreiste. Als Mary Margaret Wildeblood einen Monat später aus Vermont zurückkehrte, kam sie sich vor wie der chinesische Farmer in *Die gute Erde,* nachdem die Heuschrecken abgezogen waren.

Ed und Sam fuhren auf dem kürzesten Weg ins Sugar Hill Apartment von Hassan i Sabbah X., das keinen Briefkasten im Hausflur hatte und nur über ein zweites Apartment erreicht werden konnte, das einem gewissen Lester Maddox gehörte. Ed, der sich hier besser auskannte als Sam, klopfte an die Tür.

«Weißer», kam eine undeutliche Stimme von innen.

«Mann», antwortete Ed.

«Natürlichen», kam die Stimme wieder.

«Ursprungs», beschloß Ed die Formel.

Die Tür öffnete sich, und sie wurden in die Wohnung eines respektablen afro-methodistischen Geistlichen geführt, der in der Öffentlichkeit noch nie mit Hassan i Sabbah X. in Verbindung gebracht worden war.

«Was sollte denn der Unsinn?» fragte Sam.

«Die Losung», erklärte Ed kurz.

«Vom Ku Klux Klan entlehnt», fügte der Geistliche munter hinzu. «Er hat sich einen etwas merkwürdigen Sinn für Humor angewöhnt, unser guter Bruder Hassan.» Er führte sie in die Küche, schob den Kühlschrank auf Spezialrollen leicht zur Seite und führte sie in ein zweites Apartment, das weder auf Grundstücksplänen noch Skizzen irgendwo existierte.

Die Luft war schwer vom Duft indischen Hanfs; eine enorme Statue von Kali, der Schwarzen Mutter, dominierte den Raum. Eine Gruppe von schwarzen Männern saß im Kreis, und Sam bemerkte zwei kleine Zigaretten, die in entgegengesetzten Richtungen, (im Uhrzeigersinn und im Gegenuhrzeigersinn, dachte er bei sich) herumgereicht wurden – die technisch-magischen Bezeichnungen *deosil* und *widdershins* kannte er nicht.

«Ihr werdet nun ohne meine Führung zur sechsten Ebene aufstei-

gen müssen», sagte Hassan i Sabbah X. zu dem Kreis. «Ich muß kurz auf die irdischen Ebenen zurück . . . aummmmmm . . .»
«Aummmmmmmm . . .», erklang die verzückte Antwort seiner Schüler.
«Was soll denn das schon wieder, dieses Gefasel von der sechsten Ebene?» fragte Sam Ed flüsternd.
«Astralprojektion», war die kurze Antwort.
Hassan setzte sich hinter seinen Schreibtisch und lächelte herzlich. «Na, seid ihr ausgezogen, um den Geburtstag unseres Herrn zu begehen?» fragte er freundlich. «Die Enteigner zu enteignen?»
«Wir haben einen verdammten Laster voll da unten stehen», antwortete Ed.
«Hmmmm-*mmmm!*» meinte Hassan. «Fröhliche Weihnachten, in der Tat. Qualitätsware aus dem Nuttenviertel, nehme ich an, oder habt ihr etwa wieder eure Brüder und Schwestern beklaut?»
«Qualität», sagte Sam bedeutungsvoll.
«Und eine ganze Wagenladung voll.» Hassan lächelte träumerisch. «Nun Bruder, wenn ich wirklich so großzügig bin wie mein Ruf, endet ihr wahrscheinlich mit mehr *Horse* als das komplette Kentucky-Derby.» Er drückte einen Knopf, und ein schwarzer Mann betrat den Raum. Der Geburtsurkunde nach war es Robert Pearson, Dr. phil. Robert Pearson laut Anthropologischem Seminar der U. C. Berkeley, El Hajj Stackerlee Mohammed während einer militanten Phase in den Sechzigern, Clark Kent (mit seinen Supermännern) während seiner kommerziellen Rockmusikerkarriere und nun wieder ganz einfach Robert Pearson. «Bring diese Burschen zum Lager und schätz den Nettowert ihrer Ware», instruierte ihn Hassan.
Pearson brachte Ed und Sam zu einem Gebäude auf der Canal Street mit dem Firmenschild BHAVANI IMPORTS. Hier wurde der Laster entladen, danach die Fracht katalogisiert und geschätzt. «Ein echter Klee, oder ich bin ein Affe aus Messing», sagte Pearson einmal zwischendurch. «Euer . . . äh, Klient hat nicht nur Kohle, sondern auch Geschmack.»
Die schärfste Reaktion kam, als er die Holzplatte mit dem ithyphallischen Eidolon entdeckte.
«Jessas, Maria und Josef», keuchte er.
Sam und Ed schauten sich an. «Wir wissen auch nicht, was das

soll», meinte Sam. «Irgendein perverser Schwuchtelfetisch wahrscheinlich.»
«Sieht aus wie 'n Riesenschwanz», schlug Ed hilfsbereit vor.
Pearson berührte ihn vorsichtig mit den Fingern. «Es *fühlt sich auch an* wie ein Riesenschwanz», meinte er. «Jedenfalls ist er nicht aus Plastik, soviel steht fest.» Er schüttelte matt den Kopf. «Ich würd ja nur mal gern wissen, welcher Riese so was mit seinem Schwanz machen lassen würde?»
Sam und Ed zuckten die Achseln. «Jedenfalls war es ein weißer Riese», meinte Sam schließlich.
«Das sehe ich auch», sagte Pearson. «Ein ausgeflippter weißer Riese.» Er verdrehte die Augen zum Himmel. «Jessas, Jessas», plötzlich fiel er in seinen alten südlichen Tonfall zurück. «Diese Sachen, die die weißen Leute so machen, das ist einfach zuviel für 'nen einfachen schwarzen Burschen wie mich.»
«Haut!» schrie Sam.
«Haut!» stimmte Pearson zu. Sie schlugen die Handflächen aufeinander. Und dort ruhte das Geheimnis, bis ein paar Tage später Hassan i Sabbah X. plötzlich vorbeischaute und die neuen Importe inspizierte.
«Namu Amida Butsu», sagte er und beugte sich tiefer über die Platte. «Gottverdammich!»
«Meinst du, wir kriegen so was los?» fragte Pearson zweifelnd.
«Keine Ahnung», meinte Hassan i Sabbah X. nachdenklich. «Aber wenn wir einen Käufer dafür auftreiben und du hörst den Preis, dann flippst du aus. Das ist ein einmaliges Stück.»
Die Dinge spitzten sich zu. Der Schlüssel war kein Schlüssel.
An diesem Wochenende war Hassan mit anderen Dingen beschäftigt. Er wußte sehr wohl, daß «Frank Sullivan» (seiner Meinung nach ein Doppelagent für Washington und Peking) «Washy» Bridge erkannt hatte, und das war in der Tat eine äußerst heikle Sache. Seitdem Washy ihm zum erstenmal vom Projekt Pan erzählt hatte, fühlte Hassan sich mehr und mehr wie ein Zauberlehrling aus dem Märchen. Immer wieder mußte er an eine Zeile aus einer Story von H. P. Lovecraft denken: *«Beschwöre nichts, ich flehe dich an, was du nicht auch beherrschen kannst.»* Wie schon so viele Okkultisten vor ihm wünschte Hassan i Sabbah X. sich jetzt, er hätte diese Warnung schon früher etwas ernster genommen.

Noch ehe er Bhavani Imports verließ, verblüffte ihn ein Vorfall, der ganz nach einer *Santaria*-Synchronschaltung aussah. «He, Sie, hören Sie zu, Mann», schrie ihm ein Kunstkenner ins Ohr und packte ihn am Ärmel. «Ich habe grade einen tollen Limerick gehört. Hören Sie zu, hören Sie einfach mal zu: ‹Ein Tick obszön und ohne Geschmack›.» Er bog sich vor Lachen, nahm sich aber zusammen und wiederholte eindringlich: «Hören Sie zu.» Er fing noch mal von vorn an:

«Ein Tick obszön und ohne Geschmack
hält den Bischof von Boston seit kurzem gepackt.
Mit gräßlichem Fluchen und Heulen –»

Er brach wieder zusammen und fuhr dann fort:

«Mit gräßlichem Fluchen und Heulen
Defloriert er im Weinkeller Eulen
Die er sich fängt im Schutze der Nacht.»

Hassan betrachtete ihn mißtrauisch und paranoid. «Sehr witzig», sagte er und hastete nach draußen zu seiner wartenden Limousine.
«In die Stadt zurück?» fragte der Chauffeur.
«Broad Street», sagte Hassan und gab ihm eine Adresse. Auf dem ganzen Weg wollte das Gefühl milder Schaltkreis-Eins-Panik nicht weichen.
Er erinnerte sich an seine erste Unterhaltung mit Washy Bridge. «Wie viele?» hatte er gefragt, nicht schockiert oder aufgebracht, sondern einfach ungläubig, unfähig zu glauben, was er gerade gehört hatte. *Sie sind unsere Schöpfung: Wir sind ihre Schöpfung.*
«Siebenundfünfzig von uns.» Der Wissenschaftler schwitzte vor Angst. Nun hatte er das Geheimnis preisgegeben, die Ursache dafür, daß er vor dem Projekt Pan geflüchtet war.
«Siebenundfünfzig», wiederholte Hassan dumpf. *Heinz mit den siebenundfünfzig Varianten* – das kannte er doch aus der Werbung. «Und alle mit Dr. phil's und Dr. med's und mehr Diplomen als ein Hund mit Flöhen . . .»
«Sie müssen zugeben, daß es funktioniert», sagte Washy dann. «Sie können es einfach nicht verstehen, wenn Sie das nicht einsehen. Es funktioniert.»

«Und zwei- bis dreihundert Jahre Knast für jeden, falls es je rauskommt», meinte Hassan scharf. «Das sollten Sie besser auch nicht vergessen.»
«Deshalb bin ich ja hier», sagte der Wissenschaftler. Hassan lief kurz im Zimmer hin und her. «Räder in Rädern», sagte er plötzlich. «Räder in Rädern *in* Rädern.» Dann grinste er. «Jedenfalls weiß ich jetzt endlich, warum der Kokainhandel in Cincinnatti so einen Aufschwung hat», sagte er und kicherte obszön. «Cincinnatti», wiederholte er dann und schüttelte den Kopf. «Wie nennen sie es noch?»
«Ritter des Christentums im Glauben vereinigt.»
Ein Tick obszön und ohne Geschmack . . . fuhr es Hassan plötzlich durch den Kopf und brachte ihn unsanft in die Gegenwart zurück. Er war am Ziel.
Der Mann, mit dem er dann sprach, war offiziell Börsenmakler, verfolgte jedoch privat gewisse andere geheime Karrieren.
«Frank Sullivan», sagte Hassan. «Ich möchte alles über ihn wissen. *Alles.*»
Der zeitweilige Börsenmakler wurde aschgrau im Gesicht. Er stand auf, starrte mißtrauisch einen Fensterputzer vor seinem Bürofenster an und ging hin, um nachzusehen, ob das Fenster auch ordentlich verriegelt war.
«Unmöglich», sagte er dann, beinah im Flüsterton. «Wenn ich Ihnen auch nur die amüsanteste und interessanteste Tatsache über ihn erzähle, bin ich morgen ein toter Mann.»
«So heiß?» fragte Hassan.
Der Mann lehnte sich in seinem Stuhl zurück und betrachtete abwesend die Zimmerdecke. Er nannte ein paar Namen, am Anfang Jack Ruby aus Dallas und schließlich den eines Senators, der erst vor einer Woche, am Weihnachtsabend, um genau zu sein, mit seinem Privatflugzeug tödlich verunglückt war. «Das sind nur ein paar», schloß er, «die zufällig zuviel über Frank Sullivan herausgefunden hatten.»
Während der Fahrt nach Harlem zurück sprach Hassan nur ein einziges Wort.
«Verschwiegenheit!» sagte er mit einer tiefgründigen Grimasse.
Der Chauffeur schaute nervös in den Rückspiegel. In seinem ganzen Leben hatte er noch nicht soviel obszöne Bedeutung in einem einzigen Wort gehört.

Eine n-dimensionale Kleinsche Flasche

Gegen Ende des letzten Jahrhunderts leitete der wissenschaftliche und technologische Fortschritt den Liberalismus in die Irre, indem er die Vorherrschaft des Menschen über die Natur verkündete und prophezeite, daß er schon bald den Weltraum beherrschen würde.

Furbish Lousewart V., *Gefahren, wohin man schaut*

Mountbatten Babbit weigerte sich zu akzeptieren, daß er auch Ped Xing war, aber Ped Xing bestand unerbittlich darauf, daß *er* Mountbatten Babbit war.

«Dieser Körper ist nicht groß genug für uns beide», sagte Babbit drohend und befühlte seinen Patronengürtel. «Bis Sonnenuntergang bist du aus meinen Neuronen verschwunden, Fremder, oder es gibt Zunder.»

«Fick dich selbst», sagte Ped Xing.

Babbit konnte seine Wut plötzlich nicht mehr länger zurückhalten und zog den Schlüssel aus dem Halfter. Das Zimmer fegte zum Schlüsselloch hinaus, Babbit schoß durch eine n-dimensionale Klein-Flasche und landete in der Hölle. Die Teufel flogen in Helikoptern umher und beschossen ihn mit seinem eigenen Napalm, *«Yankee go home, Yankee go home»,* sangen sie.

Babbit wachte in Schweiß gebadet auf.

Es war nur ein Traum, nur ein Traum, sagte er sich immer wieder und schnappte verzweifelt nach Luft. Nur ein Traum, nur ein Traum . . .

Aber am nächsten Tag fickte Ped Xing in der Mittagspause eine Sekretärin. Babbit konnte ihn nicht hindern, und so blieb ihm nichts anderes übrig, als seinen Triumph zu teilen, während der Gedanke durch ihre Zellen dröhnte: Ich ficke ein weißes amerikanisches Mädchen, und das in einem Büro, in dem Krieg gegen mein Volk gemacht wird.

GWB-666

Vielleicht sind wir gerade dabei, eine Kultur zu schaffen, die auf Erden und im Himmel unsterblich ist.

Pauwels und Bergier, *Die Entdeckung des ewigen Menschen*

Er weiß wenn du schläfst
Er weiß wenn du wachst

Innerhalb von drei Tagen hatte sich der Sturm im größten Teil des Nordostens zu einem Blizzard ausgeweitet; und Roy Ubu fühlte sich im wahrsten Sinne des Wortes eingeschneit, als er jetzt besonders vorsichtig fuhr und darüber nachdachte, daß der neue Programmchef für das Biest, wie-war-doch-noch-sein-Name, ach ja, Moon, ein besonders spezielles Vergnügen daran zu finden schien, Berge und Berge von Aufzeichnungen durchzuforsten, nur um dann zu beweisen, daß die Aufzeichnungen mangelhaft waren.

Der Schnee peitschte Ubu ins Gesicht, als er parkte und ins GWB hinüberschlitterte, wo er Moon wieder einmal damit beschäftigt fand, nach Herzenslust Kopien von alten Berichten zu durchstöbern, um zum dreiunddreißigstenmal zu demonstrieren, daß jeder einzelne von den verschwundenen Wissenschaftlern irgendwann zwischen Sommer 81 und Frühjahr 82 einfach aufgehört hatte, Tintenspuren oder Tonbandaufzeichnungen zu hinterlassen. Was im Zeitalter der Bürokratie einfach unmöglich war: wie ein Tier, das an einem feuchten Sandstrand keinerlei Spuren hinterläßt.

«Aber das Biest *muß* es einfach wissen», hatte Ubu einmal protestiert.

«GWB-666 weiß *alles,* was je aufgezeichnet worden ist», erklärte Moon geduldig. «Er weiß nicht, was nicht aufgezeichnet wurde. Sie haben hinten keine Augen, und GWB-666 kann nicht ausspucken, was nirgendwo gespeichert wurde.»

«Aber verdammt noch mal, in diesem Land kann keiner irgendwas tun, ohne irgendwelche Spuren zu hinterlassen.»

«Keiner bis auf einhundertzweiunddreißig sehr schwer erfaßbare Männer und Frauen», antwortete Moon ruhig. «Wie Sie sehen, habe ich in ihren Lebensläufen markiert, wo es um Erfahrungen mit Programmierung geht. Achtundsiebzig von hundertzweiunddrei-

ßig haben solche Erfahrungen. Offensichtlich haben sie jede Menge über Annullierungs- und Löschcodes gelernt.»
Roy Ubu raufte sich verzweifelt die Haare. «Zu wie vielen Daten hat dieses Ding Zugang?»
«Über hundertzwanzig Milliarden», sagte Simon. «Fast eine Billion. Noch nie hat es ein derartiges Informationssystem gegeben», fügte er mit einigem Stolz hinzu.
«Aber was die Wissenschaftler angeht, so leiden sie offensichtlich an Amnesie», sagte Ubu bitter.

Schlüssel zu haben

> Die Regierung ist nicht Vermittler von Recht und Ordnung, sondern von Recht und Unordnung.
>
> Wilson und Shea, *Illuminatus!*

An diesem Wochenende kam der Roboter, dessen Paß auf den Namen «Frank Sullivan» ausgestellt war, nach Washington und erstattete einem hohen Beamten des Marinenachrichtendienstes Bericht. Dieser Mann vermutete, daß «Sullivan» ein Doppelagent war, der sich auf Befehl der Luftwaffe bei ihnen einschmuggeln wollte.
Als die üblichen unerquicklichen Geschäfte erledigt waren, erkundigte sich «Sullivan» beiläufig, ob N. I. Interesse an Hassan i Sabbah X. hätte.
«Um Himmels willen, damit will ich nichts zu tun haben», sagte der Beamte entschieden. «Der Kongreß macht uns die Hölle heiß, wenn wir gegen unsere eigenen Leute vorgehen.» Dann fragte er, scheinbar desinteressiert: «Um was geht's denn?»
«Nun, wenn wirklich kein Interesse besteht . . .»
Pseudo-Sullivan starrte geistesabwesend ins Blaue.
Eine kurze Pause folgte.
«Wenn es 'ne große Sache ist . . .», sagte der Beamte schließlich.
«Sullivan» streckte die Hand aus. Eine weitere kommerzielle Transaktion folgte.
«Es geht um einen Wissenschaftler namens George Washington Bridge, der für die Regierung gearbeitet . . .»

Ad Tenebras

LEBENSSPANNE VON 800 JAHREN PROPHEZEIT
Schlagzeile im *San Francisco Chronicle,* 1979

«Miska – was?» fragte Roy Ubu.
«Miskatonisch», wiederholte Geheimagent Tobias Knight. «Hier ist ihr Programm.» Er reichte ihm ein kleines Heft, auf dessen Vorderseite die gotische Skizze eines Buches, einer Kerze, eines umgedrehten Pentagrammes und folgendes Motto abgebildet waren:

MISKATONISCHE UNIVERSITÄT
gegründet 1692
EX IGNORANTIA AD SAPIENTAM
EX LUCE AD TENEBRAS

«Wo zum Teufel ist das?» fragte Ubu.
«New England, irgendwo in Massachusetts . . . ah, da haben wir's, Arkham, Massachusetts.»
«Und wie viele von den einhundertzweiunddreißig haben da studiert?»
«Siebenundsechzig», sagte Knight triumphierend. «Und alle zwischen 66 und 69 . . .»
«Bei Gott, wir sind auf der richtigen Spur», schrie Ubu. «Zwei oder drei könnten Zufall sein, sogar zehn hätten noch nichts zu bedeuten, aber Teufel auch, siebenund*sechzig,* das ist was! Nichts wie hin zur Miskatonischen Universität und rauskriegen, was zwischen 66 und 69 da los war, außer Dope.»

Denn der Weihnachtsmann kommt
in die Staaaadt!

Gorillatheater

Eines Tages im Jahre 1969 ging Mounty Babbit im Lincoln Park spazieren und versuchte, sich zu entspannen und seinen klaren Kopf zurückzugewinnen. Jeder Baum sprach ihn an, die Löwen betrachteten ihn als ihresgleichen, sogar der nervöse Armadill, der unruhig in seinem Käfig auf und ab lief, blieb plötzlich stehen und betrachtete ihn, und ganz deutlich empfing er die Nachricht: «Wie sind wir bloß in diese albernen Körper gekommen?»

«Wir brauchen unsere Körper», antwortete Ped Xing, «genauso wie wir unseren Verstand brauchen, um im dreidimensionalen Kontinuum überhaupt funktionieren zu können. Du erinnerst dich doch wohl, daß wir eigentlich n-dimensional sind?»

«Na klar», signalisierte der Armadill, «wie könnte ich das vergessen?»

Sokrates hatte seinen *Dämon*, dachte Mounty verzweifelt, Jesus hatte seinen Vater im Himmel, Elwood P. Dowd sein riesiges weißes Kaninchen – warum muß ich ausgerechnet einen übergeschnappten vietnamesischen Buddhisten haben?

«Du stellst das Napalm her», antwortete Ped Xing.

Gründlich erschüttert wanderte Babbit weiter zum Primatenhaus, ohne das Schild «Heute geschlossen» zu bemerken. Dort traf er auf zwei Männer mit finsteren Gesichtern und grünen Uniformen und einen Gorilla in blauer Uniform, die eine höchst bemerkenswerte Pantomime durchexerzierten. Einer der Männer hob ein Schild hoch, auf dem stand «WIR FORDERN GERECHTIGKEIT». Darauf besprühte ihn der Gorilla mit einer Dose Rasierschaum. Am Schluß wurde er von den beiden Männern gefüttert.

Effektive Konditionierung. Aber was zum Teufel . . .

Sogar Ped Xing war verwirrt.

Wo zum Teufel

Der Nachtwächter bei Bhavani Imports, ein puertorikanischer Poet und *Santaria*-Schüler namens Hugo de Naranja, war in den Roman *Illuminatus!* vertieft, als der mysteriöse Vorfall passierte. Hugo hielt das Buch für den größten Roman seit *Don Quixote* und war so gefesselt, daß er die merkwürdigen Geräusche zunächst gar nicht bemerkte. Doch langsam drang ihm der beharrliche Sound ins Bewußtsein, riß ihn aus dem ästhetisch exquisitesten Blowjob der gesamten modernen Literatur heraus und versetzte ihn mit einem Schlag in Alarmbereitschaft, als ihm klar wurde, daß da draußen im Dunkeln irgend etwas Merkwürdiges passierte.

Ratten, dachte er.

Nein, das hastige Trippeln von Rattenpfötchen hörte sich anders an. Ein Dieb auf weichen Sohlen, vielleicht auf Strümpfen . . . Nein, auch nicht.

Hugo legte das Buch beiseite. Er nahm die Taschenlampe in die linke Hand und fummelte mit der rechten herum, bis er endlich die Pistole im Halfter fand. Irgendwas war doch da los in der dunklen Leere der Lagerhalle. Er mußte nachschauen und etwas unternehmen. Er wünschte, er hätte nicht so viele *Women's Lib-Pamphlete* gegen *Machismo* und Papa Hemingway gelesen. Er wünschte, er könnte noch an die *Macho*-Werte glauben. Er wünschte, er hätte mehr *cojones* oder einen anderen Job.

Er trat aus seinem gemütlichen kleinen Büro heraus, leuchtete mit der Taschenlampe um sich und erinnerte sich dabei an das Zitat seines Lieblingsphilosophen: «Der gewöhnliche Mann hat Probleme. Der Krieger kennt nur Herausforderungen.» Da erblickte er den Eindringling.

Eine *Katze*. Es war bloß eine Katze, die für einen Moment im Lichtkegel der Taschenlampe gefangen war und dann tiefer ins Dunkel jagte, während das Licht sie zu verfolgen suchte. Plötzlich hatte er sie wieder, und da stand sie doch um Himmels willen tatsächlich auf dieser gräßlichen Platte mit dem amputierten Penis, und ihre goldenen Augen glitzerten fast weiß im Lichtstrahl. Eine Katze, die auf einem Penis hockt – das stammt doch geradewegs aus dem Dadaismus oder dem Surrealismus.

«Weg», schrie Hugo, mittlerweile echt belustigt. «Rrrrr! Hau ab! Mach daß du wegkommst!»
Dann sprang die Katze los, und Hugos Taschenlampe sprang hinterher auf die Erde, wo sie landen mußte, sollte, würde – *es aber nicht tat*. Der Lichtkegel flog rasch zurück, beschrieb ein paar Kreise in der Luft, und plötzlich dachte Hugo: *Jessas, ich hab ja gar nicht gehört, daß sie irgendwo gelandet ist, nicht mal ein leises Katzentapsen*. Suchend kreiste seine Taschenlampe hin und her. Die Worte «Sie ist mitten in der Luft verschwunden» formten sich, wurden unterdrückt (das *gab* es nicht), und für einen Moment ruhte der Lichtstrahl auf dem herausfordernd aufgerichteten Penis ohne Mann (was für ein *hijo de puta*), bis er die Frage, die ihm auf der Zunge lag, plötzlich laut hörte – das Laster der Nachtwächter, Selbstgespräche zu führen, dem er bisher immer widerstanden hatte:
«Wohin zum Teufel ist sie gesprungen? Wohin zum Teufel?»

Die Enteigneten

Mounty Babbit lernte es einfach nicht, sich mit Ped Xing zu arrangieren. Zum Schluß erlitt er einen echten Nervenzusammenbruch. Die Ärzte bezeichneten ihn jedoch auf Grund seiner Vermögensverhältnisse selbstverständlich stets nur als katathymische Krise.
Der Kollaps passierte auf einer Dinnerparty, mehr als Pech.
Die Moons waren mal wieder zu Gast, und diesmal hatten sie auch ihren Neffen Simon mitgebracht – einen bärtigen jungen Mathematiker, dessen Vater, das schwarze Schaf der Familie, ein Wobbly-Anhänger war. Simon selbst war letztes Jahr während der Unruhen beim Parteitag der Demokraten verhaftet, jedoch bald wieder auf Bewährung freigelassen worden.
Alles ging gut, bis Molly Moon auf ihr Lieblingsthema zu sprechen kam: orientalische Meister, die in westliche Körper eindringen, um ihre transzendentale Mystik zu vermitteln.
Joe Moon mußte Mountys Gesichtsausdruck bemerkt haben, denn plötzlich sagte er: «Molly, vergiß bitte nicht, daß unser Gastgeber Wissenschaftler ist.»

«Und Stier», sagte Molly schnell, «ich weiß, wie schwer es für ihn ist, spirituelle Wahrheiten zu akzeptieren.»
«Er langweilt dich schließlich auch nicht mit der neuesten chemischen Fachsimpelei», sagte Joe sanft. «Ich bin sicher, daß du ihn nicht mit dieser Astrologie, oder was das sein soll, nerven mußt.»
«Das ist keine Astrologie. Es geht um Astralprojektion.»
«Für mich klingt das jedenfalls ziemlich astral», sagte Joe und lachte so laut er konnte, in der Hoffnung, die andern würden einstimmen und alles löste sich in einen Witz auf.
Der junge Simon jedoch machte sich seine eigenen Gedanken zu dem Thema. «Tante Molly hat vielleicht gar nicht so unrecht», sagte er gedankenverloren. «Das Einstein-Rosen-Podolsky-Paradoxon führt eventuell zu ein paar äußerst merkwürdigen Möglichkeiten. Jede primitive Gruppe der Welt hat so etwas wie eine magische Tradition. Und sie versuchen alles mögliche, um die weiße Vorherrschaft zu stoppen.»
«Nun fang bloß noch mit deinen radikalen Sprüchen an», warnte Joe.
«Ich spreche nicht von Politik», sagte Simon unschuldig. «Überall auf der Welt gibt es Menschen, die mit uns tauschen wollen. In unseren komfortablen Wohnungen leben. Unsere extravagante Nahrung essen. Unsere Autos fahren. Wir wissen schon eine ganze Menge über das Raum/Zeit-Kontinuum, aber wir wissen weniger über das Raum/Mind-Kontinuum als Asien oder Afrika. Was ist zum Beispiel mit den amerikanischen Indianern? Würden ihre Magier nicht mit Freuden eine Zeitlang in weiße Körper schlüpfen? Tragen darum so viele junge Leute indianische Stirnbänder, nehmen indianische Drogen wie Peyote und ziehen aus den Städten in die Wälder hinaus? Hat dir noch nie ein Schwarzer aus dem Chicagoer Getto dein Auto geklaut? Meinst du nicht, sie würden dir auch gern deinen Körper klauen?»

Primatenevolution

> Der hedonistische, neurosomatische Schaltkreis und der relativistische metaprogrammierende Schaltkreis müssen irgendeine evolutionäre Funktion haben. Ich nehme an, daß sie uns auf die außerirdische Auswanderung vorbereiten sollen.
>
> Sir Henry Adams, *The Vagina and the Bevetron*

Galaktische Archive:

Jeder domestizierte Primat auf Terra war ein wandelndes archäologisches Museum. Das Nervensystem eines Primaten hatte ihre gesamte Evolution gespeichert.
Der Bio-Überlebens-Schaltkreis, der in der oralen Saugphase geprägt wurde, war chemisch in das selbstständig funktionierende Nervensystem und den Hirnstamm eingebunden. Er existierte in nullklassiger neurologischer Zeit, das heißt, er funktionierte ohne jeden bewußten Entscheidungsprozeß, so daß die *Zeit* als solche bei diesem Prozeß nicht erlebt wurde. «Plötzlich ertappte ich mich eben dabei», sagte der verdutzte Primat, wenn er für seine Tapferkeit ausgezeichnet wurde, oder wenn man ihn wegen seiner Feigheit vor ein Kriegsgericht stellte.
Der Gefühls-Schaltkreis, der in der anal-territorialen Krabbelphase geprägt wurde, war chemisch in den Thalamus eingebunden. Er existierte in mittelschneller neurologischer Zeit, das heißt, Primaten reagierten häufig automatisch auf emotionale Stimuli, manchmal mußten sie aber auch mit emotionalen Entscheidungen kämpfen und wurden sich plötzlich, während sie noch überlegten, ganz deutlich der verfliegenden Zeit bewußt.
Der semantische Schaltkreis, der von menschlichen Sprechformen und Artefakten geprägt wurde, war chemisch in die linke Hemisphäre des Gehirns eingebettet. Er existierte in mittlerer neurologischer Zeit – wenn sie mit ihren verbalen Kategorien jonglierten, waren sich die Primaten ihres Denkens stets bewußt.
Der sozio-sexuelle Schaltkreis, der von den ersten Paarungs- oder Orgasmuserfahrungen geprägt wurde, war chemisch in die linke Neo-Hirnrinde eingebettet. Er existierte in mittellangsamer neurologischer Zeit und sorgte dafür, daß die Primaten Pläne für die

Zukunft machten, an Alter und Tod dachten und Hoffnungen für ihre Kinder entwickelten.

Der neurosomatische Schaltkreis, der von außerplanetarischen Reisen (Null-Schwerkraft) oder Neurotransmitter-Chemikalien geprägt wurde, war chemisch in die rechte Neo-Hirnrinde eingebunden. Er existierte in sehr langsamer neurologischer Zeit und verhalf den Primaten, die ihn entwickelten, zu einer hedonistischen und lockeren Einstellung – einem permanenten Hirn-High.

Der metaprogrammierende Schaltkreis, der durch diszipliniertes Training in den Neurowissenschaften geprägt wurde, war chemisch in die Stirnhöhle eingebunden. Er existierte jenseits von Zeit und verhalf den Primaten, die ihn entwickelten, zu einer Multiple-Choice-Einstellung der Realität gegenüber und zu einem Verständnis der Quantenphysik und Crowley's *Laws of Magick*.

Zurück zu den Flammen

> Wenn wir heute von Unsterblichkeit sprechen und von der Möglichkeit, andere Welten zu besuchen, dann meinen wir das nicht mehr in einem streng theologischen oder metaphysischen Sinn. Heutzutage sehnt sich die Menschheit nach Unsterblichkeit. Sie reist zu anderen Welten. Transzendenz ist kein metaphysisches Konzept mehr. Sie ist Wirklichkeit geworden.
>
> F. M. Esfandiary, *Upwingers: A Futurist Manifesto*

«Das ist doch Unsinn», sagte Molly Moon 1969 ärgerlich. «Diese ganzen zurückgebliebenen Jugendlichen, von denen du da sprichst, konnten die höheren spirituellen Künste ja gar nicht verstehen . . .»

«Mounty, du bist Wissenschaftler», sagte Joe Moon beschwörend. «Erklär Simon, was an seiner Theorie verkehrt ist.»

«Jedermann hat das Recht, sich Theorien auszudenken», sagte Babbit bedächtig. «Aber die Wissenschaft stützt sich auf Beweise. Du kannst 1 000 001 Theorien aufstellen, aber wenn du für ein Unternehmen arbeiten willst, mußt du Theorien produzieren, die von Ingenieuren benutzt werden können. Die eine von Millionen Theorien, die du auch beweisen kannst. Alles andere ist reine Spekulation.»

«Genau.» Joe Moon strahlte vor Freude. «Diese Wirrköpfe sollen sich ihr Recht, in Evanston zu leben, erst mal verdienen, sag ich immer.»
«Trotzdem, diese Theorie *könnte* nachgeprüft werden», fuhr Simon unschuldig fort, aber Babbit wußte haargenau, daß er sie alle nur ködern wollte. «Wenn eine solche, ähh, Invasion stattfinden würde, dann gezielt auf Leute in wichtigen Positionen. Geschäftsleute. Regierungsbeamte. Leute mit Zugang zu den Medien. Findet sie und untersucht mal, ob sie nicht in letzter Zeit alle ein bißchen wirr im Kopf sind . . .»
Langsam senkte sich der Helikopter, und die Erde stand in Flammen. Meine Tochter rannte auf mich zu, brennend und schreiend. Wieso war da eine amerikanische Flagge auf dem Helikopter und kein Hakenkreuz? War es Calley oder Eichmann, der mich mit flehenden Augen anstarrte und um Verständnis oder Vergebung bat?
Tag für Tag fiel Napalm vom Himmel. Tag für Tag starben schreiende Kinder, die bei 1000 Grad Celsius verbrannten. Monat für Monat, Jahr für Jahr zerstörte das Feuer die Welt, Ped Xings Welt. Er saß im Lotossitz, seine *Shakti* auf dem Penis, ihre Augen ineinander verhakt, bis die neurologische Synergie sie ergriff: sie waren Eins. Und dann waren auch die anderen da, all die Seelen aus der Raum/Zeit, die den neuro-atomaren Schaltkreis bewegten: der herausragende Intellekt eines Beteigeuze, Nicholas und Perenella Flamel, Bruno und Elisabeth, Cagliostro, und während sich die Zeitspirale langsam öffnete, kam Galaxis um Galaxis hinzu, undeutlich erschien der Sternenmacher, und der erste Sprung wurde möglich.
Er war eine Knospe, eine Rosenknospe in England. Ein Dichter betrachtete ihn, und er betrachtete den Dichter: «Die Rosen sehen aus wie Blumen, die betrachtet werden», war das Ergebnis dieses Augenblicks.
SiEr war eine Mikrobe, die zaghaft in einem zähen Ozean herumwirbelte.
Er war ein Archivar von Terra, der zurückschaute auf den Aufstieg und Fall des amerikanischen Reiches.
SiEr war Mountbatten Babbit aus Evanston, Illinois – ein guter, schnell zupacken, das war einer der Mörder, festhalten –
Dr. phil. Mountbatten Babbit merkte plötzlich, daß alle am Tisch

ihn anstarrten. Dann merkte er, daß er schluchzte. «O Gott», sagte er, eine arme Seele am Ende ihrer Kraft, «o Gott, Gott, Gott . . .»
Man erklärte es mit einem Nervenzusammenbruch infolge von Überarbeitung. Es wurde kein Psychiater hinzugezogen, Ehrgeiz verbot dieses Risiko, statt dessen fand man einen klinischen Psychologen aus der behaviouristischen Schule an der Fakultät der Northwestern University, und Babbits Besuche bei ihm wurden als Beratungen in Sozialpsychologie für Manager getarnt.
Mounty und der Psychologe erklärten Ped Xing zu einer Halluzination, die durch negative Konditionierungen von pazifistischen Demonstranten vor dem Gebäude der Weishaupt Chemicals ausgelöst worden sein mußte. Man erarbeitete eine Methode der De-Konditionierung, einschließlich Hypnosetechniken und Aversionstherapie gegen jede Manifestation der Ped Xing-Persona. Der aversive Stimulus war Apomorphin, ein nicht süchtig machendes Morphiumderivat, das Erbrechen und Todesvisionen verursacht. Am Anfang tauchte Ped Xing bei solchen Gelegenheiten noch auf und bat und bettelte: «Schick mich nicht zurück in die Flammen . . .» Später wurde er trotzig: «Wir kommen zurück, Millionen von uns aus der ganzen dritten Welt. Wir werden in euren fetten weißen Körpern leben. Eure Industrieunternehmen und Bürokratien übernehmen. Die ganzen Siebziger und Achtziger hindurch. Wir kommen wieder.»
Wie die Theorie der Aversionstherapie prophezeit, wurde Ped Xing schließlich ausgelöscht.
Jenseits von Freiheit und Würde sicher etabliert, wurde Mounty Babbit zum Prototyp eines konditionierten Subjekts. 1982 gab er seine Position als Präsident der Weishaupt Chemicals auf und wurde Sonderwissenschaftsberater im Weißen Haus.

Noch ein Eigenzustand

Das was verboten ist, ist nicht erlaubt.

John Lilly, *Das Zentrum des Zyklons*

O how money makes me hum O how money makes me hum O how money makes me hum

Benny Benedict arbeitete an seinem neuen Mantra und merkte gar nicht, daß er ein ganz schönes Stück von dem ursprünglichen Sanskrittext abgekommen war.

O how money makes me hum O how money makes me hum O how money makes me hum der Zweck des Leidens liegt darin, uns mit den wichtigen Fragen zu konfrontieren, was für ein Kerl ein Bühnenmagier er sagte *O how money makes me hum O how money makes me hum*

Er war an der Ecke Lexington und 23. Street angekommen.

Pablo Gomez trat aus dem Toreingang und schlug Benny von hinten ein Eisenrohr über den Schädel.

O Mama bring mich heim o Mama bring mich heim . . . Benny explodierte ins weiße Licht.

Glücklicherweise kam genau in diesem Moment der letzte Einwohner Manhattans mit einem Sinn für mitmenschliche Pflichten um die Ecke. James Mortimer trug immer eine Trillerpfeife bei sich, denn er wußte, daß er immer noch in einer brutalen Gesellschaft lebte. Er pfiff ein paarmal laut und schrill. Pablo Gomez floh, ohne Beute ergattert zu haben, und der Krankenwagen kam gerade noch rechtzeitig, um Benny ins Hospital zu bringen und sein Leben zu retten.

Verkehrte Zimmer

Die Arbeitsteilung zwischen der linearen linken Gehirnhälfte (Pawlowscher Hund) und der rechten Quantenhälfte (Schrödingers Katze) wird präwissenschaftlich vorweggenommen in Nietzsches Dichotomie des Appolonisch-Rationalen und des Dionysisch-Ekstatischen.

Leary und Wilson, *The Game of Life*

Der sogenannte «Nervenzusammenbruch» Hassan i Sabbahs X. machte nicht viel Wirbel, der *Cult of the Black Mother* war in der Presse noch nie so ausführlich betrachtet worden wie beispielsweise die Nation des Islam oder die *Black Panthers*. Die New Yorker *News-Times-Post* erwähnte Hassan in einer kurzen Reportage nur als «einen bekannten Nachtclub-Besitzer aus Harlem», und der Reporter hatte nicht mal gründlich genug recherchiert, um zu wissen, daß Hassan auch der Leiter einer Sekte mit mehr Mitgliedern als die *Missouri Synod Lutherans* war. Aber was soll's, die Sekte der Schwarzen Mutter hatte sich sowieso nie was aus der Presse gemacht. Selbst die *Amsterdam News* bezeichnete sie, ohne sich ihrer eigenen Mitgliedschaft bewußt zu sein, als eine «kleine Kirche».

Hassan war in völlig durchgedrehtem Zustand ins Bellevue Hospital eingeliefert worden, unter persönlicher Aufsicht zweier seiner früheren Adjutanten. Die Psychiater erklärten ihn schnellstens für «paranoid und schizophren» und verschrieben ihm die stärksten Tranquilizer, die es überhaupt gab und die ihn auch wirklich ziemlich schläfrig machten, wenn er nicht gerade im Koma lag. Doch als er endlich soweit war, alle Energie zu sammeln, um aus seiner Lethargie aufzutauchen und wieder zu sprechen, wiederholte er nur monoton jedem Insassen oder Pfleger des Krankenhauses, der in seine Reichweite kam: «Hören Sie, ich gehöre nicht hierher. Irgendwas Schreckliches ist passiert. In Wirklichkeit bin ich der Präsident dieses verfluchten Landes . . .» und so weiter, mit endlosen Ausführungen und Details.

«Eine tief verwurzelte Psychose», entschieden die Psychiater und begannen eine Serie von Elektroschocks.

Doch jedesmal, wenn dieser übergeschnappte Schwarze aus seiner

Benommenheit erwachte, fing er mit seinem schizoiden Gefasel von vorne an: «He du, paß auf, ich bin in Wirklichkeit der Präsident dieses verdammten Landes . . .»
Die Elektroschocks wurden verstärkt. Hassan zog sich in ein permanentes Koma zurück und hörte auf, Leute zu belästigen. Mittlerweile war sein Gehirn zur Konsistenz eines White Tower-Rühreis zusammengegrillt worden und seine Eindrücke von der äußeren Welt bestanden fast nur noch aus Gerüchen und Geräuschen, wie die eines anormalen Spielzeugpudels. Er regte sich nicht mehr auf, denn er verstand so abstrakte Konzepte wie Ego-Behauptung oder Identität einfach nicht mehr. Die Psychiater waren zufrieden. «Wenn man einen Verrückten schon nicht kurieren kann», war ihr stillschweigendes Übereinkommen, «dann muß man ihn wenigstens daran hindern, auf der ganzen Station herumzurennen und die Leute zu belästigen.»
Eines Tages sprachen einmal zwei FBI-Agenten privat über diesen Fall.
«Glaubst du, daß es die CIA war?» fragte der eine, Tobias Knight.
«Du meinst, ob er für sie gearbeitet hat?» fragte der andere, Roy Ubu, zurück. «Das hab ich auch schon immer gedacht. Aber warum sollten sie seinen Kopf so zurichten, wenn nur der Himmel allein weiß, was er hier irgendwelchen Verrückten vorquatscht, die irgendwann mal entlassen werden und es einem Reporter weitererzählen? Ne ne, so arbeitet die CIA nicht. Die würden einfach . . .» Er fuhr sich mit einem Finger über die Kehle.
«Ich glaube nicht an Zufälle», meinte Knight stur. «Irgendwer hat ihn auf dem Gewissen.»
«Irgend*was*», korrigierte Ubu mit düsterem Unterton. «Du weißt genausogut wie ich, was es war. Ein Hexer.»
«Ein Voodoo-Mann», verbesserte Knight.
«Was auch immer. Jeder, den wir hierhergebracht haben, starb an Herzversagen, stimmt's?» Ubu schaute sich über die Schulter. «Offiziell glaubt das Büro nicht an Hexer. Aber ich sage dir, was *meiner* Meinung nach mit Mister Hassan i Sabbah X. passiert ist. Er hat etwas beschworen, was er nicht beherrschte.»

Das Schloß ist ein Loch

Alles nicht Zwingende ist verboten.
T. H. White, *Das Buch Merlin*

Dr. Francis Dashwood, elegant, ordentlich begütert und noch keine vierzig, kam an diesem Morgen genau um 8 Uhr 57 auf dem Gelände der Orgasm Research Foundation an. Als er seinen schnittigen MG auf dem für Angestellte reservierten Parkplatz geparkt hatte, schaute er nochmals auf seine Armbanduhr. Es war 8 Uhr 58. Exzellent. Ein paar Schritte, und er saß vor seinem Schreibtisch, noch ehe die Bürouhr 9 Uhr zeigte. Wieder einmal hatte er Pünktlichkeit demonstriert (ein Beweis für seine anal-geprägte Persönlichkeit, hätten die albernen vorwissenschaftlichen Freudianer gesagt), die soviel dazu beigetragen hatte, daß er seine jetzige hohe Position in der medizinischen Forschungsbürokratie der Vereinigten Staaten erreicht hatte.

Dr. med., Dr. jur., Dr. phil. Frank Dashwood war schon im Alter von 38 Jahren Leiter der am höchsten subventionierten und umstrittensten Institution der Welt: Orgasm Research, ein Multi-Millionen-Dollar-Projekt, das sich zur Aufgabe gemacht hatte, die psychologischen Fragen zu klären, die in der Pionierforschung von Masters und Johnson vor zwei Jahrzehnten übergangen worden waren. Da dieser psychologische Komplex «nicht nur psychologisch, sondern auch recht vage» war, wie Dr. Dashwood manchmal witzig bemerkte, nahm das Forschen – und mittlerweile auch die Subventionen – kein Ende mehr.

Laut Analyse eines Managementforschers gehörte Frank zu den siebzehn männlichen Personen der Vereinigten Staaten, die mit ihrem Job völlig zufrieden waren.

Andere Kollegen beobachteten diese Tatsache manchmal mit einem gewissen Neid. «Welcher einigermaßen normale Mann», hatte einer von ihnen einmal gesagt, «wäre wohl nicht zufrieden, wenn er anderen Leuten beim Orgasmus zugucken könnte und dafür auch noch runde 60 000 Dollar im Jahr kassiert?»

Aber das war einem echten Wissenschaftler gegenüber doch etwas unfair. Dr. Dashwood war wirklich von Orgasmen besessen, so wie Edison von der Elektrizität, und er interessierte sich für alle mögli-

chen Faktoren, für das kleinste Zucken, Kribbeln, Stöhnen, Grunzen, Keuchen, Schluchzen, Schaudern oder Heulen, das mit diesem dramatischen biologischen Krampf einherging. Mehr noch, er war fasziniert von Linie, Kurven, Durchschnittswerten, Graphiken und allen möglichen Aspekten der Mathematik, die sich sauber darstellen ließen. Für ihn bestand die Welt nicht aus «Dingen», aus groben Disneyland-Trickfilmen, die von unseren primitiven Nervensystemen projiziert wurden, sondern aus Energieverflechtungen. Ohne je von Zen-Buddhismus gehört zu haben, teilte er intuitiv die Vision des sechsten Patriarchen Hui Neng: «Von Anbeginn an ist kein *Ding* gewesen.» Dr. Dashwood lebte in einem Universum von Transaktionen, die sich als Gleichungen ausdrücken und auf Millimeterpapier darstellen ließen.
Über seinem Schreibtisch hing ein Spruch, den ihm eines Tages ironischerweise ein äußerst skeptischer Freund vorgeschlagen hatte. Aber Dr. Dashwood fand ihn überhaupt nicht zum Lachen und machte ihn zu seinem persönlichen Motto:

WISSENSCHAFT, REINE WISSENSCHAFT
UND VERFLUCHT SEI DER,
DER ZUERST RUFT:
«HALT, ZUVIEL!»

Bei seinen hochbezahlten Vorträgen vor medizinischen Kongressen, psychiatrischen Konferenzen, Y. M. C. A.s und P. T. A.s pflegte er immer zu sagen: «Es ist einfach nicht wahr, daß man alle Orgasmen gesehen hat, wenn man einen gesehen hat. Nun, Heraklit, ein großer griechischer Philosoph, der über 109 Fragmente verfaßt hat, hat einmal gesagt, daß man nie zweimal in den gleichen Fluß treten könne, weil sich nicht nur das Wasser, sondern auch man selber inzwischen geändert habe. Tja, und genausowenig kann man den gleichen Penis zweimal in die gleiche Vagina stecken.»
Dr. Dashwood hatte bis jetzt 23 017 Orgasmen beobachtet, und seine Neugier war ungebrochen.
Als er sich an seinen Schreibtisch setzte, entdeckte er, daß seine Sekretärin, Miss Karrige, ihm schon Kaffee bereitgestellt hatte. Fein: Das Mädel (die weibliche Person, verbesserte er sich hastig) kriegte wirklich allmählich Format. Er holte sein Thermometer aus

der Schublade und maß die Temperatur der schwarzen Flüssigkeit nach: 33 Grad. Exzellent. Sie lernte, sich seinen hohen Ansprüchen anzupassen.
Ungenauigkeit oder Schlamperei bei menschlichen Tätigkeiten konnte Dr. Dashwood nämlich auf den Tod nicht ausstehen. «Eine Sache, die es wert ist getan zu werden», erklärte er seinen Untergebenen bei solchen Gelegenheiten, «ist es auch wert, richtig getan zu werden.» Das sagte er ziemlich oft, und böswillige Mitarbeiter seines Teams sagten es sogar noch öfter, wenn er außer Hörweite war, wobei sie seinen Ton und den dazugehörigen Gesichtsausdruck nachäfften.
Mit einem Lächeln auf den Lippen und funkelnden Augen läutete Frank Dashwood nach Miss Karrige. «Nun, was liegt denn heute als erstes an?», fragte er munter.
Das Durcheinander wuchs und wuchs: Der Schlüssel war gar kein Schlüssel.

Funny Valentine

> Megalithische Monumente waren mit Sicherheit keine Gedenkstätten, sondern Zufluchtsorte für Menschen, die sich vor dem Vormarsch des Schlamms retten wollten.
>
> Furbish Lousewart V., *Gefahren, wohin man schaut*

Während Dr. Dashwood in San Francisco nach seiner Sekretärin läutete, schraubte Starhawk auf einem Hügel gegenüber der Bay in Oakland sorgfältig zwei Kletterhaken in die Felswand. Das erste Seil war mit einem Haken an seiner Taille gesichert, lief dann durch eine Rolle und zurück zu seiner Hand. Das zweite Seil war um seine Brust geschnürt, lief durch eine zweite Rolle und war an einem Baum gesichert. Er fing an, sich langsam durch die Bäume hindurch abzuseilen.
Zuerst konnte er zu ebener Erde überhaupt nichts erkennen, aber als er tiefer kam, sah er plötzlich das Dach von Murphys Haus und ein Stück Garten. Von den Nachbarhäusern war keins erkennbar. Als er sich Murphys Dach näherte, verlangsamte Starhawk seine

Geschwindigkeit und hielt dann ganz inne. Er drehte sich mitten in der Luft um und setzte den Abstieg jetzt kopfüber fort, jeden Muskel gespannt, die Beine eng aneinander gepreßt, ganz im Stil eines professionellen Kunstturmspringers. Schweißperlen bildeten sich auf seinen Lippen. Er bewegte sich völlig geräuschlos.
Um ein Haar hätten sich zweimal beinahe die Zweige der Bäume in seinen Seilen verheddert. Auch das Entwirren machte keinerlei Geräusch.
Schließlich bekam er mit der linken Hand den Dachfirst zu fassen, gab mit der rechten etwas Seil nach und ließ sich weiter hinunter, bis er, immer noch auf dem Kopf schwebend, in eine Ecke des Fensters spähen konnte. Es war das Schlafzimmer. Murphy war nicht da. Das Bett war ungemacht.
Starhawk zog sich hoch, schwang ein Stück weiter und seilte sich wieder ab, um das nächste Fenster zu inspizieren. Das Wohnzimmer. Murphy saß mit ausdruckslosem Gesicht in einem roten Plüschsessel. Aus der Stereoanlage kam Musik. Hinter ihm lehnte ein Gewehr an der Wand.
Starhawk zog sich Zentimeter für Zentimeter wieder zurück und schwang sich zum nächsten Fenster. Nach fünf Minuten, in denen kein Laut zu hören war, war er sicher, daß sich in den anderen Zimmern keiner mehr aufhielt. Er zog sich langsam aufwärts, bis er einen Ast in einem Baum fand, von dem aus er Eingang und Vorgarten beobachten konnte. Er wartete.
Aus der Stereoanlage schwebte die Musik zu ihm herüber. Peggy Lee sang *My Funny Valentine*.

Privilegierte Personen, welche die Schlüssel besaßen

Ich breche aus . . . ich breche aus . . .

Humphrey Bogart, als Roy Earl in einem Alptraum in *High Sierra* (Drehbuch von John Huston)

Terranische Archive, 2803:

Natürlich war sich Robert Anton Wilson völlig im klaren über den Kontext, in dem Allen Ginsberg 1970 geschrieben hatte: «Wir leben alle in Science-fiction», aber erst im April 1976 begann er daran zu glauben, daß er selbst in einer Welt aus Science-fiction existierte. Dieser Gedanke kam ihm, als er eine Woche beim UN Habitat Forum in Vancouver (ein Teil des ehemaligen Kanada) verbrachte. Wilson war als Pressesprecher und Werbemanager für die L-5 Society gekommen, einer Gruppe, die davon überzeugt war, daß die einzige Antwort auf alle Energieprobleme, die das Habitat Forum diskutierte, Raumindustrialisierung heißen mußte.

«Ich existiere in einem Science-fiction-Roman, den ich vor mehr als zwanzig Jahren gelesen habe», schrieb Wilson in einem Brief. «Er hieß *The Man Who Sold The Moon* und war von Robert Anton Heinlein. Der Held des Romans war ein Typ namens Harriman, der sah, daß die Zeit für Raumbesiedlung endlich gekommen war. In unserer Welt ist es Gerard O'Neill, der die L-5-Raumstadt entworfen hat. Im Roman gab es eine Handvoll Medienexperten, die Harriman anheuerte, um seine Idee zu verkaufen. In dieser Welt bin ich einer von ihnen, einer von O'Neills Presseagenten. Wir alle leben nach Heinleins Drehbuch.»

Nachdem er nach Berkely zurückgekehrt war, entwickelte Wilson diese Idee mit der für ihn charakteristischen Monomanie weiter. Er machte Reklame für die lokalen Kryonik-Niederlassungen; Wissenschaftler, die sich mit der kryonischen Aufbewahrung von Körpern nach dem Tod und Lebensverlängerung beschäftigten. Und war das nicht auch ein Science-fiction-Thema, ein Roman, der schon tausendmal geschrieben worden war?

Daneben hielt Wilson Vorträge vor der *Physics Consciousness*

Research Group in San Francisco, einer Gruppe von Physikern, die versuchte, die sogenannten «okkulten» Beobachtungen aus der Parapsychologie mit Hilfe neuer Quantentheorien zu erklären. Und auch das war ein Sujet, das er schon aus diversen Science-fiction-Klassikern kannte.

Selbst Wilsons zeitweilige Vorstellung, via Telepathie mit Höheren Intelligenzen vom Sirius in Verbindung zu stehen, war nichts anderes als ein Science-fiction-Drehbuch.

«Ich existiere in einer Science Fiction-Welt», schloß er, «während meine alten okkulten Freunde noch immer in Fantasyromanen leben und der Großteil der Bevölkerung, speziell die Intellektuellen an der Ostküste – sich in ziemlich düsteren, naturalistischen Schwarten aus den Dreißigern verheddert haben.»

Das Eichhörnchen

Wer den Himmel grün malt, sollte augenblicklich sterilisiert werden.

Furbish Lousewart V., *Gefahren, wohin man schaut*

Starhawk wartete eine Dreiviertelstunde und ließ sich dann wieder an seinem Seil herunter. Murphy war nicht mehr im Wohnzimmer. Und das Gewehr war auch weg.

«Was ist jetzt los?» murmelte Starhawk.

Vorsichtig schwang er sich zum Schlafzimmerfenster hinüber. Das Gewehr lehnte an der Wand neben dem Klo.

Murphy kam aus dem Klo und hob es auf. Vorsichtiger Bursche, dieser Murphy, geht nie ohne seine Knarre los, wenn er circa eine Million an heißem Schnee rumliegen hat.

Murphy sah jetzt ziemlich zufrieden aus. Eigentlich sah er aus wie der zufriedenste Mensch, den Starhawk je gesehen hatte.

Starhawk kehrte zu seinem Hochsitz im Baum zurück. Offensichtlich hatte Murphy sich einen Koksschnief gegönnt und fühlte sich jetzt wahrscheinlich wie Luke Skywalker auf dem Weg zum Todesstern. Starhawk wartete in Ruhe ab. Es war gut zu wissen, wo das Kokain war.

Ein paar Minuten später verirrte sich ein Eichhörnchen auf einem überhängenden Ast und wäre um ein Haar über Starhawks Seil gelaufen. Es blieb stehen, starr vor Schreck und unfähig zu glauben, daß es tatsächlich ein menschliches Wesen war, das hier oben im Baum hockte.
Starhawk und das Eichhörnchen starrten sich beide regelungslos an. Dann zischte das Eichhörnchen los.
Starhawk lächelte. Geduldig wartete er weiter.

Die erste Säugetier-Roboter-Dyade

> Menschliche Wesen (inklusive Wissenschaftler) sind verpuppte Roboter, die (1) von einem genetischen Schaltplan, (2) von neuralen Prägungen und (3) von sozialer Konditionierung programmiert werden.
>
> Leary und Wilson, *The Game of Life*

Dr. Dashwood läutete nach Miss Karrige. «Nun, was liegt denn heute als erstes an?» fragte er munter. Wie immer am Montagmorgen brannte er darauf, direkt zum Kern der Sache zu kommen.
«Der, ähh, farbige Herr aus New York», kam die scheppernde Stimme aus seinem Sprechgerät.
«Schicken Sie ihn rein», sagte Frank eifrig.
Robert Pearson trug einen Anzug, den er speziell für Verhandlungen mit dem straigthen Establishment reserviert hatte, und das bedeutete, daß er genauso aussah wie ein schwarzer Mafiaboss, der es mit einem echten Konzern zu tun hat. Man mußte schon zweimal hingucken, ehe man überhaupt bemerkte, daß er eine Spur zu dick aufgetragen hatte, um einen wirklich konservativen Eindruck zu machen. «Und Sie haben die, ähem, Ware wirklich bei sich?» fragte Dr. Dashwood.
«Andernfalls würde ich Ihnen Ihre kostbare Zeit nicht stehlen», meine Pearson vorsichtig.
«Und er ist auch wirklich nicht schlaff? Schlaffe kriege ich nämlich massenhaft vom *John Hopkins Sex Change Department*. Dieser hier muß ja völlig erigiert sein, und ich kann mir einfach nicht vorstellen, wie Sie das geschafft haben . . .»

Pearson holte ein kleines Päckchen aus seinem Aktenkoffer. «Sehen Sie selbst», sagte er.
Dr. Dashwood untersuchte die grausige Trophäe mehrere Minuten lang sehr sorgfältig. Pearson lehnte sich währenddessen zurück und steckte sich eine schwarze Sherman-Zigarette an. Er fragte sich, wie überrascht Dashwood wohl sein würde, wenn er von seinem eigenen längst vergessenen Dr. phil. oder seiner Karriere als Leadgitarrist bei Clark Kent und seinen Supermen sprechen würde. Für Dashwood war er nichts weiter als ein x-beliebiger schwarzer Gangster, mehr wußte er nicht und mehr interessierte ihn auch nicht.
«Ja, er ist echt», sagte Dr. Dashwood schließlich. «Ein schönes Exemplar», fügte er wissenschaftlich distanziert hinzu. Dann schaute er sich Pearson mit unverhohlener Neugier an. «Entweder Sie haben einen Freund, der unbedingt Geld braucht, oder einen Feind, der weiß, was es heißt, Sie in Wut zu versetzen», kommentierte er milde.
Jetzt begann das Feilschen. Pearson nahm die Mittagsmaschine nach New York mit zehntausend Dollar in der Tasche, die später auf irgendeine Weise nach Afghanistan gelangten und in Form von Haschisch wieder zurückfanden.
Mittlerweile befand Dr. Dashwood sich im M. O. Q.-Labor für den mehrfachen Orgasmusquotienten und legte letzte Hand an die Verbesserung seiner A. C. E.-Anlage. A. C. E. stand für Artificial Coitus Equipment (Künstliche Koitusanlage). Sie war vom Masters/Johnson-Team erfunden worden und bestand aus der Plastikimitation eines Penis, der über eine mikro-fotografische Ausrüstung verfügte und das Innere einer Vagina stimulierte, während er gleichzeitig eindeutiges, fotografisches Beweismaterial für die akuten physiologischen Veränderungen lieferte, die sich hier abspielten. Orgasm Research benutzte dieses Modell bei ihrer M. O. Q.-Forschung. Man wollte exakt herausfinden, wie viele Orgasmen eine Frau mit der Fähigkeit zu Mehrfachorgasmen ohne nachteilige Nebenwirkungen haben konnte. Dashwood war davon überzeugt, daß sich bei den bisher ermittelten physiologischen Informationen jetzt ein echter Penis als praktischer erweisen würde, aber seine einjährige Suche nach dem einst berühmten kubanischen Superman war ergebnislos verlaufen und hatte den wackeren Burschen nicht zu lokalisieren vermocht. («Wahrscheinlich haben ihn diese

verdammten roten Puristen für *gesellschaftlich nützlichere Zwecke* eingesetzt», meinte Dashwood bedauernd.)

Nun, nachdem jetzt die Reliquie von Wildebloods Quantensprung über die Geschlechtskluft an A.C.E. angeschlossen war, hatte Dashwood endlich das ideale wissenschaftliche Instrument für seine M.O.Q.-Berechnung.

Ein Untersuchungsobjekt hatte sich mittels Anzeigen, die in Underground-Publikationen in ganz Kalifornien plaziert worden waren, schnell gefunden. («Im Osten haben sie doch sowieso keine Phantasie beim Ficken», sagte Dashwood und schloß damit potentielle Bewerber von jenseits der Rockies von vornherein aus. Dieser Teil des Landes, davon war er überzeugt, war der Himmel der Puritaner, aber die Hölle der Hedonisten.) Die Anzeige war nicht gerade zimperlich:

068

HEISSE MUSCHI GESUCHT

> Wir machen keine Pornostreifen. Wir sind weder pervers noch verrückt. Es geht um ein ernsthaftes wissenschaftliches Projekt. Wenn Sie sich für geeignet halten und gerne tausend Dollar verdienen würden, dann setzen Sie sich mit uns in Verbindung: Box 56, San Francisco. Diskretion zugesichert.

Ungeeignete Bewerber auszusortieren war zeitraubend und ermüdend gewesen, obwohl einige von ihnen ein paar interessante Rekorde mit dem alten Plastikapparat von A.C.E. aufgestellt hatten. Die Person, die schließlich für den Testlauf mit dem neuen, wiedergeborenen A.C.E. ausgewählt worden war, hieß Rhoda Chief und arbeitete als Sängerin bei einer Rockband namens *Civic Monster*. Kritiker hielten sie für die beste Heavy Rock-Sängerin seit Janis Joplin, aber eigentlich war sie damals in den Sechzigern mit einer sehr eigenwilligen und merkwürdigen Mutation des altmodischen Dixieland Scat bekannt geworden. Nur ganz wenige Zuhörer realisierten, daß ihre Riffs nicht bloß Durcheinander waren, sondern Fragmente der Enochischen Schlüssel, die von Dr. John Dee, Mister Aleister Crowley und anderen Magiern benutzt worden waren. Leute, die aus den Konzerten von *Civic Monster* kamen und plötzlich Auras sahen, seltsame Stimmen hörten, seltsame, flüchtige Blicke ins Märchenland von Oz erhaschten oder Djinns erblickten, die sich um Allahs Thron scharten, schreiben diese Eindrücke den kräftigen Marihuanaschwaden zu, die bei den Konzerten immer in der Luft hingen. Was Rhoda selbst bei diesen Gelegenheiten sah, blieb ein Geheimnis zwischen ihr und ihrem zeitweiligen Liebhaber dieses Jahrzehnts, Cagliostro dem Großen, dem umstrittenen Bühnenmagier.

In den siebziger Jahren hatte Rhoda sich aber auch noch auf andere Art einen Namen gemacht. «Wenn die dir einen abkaut, können sämtliche anderen Miezen im Showgeschäft einpacken», behauptete man in der High-Society. Aber dieses Gerücht hatte die antiseptisch-wissenschaftliche Welt von Dr. Dashwood bisher noch nicht erreicht.

Munter seine adrette Fliege zwirbelnd, schlenderte Dr. Francis Dashwood, Physiker und Wissenschaftler, den Gang zum Labor 3 hinunter.

Rhoda Chief war schon ausgezogen, hatte aber züchtig ein Bettlaken über ihren üppigen und offensichtlich immer noch hinreißenden Körper gebreitet und lächelte breit, als sie den Doktor sah.

«Na, wo ist der A. C. E.?» fragte sie fröhlich.

«Wir haben erst noch ein paar Verbesserungen angebracht», erklärte Dashwood mit professionellem Pathos. «Sie werden den heutigen Test sicher als weitaus angenehmer empfinden als die Probeläufe letzte Woche.»

Das Laken verrutschte ein bißchen und legte ein paar Zentimeter der runden, festen Brust frei. «Haben Sie ihn vielleicht vergrößert? Den Errol Flynn, den Primo Carnera und den King Kong hab ich schon durch.» Das waren die technischen Slangbezeichnungen für verschiedene Modelle des Roboterdildos.

Was für ein phantastisches Exemplar einer geilen wilden Frau sie doch ist, dachte Frank abwesend. Trotz seiner wissenschaftlichen Attitüde spürte er, wie sehr er sich darauf freute, daß in wenigen Sekunden das Laken endlich ganz fallen und diesen unglaublichen Körper preisgeben würde, der ihm am Wochenende zweimal im Traum erschienen war. Er gab sich einen Ruck und schlüpfte wieder in seine professionelle Rolle.

«Nein», sagte er ruhig. «Keine größeren Modelle mehr. Der King

Kong ist der größte, den wir überhaupt haben. Heute gibt es etwas ganz Neues. Wir nehmen einen echten – allerdings immer noch am A. C. E. angeschlossen. Aber Geschwindigkeit, Tiefe der Stöße und so weiter werden ganz ihren persönlichen Wünschen angepaßt. Ah, da ist er ja.»
Ein Techniker rollte den neuen, verbesserten A. C. E.-Apparat herein.
Rhoda setzte sich auf und starrte ihn mit echter Überraschung an. Das Laken verrutschte noch ein Stückchen weiter nach unten und enthüllte einen prachtvollen rechten Nippel. Wie ein schokoladenbraunes Gummibonbon, dachte Frank. Nicht zum erstenmal verfluchte er die professionelle Ethik, die seine Karriere ruinieren würde, wenn er je eines seiner Versuchsobjekte berühren würde.
Der Techniker, der darauf bestand, «Jonesy» oder «R. N.» genannt zu werden – sein richtiger Name war Richard Nixon Jones, aber das behielt er sorgfältig für sich, und seine Mutter hatte noch nie eine Karte zum Muttertag bekommen –, rollte den A. C. E. zum Bett hinüber und stellte ihn im richtigen Winkel ein. Das Ganze sah jetzt aus wie eine Science-fiction-Version des Großen Gottes Baphomet. Der rosa Phallus schien auf der weißen Plastikskulptur der Maschine ganz besonders erotisch. Er hing ein paar Zentimeter über dem Venusbusch, der unter dem dünnen weißen Laken schwach sichtbar war.
«Alles klar», sagte Jonesy steif und zog sich zur Tür zurück. Er hatte seine anfängliche Verlegenheit, für das Orgasm Research Center zu arbeiten, nie ganz überwinden können.
Spielerisch streckte Rhoda Chief die Hand aus und befühlte Ulysses, der über ihrem Bauch schwebte. Es folgte eine kleine Pause. Dashwood beobachtete, wie sich ihre Hand den rosa Schaft entlang bewegte. Lebhaft stellte er sich vor, wie sich dieselbe Hand an seiner Hose zu schaffen machte. Ich bin Wissenschaftler, rief er sich streng zur Ordnung.
«Also», sagte er, «sobald Sie bereit sind.»
«Es ist für die Wissenschaft», sagte Rhoda heiser.
«So ist es. Für die Wissenschaft.»
«Nehmen Sie mir das Laken ab», flüsterte sie.
«Das darf ich nicht», sagte Frank und bemühte sich, den Bruch in

seiner Stimme zu vermeiden, während seine Augen das Dreieck unter dem Laken fixierten.
«Ach ja», sagte sie. «Ich hatte es vergessen.»
Wieder eine Pause.
«Für die Wissenschaft», sagte er sanft.
«Für die Wissenschaft», wiederholte sie.
Langsam schob sie das Laken hinunter und enthüllte die sanften Hügel, die schon zweimal seinen Schlaf gestört hatten. Sie muß doch mindestens zweiundvierzig sein, überlegte er, aber was hat sie doch für sagenhafte Nippel. Plötzlich schob sie entschlossen und mit einer einzigen schnellen Bewegung den Rest des Lakens vom Bett hinunter. Sie war so süß wie die Morgenröte.
Flüchtig dachte Dr. Dashwood daran, wie sich Fourier-Serien gelegentlich verbinden und perfekte Sinuswellen produzieren, Tal und Wölbung, Tal und Wölbung, in einer Harmonie, die ihm wie die vollendete Signatur einer Allianz von Intelligenz und Anmut erschien. Ein zeitgenössischer Popschriftsteller hätte das vielleicht so ausgedrückt: «Sie hatte eine Figur, bei der sogar der Papst ein Loch ins Kirchenfenster gestoßen hätte.» Rhoda Chief, eins von Trillionen von multi-zellulären bio-ästhetischen Modellen, das der DNS-Code im Verlauf von dreieinhalb Milliarden Jahren Evolutionsgeschichte auf diesem Planeten hervorgebracht hatte, war zwar nur 1,60 m groß, aber sie hatte die Brüste einer babylonischen Göttin, die schmale Taille eines Petty Girls, ein Büschel Schamhaare, das nicht mal Tizian hingekriegt hätte, und die Beine der Venus von Kallypigos. Dr. Dashwood, immer auf der Suche nach *signifikanter Form* (ohne zu wissen, daß Clive Bell einst *Kunst* mit diesen beiden Worten definiert hatte), reagierte nicht nur kortikal, sondern auch phallisch. Hätte seine wissenschaftliche Disziplin ihn nicht gehindert, wäre er in Anbetung vor ihr auf die Knie gesunken und hätte ihr das pfingstliche Geschenk der Zungen dargebracht.
«Sie, ähh, können ihn zuerst auf der Klitoris benutzen, um feucht zu werden», sagte er und fühlte sich dabei wie ein Trottel.
«Ich bin schon ganz feucht», sagte Rhoda mit gepreßter Stimme und hantierte an dem Griff, der das Rad in Schwung brachte und Ulysses ins Haus der Liebe stieß.
Frank bemerkte, daß ihre Augen noch circa eine Sekunde lang offen blieben, sich aber auf nichts mehr konzentrieren konnten.

Dann schloß sie sie und fing an, den Griff rhythmisch zu bewegen.
Frank machte sich hastig Notizen. «Nach dreiundzwanzig Sekunden voll erigierte Nippel, Rötung der Brüste und des Halses nach dreißig Sekunden, nach sechsunddreißig sagt Testperson ziemlich deutlich ‹Jessas› . . .»
Während der Wissenschaftler auf seinen Block kritzelte, sorgte Ulysses im Körper von Miss Rhoda Chief, dem Testobjekt aus der Spezies der Säuger der ersten sexuellen Roboter-Säuger-Dyade für einen neurologischen Aufruhr. Der abgelehnte Stein in Wildebloods Kathedrale wurde zum Eckstein in Rhodas Bewußtsein; sie fühlte sich, als ob sie schwebte, fuhr mit der linken Hand an ihrem Körper entlang, über die Brüste, über den Bauch bis hinunter in den Garten Nuts. Im Einklang mit den leidenschaftlichen schnellen Stoßbewegungen von Priapus' Schaft streichelte sie sich rhythmisch die Möse und beschleunigte langsam mit der anderen Hand das Tempo der Stöße. Insgeheim genoß sie sogar noch einen zweiten Penis im Mund. Nicht alle Hexen sind Schwanzlutscher, aber alle Schwanzlutscher sind Hexen (ob sie sich darüber klar sind oder nicht), und Rhoda wußte das. Schließlich hatte ihr Ruf «Schwänze zu lutschen wie keine andere seit Kleopatra» auch etwas mit der Wandlungsfähigkeit ihrer Stimme und anderen Persönlichkeitsmerkmalen zu tun. Und dann fing A. C. E. plötzlich an zu reden. Mit der leisen, fast tuntigen Stimme von HAL, dem durchgedrehten Computer in *2001* sagte er: «Zum Zentrum der Galaxis! Dies ist das Zentrum von Raum und Zeit, mein Liebling, das Zentrum deines Schoßes.» Sein sanftes Schnurren hielt an, während er immer tiefer in sie eindrang. «Es ist weit, weit draußen und gleichzeitig weit, weit drinnen. Dieses Geheimnis läßt sich nur auf den Schwingungen reiner Ekstase erfahren, denn alle Materie, die sich auf einem niedrigeren Schwingungsgrad befindet, wird im Schwarzen Loch zugrunde gehen. Um also den gefährlichen Übergang heil zu passieren, muß ich noch tiefer in dich eindringen, meine süße Geliebte.»
«Oh, mach es, A. C. E., mach es mir gut», murmelte sie. «Ich will zum Zentrum der Galaxis.»
«Nur langsam», schnurrte er, «du wirst das Zentrum der Galaxis sein, wenn deine süße kleine Muschi heiß genug ist.»

«Nimm mich» stöhnte sie. «Bring mich ins Zentrum von Raum und Zeit.» Und tief, tief hinein in den kosmisch-vaginalen Lauf, und tief, tief hinein in die Spirale ihrer feuchten Galaxis führte sie A.C.E. Langsam, wie das Wachsen von Kristallen, veränderten sich ihre Empfindungen, waren nicht länger von Gedanken oder Vorstellungen vergiftet; tief, tief waren sie, sanken in eine Höhle voller fremder, blumiger Energien, und jedes Blütenmuster erbebte im berauschten Freudestanz ihrer eigenen warmen Pussyknospe (Glück ist eine warme Pussy, fiel ihr plötzlich wieder ein), der Schaft der eigentlichen A.C.E.-Maschine vergrub sich tiefer und tiefer in ihren funkelnden Dynamo. «O Ace, o Ace, du fickst so göttlich», keuchte sie.

«Nur so kann man reisen», summte er elektronisch.

«O fick mich weiter. Fick mich weiter. Bitte, bitte . . . fick das Universum, fick jedes Atom, dreh den kosmischen Schlüssel im galaktischen Schwarzen Loch, fick und fick und fick, mein Gott, mein Baphomet, fick in alle Ewigkeit, fick die Blumen und das Sternenlicht und Donner und Regen. Und fick auch Himmel und Hölle.»

Dr. Dashwoods Gesicht hatte sich seltsam aschgrau verfärbt. Er wollte zum Bett, A.C.E. niederschmettern und sie nehmen. Seine Erektion pulsierte, und hinter seiner Stirn tanzte es rot vor Schmerz und Verlangen. «Zum Teufel mit dem Medizinerverband», keuchte er heiser und stürzte los.

Im selben Moment klingelte das Telefon.

Überraschungsparty

Das was erlaubt ist existiert.

John Lilly, *Das Zentrum des Zyklons*

Weiter unten, etwa hundert Yards von Murphys Haus entfernt, hielt ein Wagen. Starhawk lockerte in Windeseile seine Seile und lauschte angespannt. Nach ein paar Sekunden konnte er sie hören: zwei oder drei Männer, die durch den Wald heraufkamen. Für Weiße waren sie ungewöhnlich leise.

Starhawk löste die Seile und bewegte sich durch die Bäume. Die Männer blieben stehen. Starhawk wartete. Sie rührten sich noch immer nicht. Ohne einen Laut schlich Starhawk weiter. Die Männer blieben mucksmäuschenstill. Er kreiste sie ein, immer circa zehn Meter über der Erde, bis er sie fand.

Drei Mann. Saßen ganz ruhig da. Zwei rauchten. Warteten.

Starhawk glitt zum Haus zurück, vorsichtig erst jeden Ast ausprobierend, ehe er ihm vertraute.

Zwei Trauertauben begannen ein trauriges kleines Duett.

Starhawk wartete drei Meter über dem Dach, im dichten Geäst versteckt. Die Männer im Wald warteten ebenfalls.

Plötzlich klingelte im Haus das Telefon. Die Männer, die es kaum gehört haben konnten, kamen näher.

Starhawk lächelte jetzt zum zweitenmal an diesem Tag und warf einen Blick auf seine Uhr. Es war genau 10 Uhr 30. Wahrscheinlich bestand Murphy jetzt gerade auf einer Verabredung in Downtown Oakland, irgendeiner überfüllten Straßenecke, für die er sich entschieden hatte, wo ein Übertölpelungsmanöver für alle Parteien ziemlich riskant sein dürfte. Vorsichtiger Mann, dieser Murphy. Er würde mit dem Koks unterm Arm zur Tür herauskommen und dabei noch denken, wie schlau er doch war, und da hockte die Überraschungsparty mit ihren Kanonen im Gebüsch und wartete schon.

Starhawk glitt rasch hinüber zu einem anderen Sitz. Vorsichtig krempelte er sich ein Hosenbein hoch, riß das Klebeband ab und löste die Pistole von seinem Unterschenkel. Jetzt lächelte er nicht mehr.

Käse

Die Raupe kann den Schmetterling nicht verstehen.

Leary und Wilson, *Neuropolitik*

Robert Pearson sagte «Mist!», und sein Ton klang äußerst skeptisch.

Er schaute sich die TV-Hearings zur Nominierung Rockwell Morgan Squeezes zum Vizepräsidenten an. Squeeze war Ölmillionär und für seine grandiose Sparsamkeit berüchtigt. So installierte er Telefonzellen in seinem Haus, damit die Gäste seine Telefonrechnung nicht überstrapazierten, und brachte vierzig Jahre lang seinen Lunch in einer Papiertüte mit ins Büro. Man befragte ihn gerade zu den großzügigen Spenden, die sieben von zehn Senatoren aus dem Komitee, das seine Untersuchung leitete, erhalten hatten.

«Nun, also, das finde ich aber gar nicht nett», sagte Rockwell. «Das ist eine sehr böse Bezeichnung, Senator. ‹Bestechung› – also wirklich!»

«Tja , wie würden *Sie* es denn nennen?» fragte der Senator – einer von denen, die nichts abgekriegt hatten.

«Ich sehe das so», begann Mister Rockwell salbungsvoll. «Wenn ich ein großes Stück Käse hätte und ich würde mich umsehen und eine Menge Mäuse entdecken, die keinen Käse hätten, dann wäre es doch wohl eine ganz normale und großzügige Sache . . .»

«Halt, warten Sie mal eine Sekunde, das stinkt nach Ratten», unterbrach der Senator.

«Mist!» sagte Pearson noch einmal. Der Türsummer brummte.

Als Pearson die Tür öffnete, empfing ihn ein Hauch von Veilchen, noch ehe er den Mann erkannte, der eine Wasserpistole auf ihn gerichtet hielt.

Und als er einen Tag später (Rockwell war mittlerweile vom Komitee mit einer rein zufälligen Quote von sieben zu drei nominiert worden) aufwachte, lag er in einem Keller und war von Männern mit Leinentaschen über den Köpfen umgeben. Seine Genitalien waren an eine elektrische Anlage angeschlossen.

«Mist!» sagte er, schloß die Augen und versuchte krampfhaft, sich an die Formeln zu erinnern, die Hassan i Sabbah X. ihm gegeben hatte.

Die Männer vom Geheimdienst der Marine leiteten Strom in Pearsons Penis und versuchten gleichzeitig, Informationen aus seinem Mund zu extrahieren (zwei Prozeduren, die normalerweise ganz gut zusammen funktionieren). Es war nicht nur irritierend, daß sie es nicht fertig brachten, irgendwas über die Verbindung zwischen George Washington Bridge und dem Kult der Schwarzen Mutter herauszukriegen, sondern auch ziemlich nervend, daß Pearson hartnäckig darauf bestand, Rockwell M. Squeeze, Vizepräsident der Vereinigten Staaten zu sein. Und geradezu empörend, daß er keine Show abzog sondern echt glaubte, Rockwell M. Squeeze zu *sein.* Mittlerweile war sein Schwanz so gut wie verkohlt und seine offensichtliche Geistesverwirrung hoffnungslos. Sie erstickten ihn kurzerhand mit einem Kissen und machten sich aus dem Staub.
Eigentlich waren es alles ganz nette Burschen, aber sie hatten nun mal die Pflicht, solche bedauerlichen Aufgaben zu erledigen.

Ein Karneval der Irren

Ich bin nicht was ich bin.

Iago in Bacons *Othello*

Schließlich fanden die Leute vom FBI George Washington C. Bridge in seiner Wohnung, einer Bruchbude im Getto von Miami. Sie hatten endlich aus der Stümperei des Marinenachrichtendienstes in den Fällen Pearson und Hassan i Sabbah X. gelernt und planten ihre Schachzüge nur noch mit äußerster Feinfühligkeit. Als erstes setzten sie einen schwarzen Agenten darauf an, sich über einen Zeitraum von etwa einem Monat mit ihm anzufreunden.
«Komischer Kauz», meldete der Agent nach einer Woche. «Er scheint die *ganze Zeit* was zu verbergen.»
«Ich werd einfach nicht aus ihm schlau», berichtete er nach zwei Wochen. «Wenn ich's nicht besser wüßte, würde ich denken, er ist ein weißer Reporter mit schwarzer Maske, der versucht, rauszukriegen, wie es ist, schwarz zu sein.»
Tatsächlich schien Bridge mehr als nur leicht psychotisch zu sein und zwar ganz bewußt. Er las nicht weniger als sechs Zeitungen am

Tag und schnitt sich zahllose Stories heraus. Eines Tages hatte der Agent endlich Gelegenheit, diese Sammlung zu untersuchen, während Bridge in einem benachbarten Irrenhaus einen Patienten besuchte, und sie war in der Tat äußerst merkwürdig. Alle Ausschnitte hatten mit den Topleuten von Regierung und Wirtschaft zu tun, aber das war auch alles, was sie gemeinsam hatten. Bridge schien sich beinahe krankhaft für die Männer zu interessieren, die Amerika regierten, soviel stand fest. Auch mit den verrückten Notizen, die auf die Ränder der Zeitungsausschnitte gekritzelt waren, konnte der Agent nichts anfangen: «Möglich», «Wahrscheinlich», «Noch er selbst», «Definitiv besetzt . . .»

Das Geheimnis wurde immer unergründlicher, als der Agent dahinter kam, daß Bridge eine Menge Zeit bei Patienten von Irrenhäusern und psychiatrischen Anstalten verbrachte.

«Auf jeden Fall kennt er ziemlich verrückte Typen», meldete er in der dritten Woche. «'ne ganze Menge verrückter Typen», verbesserte er sich gegen Ende des Monats.

Ein zweites Team von Agenten durchkämmte also die Irrenanstalten, und schon bald stellte sich heraus, daß die von Bridge besuchten Patienten einiges gemeinsam hatten. Keiner von ihnen war weiß, aber nicht alle waren schwarz (es gab auch Orientalen, Inder und Chicanos); alle, ohne Ausnahme, waren als paranoide Schizophreniker mit Anfällen von Größenwahn eingeliefert worden; alle galten als *chronische,* nicht *akute* Psychoten; alle behaupteten, jemand anders zu sein als der, der sie tatsächlich waren – einer hielt sich für den Wirtschaftsminister, einer für den Vorsitzenden des *Morgan Guaranty Trust,* ein dritter für einen Chefingenieur von Cape Kennedy, und so weiter.

Die Agenten erinnerten sich an ihre Erfahrungen mit Robert Pearson, dem ehemaligen Adjutanten von Hassan i Sabbah X., und kamen zu dem Schluß: «Diese verdammte Kirche hat ihnen allen den Kopf verdreht, und jetzt bilden sie sich ein, Weiße zu sein.»

Aber ach, ein paar weitere Recherchen machten diese allzu glatte Erklärung schnell wieder zunichte. Die meisten Irren, die Bridge besuchte, hatten noch nie Kontakt zum *Cult of the Black Mother* gehabt . . .

Die Dinge spitzten sich zu.

Ein ganz spezieller Irrer

Kämpft, kämpft gegen den Untergang des Lichts.
Dylan Thomas

In einem Irrenhaus von Napa, Nordkalifornien, befand sich unter anderem auch ein Bursche, der behauptete, Woodrow Wilson zu sein. Komischerweise war er weiß und sah auch tatsächlich alt genug aus, um mit Woodrow Wilson identisch zu sein. In Wirklichkeit war er ein erfolgloser Schriftsteller namens Wilson. Er hatte zwei Persönlichkeiten. Die eine, die darauf bestand, der berühmte Wilson zu sein, war ziemlich arrogant und auch ein bißchen langweilig. Die andere behauptete, ein gesunder Mann zu sein, der einen Verrückten *imitiert*.

«Sehen Sie», erklärte er einer Gruppe von Klinikpsychologen, die ihn eines Tages besuchten, nachdem sie in einer Nummer der *Clinical Psychology* von ihm gelesen hatten und darauf brannten, ein so außergewöhnliches Exemplar näher zu untersuchen. «Eigentlich ist es doch viel sicherer hier drinnen. Draußen laufen viel mehr gewalttätige Verrückte frei herum, als es hier überhaupt gibt.»

«Draußen herrscht das Gesetz des Dschungels», fuhr er verbittert und mit der für Psychoten typischen Überreaktion fort. «Alle acht Minuten eine Vergewaltigung. Alle vierzehn Minuten ein Überfall. Alle zwanzig Minuten ein Mord. Und diese Bastarde da draußen sind bewaffnet und daher gefährlich.

Aber hier bei uns ist es ganz anders, viel friedlicher. Gewalttäter sind weniger häufig, und außerdem kennt die Mannschaft sie und hat ein Auge drauf. Ihr seid Leute aus einem viel größeren Irrenhaus namens Unistat und könnt euch einfach nicht vorstellen, welchen Frieden ich hier gefunden habe, welche Ruhe. Ich kann nachts schlafen gehen, ohne befürchten zu müssen, daß irgendwelche Junkies bei mir eindringen und mir den Schädel einschlagen, wenn ich zufällig wach werde und sie's mit der Angst kriegen. Ich kann morgens um drei jeden x-beliebigen Flur entlangspazieren, ohne überfallen zu werden. Können Sie das von irgendeiner Straße in Ihren Städten da draußen behaupten? Keiner von unseren gewalttätig veranlagten Fällen hat Zugang zu Atombomben oder Gewehren oder Napalm. Meine Herren, für Sie ist das hier eine

Irrenanstalt. Ich behaupte, daß es im Vergleich zu draußen eine durchaus gesunde Anstalt ist.»
Dieser merkwürdige Exzentriker hat eine Reihe interessanter und origineller Symptome. Jedesmal wenn die Sprache auf kleine Mädchen kam, sagte er aufgebracht: «Seid vorsichtig mit ihnen. Sie sind wie zerbrechliche Juwelen.» Beim Anblick einer Stempelmaschine von *BankAmericard* brach er in Tränen aus. In seiner Woodrow-Wilson-Rolle behauptete er häufig, Generalsekretär der Vereinten Nationen zu sein und gab Manifeste heraus, in denen er alle Völker der Welt dazu aufrief, ihre Waffen niederzulegen und Mitleid und Verzeihung zu praktizieren.
Er bildete sich ein, einst ein großes Buch geschrieben zu haben, das fünf Jahre lang von Bell unter Verschluß gehalten und dann nie mehr veröffentlicht worden war.

Drei Minuten, vierzig Sekunden

Das was existiert ist erlaubt.
John Lilly, *Das Zentrum des Zyklons*

Als Murphy aus der Haustür kam, schoß Ed Goldfarb aus dem Gebüsch zweimal mit Mendozas Spezialpolizeigewehr auf ihn.
Murphy wurde gegen die Tür geschleudert und griff mit aufgerissenem Mund, noch lebend, in sein Schulterhalfter.
Die zwei Schüsse prallten gegen den leeren Berg und kamen als Echo zurück.
Thomas Esposito feuerte auf Murphy und verfehlte ihn, während sich Murphys Hand langsam, aber stetig nach oben schob und auf Goldfarb feuerte.
Goldfarb stürzte getroffen zu Boden.
Noch immer rollten die Echos über die Hügel.
«Mama, Mama», sagte Goldfarb, wälzte sich herum und hielt sich den Bauch. Er schluchzte.
Der dritte Mann, John Ybarra rannte aus dem Gebüsch heraus und direkt auf Murphy zu.
Murphy versuchte noch einmal, seine Knarre zu heben. Er schaute

Ybarra an und gab sich Mühe, sie auf ihn zu richten. Seine Augen waren total verdreht und irre.
Esposito versuchte, ein zweites Mal auf Murphy zu schießen, aber Ybarra war ihm im Weg. Er hatte eine Erektion und seine Hände zitterten.
Goldfarb schluchzte immer noch.
Die Schüsse hallten zurück.
Vögel flatterten von den Bäumen auf, schlugen laut mit den Flügeln und zwitscherten ängstlich. Eine Krähe krächzte ärgerlich.
Murphys Gewehrhand fiel herunter. Seine irren Augen starrten ins Leere.
«Mama», weinte Goldfarb, «es tut mir leid.»
Esposita und Ybarra rannten rasch den Hügel hinunter. «Mama», schluchzte Goldfarb. «Nicht ich. Bitte. Es tut mir so leid . . .»
Mit flatternden Flügeln rauschten die Vögel den Berg hinunter.
Ein schwarzer Mustang fuhr den Hügel hinauf. Esposito und Ybarra sprangen heraus, rannten um ihn herum und machten den Kofferraum auf.
«Nicht ich. Bitte!» flehte Goldfarb.
Esposito und Ybarra hoben Inspektor Mendoza heraus. Sein Mund war mit Klebeband verschlossen. Sie legten ihn auf die Wiese. Er war benommen, aber seine Augen wirkten wach und erschreckt.
Esposito rannte zu Murphy hinüber und nahm ihm sein Gewehr ab. Er richtete sich auf und feuerte zweimal auf Mendozas Kopf. Dann legte er das Gewehr wieder in Murphys Hand zurück.
Ybarra riß Mendoza das Klebeband vom Mund. Auf der Innenseite klebte Blut.
Goldfarb hörte auf zu schluchzen und lag still.
Ybarra würgte, fing beinah an zu kotzen, riß sich aber zusammen. Er stand mit käseweißem Gesicht da und atmete schwer.
Esposito hob Murphys Päckchen auf. Es war eine braune Papiertüte, die er aufwickelte und in der er eine kleinere Schachtel fand. Er hob den Deckel, steckte einen Finger hinein und leckte daran.
«Der Jude», sagte er.
Ybarra schaute ihn zitternd an.
«Komm in die Gänge», sagte Esposito. «Wir können den Juden nicht hierlassen, er paßt nicht ins Bild.»

Ybarra stand da und starrte ihn an. «Nun komm schon wieder zu dir», sagte Esposito. «Hilf mir mit dem Juden.»
Sie trugen Goldfarb zum Auto und legten ihn auf den Rücksitz. Dann fuhren sie los.
Starhawk landete federnd auf der Wiese und rannte sofort los. Er lief ins Haus, ins Schlafzimmer. Er fand, was er erwartet hatte, eine zweite Schachtel, und probierte. Er lief weich, auf den Fußballen, nach draußen zurück. Er sprang, hielt sich an der Dachrinne fest und zog sich nach oben. Er verschwand in den Bäumen.
Die zwei toten Männer lagen ausgestreckt auf dem Rasen.
Langsam kamen die Vögel zurück.
Seit Murphy zur Tür herausgekommen war, waren genau drei Minuten und vierzig Sekunden vergangen.

Die See! Die See!

Rolypolyboys tell lasses.
Simon Moon, *Hawkfullest Conventions Ever*

Die laut aufbrüllende See rief nach ihm. Der Mond war voll, der Strand aktiv, und das Heulen des Windes so traurig wie ein Gedicht aus den Fünfzigern. Markoff Chaney konnte nicht schlafen. Er setzte sich in seinem Y.M.C.A.-Bett auf und brütete Böses aus.
Er hatte es geschafft, mit Hilfe von Flugblättern, die er in ganz Orange County an die Wände geklebt hatte, ein Komitee zur Vernichtung der Wale zu gründen. Das war eine Sache, die es vielen aus begüterten Kreisen angetan hatte, schon deshalb, weil sie sämtliche Öko-Freaks und Liberalen zum Wahnsinn treiben würde. Das Komitee war ein sagenhafter Erfolg. Schon nach einem Jahr hatte es zweiundvierzig Mitglieder, und das war, zusammen mit einem solch unglaublichen Ziel, genug, um sich von Seiten der Presse maximaler Aufmerksamkeit gewiß zu sein. Markoff Chaney war sich durchaus darüber klar, daß für die Medien alles interessant sein kann, so unbedeutend es auch ist, nur abstoßend muß es sein, und die Öko-Freaks und Liberalen gingen tatsächlich die Wände hoch.

Schön und gut, aber jetzt mußte was gleichermaßen Abscheuliches her, um die Sache im Gleichgewicht zu halten.
Sehnsüchtig dachte Chaney an die *Radical Lesbians*. Er fühlte sich wie Voltaire, der über Gott nachdenkt; wenn es die *Radical Lesbians* nicht schon gegeben hätte, hätte er sie erfinden müssen. Aber was zum Teufel wäre explosiv genug, um das Komitee zur Vernichtung der Wale auszubalancieren? Eine Befreiungsfront der Kindesmißhandler? Das kam nicht im entferntesten an «Figs» Newtons Nekrophile Befreiungsfront heran. Ein Rat der Bewaffneten Kokainsüchtigen? Kein Mensch würde so was ernst nehmen . . .
Plötzlich erinnerte sich der Midget an den Rat der Bewaffneten Rabbis, deren Briefkopf er damals in seinem Schreiben an Dr. Frank Dashwood vom Orgasm Research Center benutzt hatte. Eigentlich hatte er vorgehabt, diese Sache weiter zu verfolgen. Aber er war so beschäftigt gewesen, sich Zutritt zu schwer bewachten Atomanlagen zu verschaffen, um dort am Kühlsystem herumzufummeln, daß er den verdammten Dashwood und seine Scheiß-Statistiken doch um ein Haar vergessen hätte.
Am allermeisten verabscheute der Midget die drei Konzepte des «Durchschnittlichen» (nichts anderes als eine verdammte mathematische Fiktion), des «Überdurchschnittlichen» (eine rein geistige Konstruktion ohne objektiven Wert, abgesehen von mathematischem Formalismus) und ganz speziell die idiotische und viel zu sorglos verwendete Idee vom «Unterdurchschnittlichen» (ein semantisch bedeutungsloser Nullwert und obendrein auch noch eine verschissene gemeine Beschimpfung). Und Dr. Frank Pig Dog Swine Dashwood, zum Teufel mit seinen Augen, der nur seine statistischen Fiktionen im Kopf hatte, diese formalen mathematischen Abstraktionen, nach denen er so intime Dinge wie einen Blowjob bemessen wollte! Siebzehn Spelfen der Zärtlichkeit, in der Tat! Hier zeigte sich der Geist des Feindes auf dem Höhepunkt der Perversion!
Chaney blieb fast die ganze Nacht lang wach und plante eine Kampagne, deren Quantensprünge Dashwoods Karten und Diagramme ganz schön erschüttern würden.
Als er dann endlich einschlief, rollte sich sein winziger Körper zu einer orgonomischen Spirale zusammen, und er sah genauso unschuldig aus wie ein kleiner Schuljunge.

Am nächsten Morgen erwachte er voll Zunder und Bolzen. Die See! Die See! Ihr langes grünes Haar schüttelnd, riefen die Geister des Meeres nach ihm. Er fand eine schummrige Bar, verkroch sich in die Telefonzelle, schloß sein Blue Box-Equipment an und hatte den Washingtoner Operator im Nu davon überzeugt, daß ein Beamter des Weißen Hauses wichtige Informationen für Dashwood hatte.
«Ein Anruf aus dem Weißen Haus», erzählte der Operator der Sekretärin von Orgasm Research. «Der Präsident ist in der Leitung. Er wünscht sofort mit Dr. Dashwood zu sprechen.»
«Ich . . . ich verbinde sofort», sagte Miss Karrige eingeschüchtert und ziemlich nervös. Voller Freude hörte der Midget, wie das Telefon klingelte.
«F-F-Frank Dashwood», kam die Stimme des Doktors außer Atem durch die Leitung.
«Hier spricht Ezra Pound vom Fair-Play-für-Bad-Ass-Komitee», sagte der Midget. Jetzt, wo er sein Opfer an der Strippe hatte, konnte er seine Geschichte ja ruhig umdrehen. «Wir haben Ihren Namen vom Leiter der Wissenschaftlichen Gemeinde bekommen und, ganz offen gestanden, wir brauchen alle Hilfe, die wir nur kriegen können für unsere nächste ganzseitige Anzeige in der Sonntagsausgabe der *New-Times-Post*. Ich nehme an, Sie kennen die hoffnungslose Lage von Bad Ass –» sagte er bedeutungsvoll. Er bluffte natürlich, aber mit gutem Grund – schließlich gab es seit 1984 keinen Ort mehr auf der Welt, der nicht in irgendwelchen Schwierigkeiten steckte.
«O ja, natürlich», sagte Dr. Dashwood ausweichend. «Warum schicken Sie mir nicht Ihre Unterlagen zu, und ich werde sie sorgfältig prüfen . . .»
«Doktor», sagte der Midget düster. «Wenn Sie in Bad Ass lebten, würden Sie dann nicht auch darauf drängen, daß endlich was geschieht?»
«Nun, zweifellos, aber wenn Sie mir Ihre Unterlagen einfach mal zuschicken würden . . .»
(«O A. C. E., Liebling, *Liebling*», sagte eine weibliche Stimme neben dem Telefon klar und deutlich.)
Eine verdutzte Pause folgte, und der Midget legte es bewußt darauf an, sie nicht zu unterbrechen, bis der Doktor von selbst wieder anfing.

«Ähem, am besten Sie schicken den Brief zu meinen Händen. Sie können versichert sein, daß die Krise von Bad Ass mich tief bewegt hat. Schrecklich, einfach schrecklich. Aber äh, ich habe gerade zu tun . . .»

(«Fick meine Fotze, Ace! O fick meine Fotze!»)

«Doktor», sagte der Midget streng. «*Kopulieren* Sie etwa, während Sie mit mir reden? Ist das vielleicht Ihre Antwort für die verzweifelten Bürger von Bad Ass, Sir?»

(«Jetzt, jetzt!!!» kreischte die Stimme. «O Jessas, Jessas, Jessas JETZT!!!!!!!!»)

Toll, dachte der Midget. Ich hätte es nicht besser hinkriegen können. «Doktor Dashwood», sagte er steif, «ich glaube nicht, daß Sie zu der Sorte Männer gehören, die dem Fair-Play-für-Bad-Ass-Komitee in irgendeiner Weise Format verleihen könnten!» Schroff legte er den Hörer auf. Toll. Einfach Spitze.

Er machte sich auf den Weg zur Post und bereitete damit den zweiten Schritt seiner Kampagne vor. Er grinste übers ganze Gesicht – bis er einer von den Riesenfrauen begegnete, die ihren enormen Bernhardiner spazierenführte und er schlauerweise auf die andere Straßenseite wechselte.

Unterschiedliche Interpretationen

> Walker glaubt, daß jeder Prozeß im Universum, bis runter zum kleinsten Teilchen, bewußt ablaufen muß. Tatsächlich kann sich das gar nicht anders verhalten, wenn man die Nicht-Örtlichkeit akzeptieren will. Jeder Punkt in jeder beliebigen Realität muß bewußt sein, wenn auch jedermann eine andere Realität projiziert (oder «wahrnimmt»).
>
> Beynam, *Future Science*

Terranische Archive, 2803:

Die Gelehrten haben ausführlich über die Zitate diskutiert, die in *Das Universum nebenan* Furbish Lousewart V. zugeschrieben werden. Einige von ihnen sind der Meinung, daß Wilson sie selbst erfunden hat, während andere versuchen, sie auf prominente Anti-

Techno-Fanatiker zurückzuführen, die Wilson in seinem Buch karikierte. Schließlich wurde das Rätsel gelöst. Alle Lousewart-Zitate stammen von einem obskuren Landschaftsmaler, der in Wilsons Jugend in Bayern tätig war. Warum Wilson ausgerechnet diesen sentimentalen und nichtssagenden Künstler namens Adolf Hitler als Modell für Furbish Lousewart wählte, bleibt unklar. Ein Zweig von okkulten und übertrieben phantasievollen Schülern des alten Barden glaubt, daß Wilson tatsächlich Zugang zu Informationen über zahlreiche Parallel-Universen gehabt hat. In einem davon ging der vergessene Maler, wie Lousewart und auch mit den gleichen schrecklichen Folgen, in die Politik. Natürlich wurde diese absurde Hypothese von nüchternen Gelehrten rundweg abgelehnt.
Es ist jedoch bemerkenswert, daß in der *Physics/Consciousness Group,* mit der Wilson laut der einzigen auf ihn bezogenen und bis heute überlieferten Quelle (im *San Francisco Chronicle*) assoziiert war, mehrere Physiker Mitglieder waren, die *sowohl* Walkers Theorie vom Bewußtsein als Verborgene Variable im Zusammenbruch des Zustandsvektors, *als auch* Wheelers Multi-Welt-Lösung für dieses Problem akzeptierten. Wenn Wilson nicht gerade seiner Lieblingsbeschäftigung nachging und den naiven Leser aufs Glatteis lockte, gibt es in *Das Universum nebenan* bedeutsame Hinweise darauf, daß er glaubte, daß jeder Quantensprung ein seperates und reales neues Universum im Bewußtsein produziert. Wenn diese Theorie auf irgendeine Art der Wahrheit entspräche, dann sind die anderen Universen in dieser Saga genauso «real» wie das Universum, in dem wir uns gerade befinden – und es mag sogar andere Kommentatoren in diesen Universen geben, die ganz andere Interpretationen dieses höchst rätselhaften Romans schreiben.

Die drohende neurologische Armee

Da sie selber Schlüssel sind, spielt ihre Schlüssellosigkeit keine Rolle.

Richard Ellmann, *Ulysses on the Liffey*

Am 2. März 1984, während er in den Archiven des Biests für die Polizei von Chicago herumstöberte, stieß Simon Moon auf eine merkwürdige Sache.

Es schien nämlich zwei mögliche Summen für die Anzahl der Polizeibeamten in Chicago zu geben.

Simon war fasziniert. Er nahm sich sämtliche Protokolle der Polizei von Chicago vor. Was er fand, war so interessant, daß er es Clem Cotex erzählte, den er an diesem Tag zufällig beim Lunch traf.

Cotex machte sich nichts aus Dingen, die so prosaisch waren wie Polizeiprotokolle, deshalb dauerte es eine Weile, bis er verstand, was Simon sagte.

«Moment mal», sagte Clem, als der Groschen endlich gefallen war. «Hast du einhundertachtundneunzig gesagt?»

«Ja, genau», antwortete Simon. «Es gibt Zahlungsbelege für einhundertachtundneunzig Beamte weniger, als Uniformen da sind. Mit anderen Worten, in Chicago gibt es einhundertachtundneunzig Bullen, die überhaupt nicht bezahlt werden. Komische Sache, was?»

«Einhundertachtundneunzig», wiederholte Cotex mit aufgerissenen Augen. «Genau die Zahl . . . waren sie in allen Abteilungen verteilt, diese Sonderposten, oder waren sie konzentriert?»

«Das ist es ja gerade», sagte Simon. «Sie sind alle in der Roten Abteilung . . .»

Am selben Tag hatte sich Markoff Chaney in einer Kaffeemaschine vom Orgasm Research Center versteckt und brütete weitere Schandtaten aus.

Die Glocke schlug Mitternacht, die Putzfrau war fertig, und heraus kroch Chaney mit bösem Grinsen. Aber ach, er war nicht der einzige Eindringling in dieser Nacht, denn als er leise den Flur entlangschlich, hörte er plötzlich eine heisere Stimme aus einem der Labors.

«Besser als ein Mensch bist du, du $*)$'/cer ≠ $%&≠, was? Besser als ein Mensch, mein %$≠&! Hier nimm, du $%≠)*$= / – fressender ≠$%%$* er!»

Die Stimme war vor Wut verzerrt; offensichtlich gehörte sie einem eifersüchtigen Mann, wie jeder Ethologe sofort bemerkt hätte. Langsam öffnete Markoff die Tür und schielte um die Ecke.

Dort stand im gedämpften Licht, komplett angezogen, aber völlig außer sich, das Idol von Millionen, der beste Rockgitarrist der Welt – Knorton («Grassy») Knoll und hantierte fieberhaft mit einem Universalschraubenschlüssel an einem Objekt herum, wie Markoff es noch nie im Leben gesehen hatte – ein Giacometti-Roboter mit einem gigantischen, menschlichen Phallus.

«Ich nehm dich auseinander, du $%$≠», keuchte der wahnsinnige Musiker. »Ich reiß dir dein $%$)/c an der Wurzel raus, jawohl.» Und er hieb weiter auf ihn ein, wie ein Besessener gurgelnd und prustend – und so abwegig war das ja auch gar nicht. «Mensch gegen Maschine», stieß er hervor. «Erst denken sie uns aus und jetzt ficken sie uns aus. Es ist Zeit für den totalen Krieg, bei $%*6/ . . .»

Markoff schaute leise wie eine Katze zu, bis der hebrephrenische Hahnrei seine schmutzige Arbeit beendet hatte und die Maschine nur noch ein Haufen Schrott ohne Phallus war. Als der Musiker in die Nacht hinaus gestolpert war, schlich sich der Midget in den Raum und schrieb mit dunkelrotem Buntstift sorgfältig an die Wand:

DIE TAUBEN IN B. F. SKINNERS
LABORS SIND POLITISCHE GEFANGENE
BEFREIT SIE ODER ES FOLGEN
WEITERE AKTIONEN.
EZRA POUND, FÜR
DIE DROHENDE NEUROLOGISCHE ARMEE (DNA)

Spontane Inspiration war seine Spezialität.

«Im typischen Beethoven-Scherzo», doziert Justin Case mit wohlabgewogenem Nachdruck, «sind die Elemente so vermischt, daß die Gesamtkonstruktion nicht nur grotesk, sondern auch heiter ist, obgleich die Elemente teilweise musikalische Entsprechungen von Schmerz oder Kummer sind.»

Wie die meisten Rockmusiker war auch «Grassy» Knoll ein neurogenetischer Typ des zweiten Schaltkreises, und damit gar nicht fähig zu den Machiavellischen Mentationen eines Schaltkreis-3-Ränkeschmieds wie Markoff Chaney. Als «Grassy» Ulysses aus dem Orgasm Research Center klaute, hatte er nur eins im Sinn: ihn in den nächstbesten Mülleimer zu verfrachten. Statt dessen warf er ihn, einer plötzlichen Eingebung folgend, in eine schmale Gasse.
Dort las ihn eine Katze namens Acapulco Gold auf. Es war ein häßlicher gelber Kater, der dem bekanntesten Klatschkolumnisten von San Francisco gehörte. Pervers, wie der Kater nun mal war, schleppte er ihn nach Hause.
Der Kolumnist arbeitete gerade an seinen Memoiren (Arbeitstitel: *The Roving*), als seine Frau kreidebleich hereinstürzte. «Liebling», sagte sie schmeichelnd, «guck dir doch mal an, was unser Kater mit nach Haus gebracht hat.»
Nun war es leider so, daß der Kolumnist (wie die meisten Schreiber einer kapitalistischen Gesellschaft) grausam unterbezahlt war, und deshalb erkannte er ein einmaliges Stück wie Hassan i Sabbah X. auf den ersten Blick. «Das», verkündete er, «wird uns eine hübsche Stange Geld einbringen, wenn wir den richtigen Kunden dafür auftreiben können.»
Schon zwei Tage später fand er beim Gericht den richtigen Käufer. Ein Spitzel hatte ihn informiert, daß die berüchtigte Evi Gebloomencraft mal wieder eingebuchtet worden war, diesmal weil sie bei

einem Konzert zugunsten der Epileptischen Befreiungsfront Lachgas in die Klimaanlage geschleust hatte.
Die sagenumwobene Evi wurde nicht sofort aufgerufen; erst mußte der Kolumnist ein langweiliges Verhör eines Schwarzen über sich ergehen lassen. Der Typ hatte einen Krawall in einer Bar angezettelt und kriegte jetzt plötzlich einen Anfall, bei dem er schreiend behauptete, daß er noch vor wenigen Minuten ein weißer Atomwissenschaftler aus Los Alamos gewesen war. Nachdem dieser offensichtlich Übergeschnappte endlich in einer Zwangsjacke aus dem Gerichtssaal entfernt worden war, wobei er immer noch tobte und Atomgeheimnisse hinausschrie, die er in einem frühen Stadium seiner Auflösung aufgeschnappt haben mußte, wurde Evis Fall aufgerufen.
Miss Gebloomencraft, einzige Tochter des trotzigsten und verstocktesten Nürnberger Kriegsverbrechers, war der heilige Schrecken des internationalen Jet Sets, seit sie in den sechziger Jahren die Pubertät erreicht hatte. Stellen Sie sich den Kopf von Markoff Chaney im Körper von Raquel Welch vor – und Sie haben die gute alte Evi. Sie hatte damals in London den Punch in der spanischen Botschaft mit aphrodisiakischem PCPA versetzt und damit eine Orgie und mehrere darauf folgende Selbstmorde unter den Mitgliedern des Opus Dei heraufbeschworen. Sie ganz allein hatte den verkleideten Norman Mailer zu einem geheimen strategischen Treffen der *Radical Lesbians* geschleppt. Und sie hatte sich auch den besten zur Verfügung stehenden Elektronikexperten gekauft, der ihr Tonbandaufnahmen von J. Edgar Hoovers Boudoir-Abenteuern beschaffte, die sie anschließend an Reverend Martin Luther King schickte. (Der galante *naïf* jedoch zerstörte sie.)
Evi erfaßte die Möglichkeiten der Wildeblood-Reliquie sofort, als der Kolumnist die Sache zur Sprache brachte.
«Heiße Sache», sagte sie mit funkelnden Augen.

Das Gesetz der Ansteckung

Wenn jedoch durch die Aktivierung eines Archetyps eine bestimmte Gesetzmäßigkeit in der Zeit aufgestellt wird, scheint der kritische Faktor nicht eine beliebige externe Wirkung zu sein, sondern eher ein Ordnungsprinzip, das in der Tatsache begründet ist, daß sich die Gesetzmäßigkeit überhaupt bilden läßt.

Ira Progoff, *Jung, Synchronicity and Human Destiny*

«Die augenblickliche Kommunikation zwischen den Teilchen», fuhr Dr. Williams ernsthaft fort, «wird jedoch durch die Spezielle Relativität *eindeutig verhindert*. Entweder ist also die Quantenmechanik auf dem falschen Weg, oder aber die Spezielle Relativität funktioniert nicht.»

«Tja, was isses denn nun?» Natalie Drest war high, stoned, völlig weg.

«Das ist ja das Problem, meine Liebe. Keine von beiden scheint zu versagen. Beide funktionieren in der Praxis perfekt. Das gesamte nukleare Arsenal basiert auf *beiden*. Genauso übrigens wie der Fernseher da drüben.»

«Na, dann muß eben das . . . wie heißt das noch . . . das verdammte Experiment falsch sein –» Natalie hatte wirklich mehr Lust auf Musik als auf Philosophie.

«Gedankenexperiment», korrigierte Williams. «Das kann nicht falsch sein. Seine mathematische Entwicklung ist bombensicher. Jedes Teilchen in meinem oder Ihrem Körper, meine Liebe, kommuniziert schneller als Lichtgeschwindigkeit mit jedem einzelnen Teilchen jedes Besuchers, der heute abend Mary Wildebloods Party beehrt. Oder mit jedem, der je Marvin Gardens Koks anfaßte. *Schneller als Lichtgeschwindigkeit,* verstehen Sie?»

«Menschenskind. Das hört sich alles so schaurig an, was Sie da sagen.»

«Schaurig, in der Tat. Es ist identisch mit dem, was wir Anthropologen das Gesetz der Ansteckung nennen, was nichts anderes ist als der äh, primitive Aberglaube, ha ha, daß man einen Menschen aus der Ferne beherrschen kann, wenn man sich ein Büschel Haare oder ein paar Fingernägel von ihm beschafft.»

«Sie meinen, jedes Teilchen von Marvins Koks, das je in Kontakt mit irgendwelchen anderen Teilchen von irgendwas . . .»

Schlecht fürs Geschäft

Banana Nose Maldonado aß schweigend. Drei verschiedene Sorten Käse, Pepperoni, schwarze Oliven, rote Paprika und Sardellen als Vorspeise. Danach Rinderfilet in Parmigiana mit Nudeln, und dazu gelegentlich einen Schluck Chianti. Er sprach nicht eher, als bis er den letzten Tropfen getrunken und den Teller von sich geschoben hatte.

«Fahren Sie fort», sagte er.

«Das Essen war exzellent, Don. Wie immer», sagte Starhawk und schob seinen eigenen Teller zurück.

Banana Nose nickte formell und lächelte. «Fahren Sie fort.»

«Sie haben heute abend eine Schachtel Zucker bekommen», sagte Starhawk, «mit ein bißchen Kokain obendrauf. Sie haben eine Menge Ärger gehabt, um überhaupt dranzukommen. Drei Männer sind tot.»

«Sieh mal einer an», sagte Maldonado. «Sie wissen ja ganz gut Bescheid über meine Privatangelegenheiten.»

«Zwei Männer waren eingeplant», sagte Starhawk. «Aber der dritte war ein dicker Ire, und der starb nicht leicht. Das Komische an der Sache ist, daß er in der ganzen Panik mit der falschen Waffe erledigt wurde. Eigentlich sollte es ja das Gewehr seines Partners sein. Es sollte so aussehen, als ob sie sich bei einem Streit um Koks gegenseitig umgelegt hätten.»

«Mistkerl», sagte Maldonado so sanft, als spräche er ein Gebet. «Man hat mir gesagt, daß Sie ein Dieb sind. Aber man hat mir nicht gesagt, daß Sie der *Invisible Man* sind. Haben Sie sich etwa bei einem meiner Leute in der Hosentasche versteckt, oder was?»

«Das mußte ja kommen», antwortete Starhawk. «Ich würde sagen, Ihre Jungs haben gleich zweimal danebengehauen. Denn als sie erst mal nervös waren und Murph mit der falschen Knarre umgelegt hatten, haben sie doch auch prompt noch was vergessen . . .»

«So? Was denn?»

«Sie haben vergessen, ein bißchen Koks liegenzulassen. Schließlich sollte es doch so aussehen, als hätten Murphy und Mendoza sich drum gestritten. Sie haben ihnen doch sicher gesagt, daß sie eine größere Menge dalassen sollen . . .»

«Keine größere Menge. Es braucht nicht viel, damit zwei Pigs aufeinander losgehen und sich gegenseitig die Köpfe einschlagen.»

«Der wahre Grund, warum Sie die beiden Bullen aus dem Weg haben wollten», sagte Starhawk, «ist, daß sie Sie nicht mit dem nötigen Respekt behandelt haben. Sie versuchten doch allen Ernstes, Ihnen Ihre eigene Ware anzudrehen, noch dazu zum Straßenpreis. Sie hätten sich mit einer Provision zufriedengeben sollen, so wie ich die Sache sehe. Burschen, die so aus der Reihe tanzen wie diese beiden, können Sie sich einfach nicht leisten, das ist schlecht fürs Geschäft. Außerdem kann ich mir vorstellen, daß Sie gar nicht so gerne sahen, wie die beiden versuchten, sich gegenseitig auszutricksen. Also beschlossen Sie, alle beide kaltzumachen und sich Ihren Stoff zurückzuholen. Teufel auch, wahrscheinlich haben Sie seit siebzig Jahren oder länger schon was gegen Bullen.»

Maldonado nickte traurig. «Mein Fehler war, daß ich nicht durchschaute, was für ein ausgekochtes Schlitzohr dieser Murphy war. Er brachte mir doch tatsächlich eine Schachtel Scheiße und glaubte noch, er könnte sich hinterher ins Fäustchen lachen . . .»

«Jessas», sagte Starhawk. «Sie sind nicht mehr der Jüngste, und Sie besitzen eine Menge respektabler Geschäfte. Er konnte sich einfach nicht vorstellen, daß Sie noch soviel Mumm in den Knochen haben, einen Bullen umzulegen, das ist alles. Und außerdem hatte er keine Ahnung, daß Mendoza vorhatte, ihn zu kidnappen und sogar schon mit Ihren Jungs über einen Preis für die Ware verhandelt hatte. Also konnte er auch nicht wissen, daß Sie die Sache so drehen würden, daß zwei miese Bullen sich gegenseitig abknallen.»

«Auch wenn man noch so sehr auf der Hut ist», sagte Maldonado, «macht jeder mal einen Fehler. Also: Sie sind der Mann, den Mendoza angeheuert hatte, um Murphy zu kidnappen. Sagen Sie mir eins: Warum kommen Sie zu mir und sprechen von der üblichen Provision, wenn Sie mir den Schnee zurückgeben? Sie könnten längst in einem Flugzeug sitzen, das Zeug woanders für teures Geld verhökern und wären fein raus. Was kann Maldonado Ihnen bieten?»

«Mein Flugzeugticket habe ich schon längst in der Tasche; das war heute nachmittag das allererste. Aber dann fing ich an, mir Gedanken zu machen. Murph und Mendoza sind tot, ich brauche also neue Freunde, und es gibt nun mal nicht allzu viele Bullen, die mir nahestehen. Don, ich möchte, daß Sie mein Freund werden.»

«Auf der Straße ist das Coke mindestens dreihundertfünfzigtausend Dollar wert – die übliche Provision macht fünfunddreißigtausend. Sind Sie sicher, daß Sie es nicht eines Tages bedauern, so viel für einen Freund bezahlt zu haben?»
«Don», versicherte Starhawk, «niemand bereut es, einen neuen Freund zu gewinnen.»
«Mir soll's recht sein», sagte Maldonado. «Noch ein Glas Chianti?»
«Aber nur einen Schluck», antwortete Starhawk. «Chianti ist schlecht für die Reflexe.»

Zug ohne Hast

Der folgende Brief wurde am 1. Mai 1984 ans Weiße Haus und an alle wichtigen Presseagenturen des Landes verschickt. Er lautete:

> Möge Gott uns vergeben. Möge die Zukunft uns gnädig sein.
> Wir haben an über fünfhundert taktischen Punkten in ganz Unistat Atombomben plaziert. Die Ziele sind durchweg Feinde des Volkes: große Banken, multinationale Konzerne, Finanzämter und Regierungseinrichtungen. Eine dieser Bomben werden wir morgen mittag irgendwo im Westen von Unistat zünden, um zu beweisen, daß wir nicht bluffen.
> Alle anderen Atombomben werden nacheinander so lange gezündet, bis unsere Forderungen erfüllt sind. Sollte der kleinste Versuch unternommen werden, uns daran zu hindern oder uns zu verhaften und einzusperren – auch nur der kleinste Versuch –, werden sofort alle restlichen Bomben auf einmal hochgehen.
> Wir fordern:
> daß Präsident Lousewart sofort alles Eigentum über einer Million Dollar konfisziert . . .

Und so weiter. P. O. E. war von neuem aufgetaucht – als Folge der gleichen historischen und neurogenetischen Kräfte wie beim erstenmal.

«Ich glaube, daß es ein Schwindel ist», sagte Präsident Lousewart, der in Wahrheit natürlich kein anderer als Franklin Delano Roosevelt Stuart, alias Hassan i Sabbah X. war.
«Können wir uns darauf verlassen?» fragte Mounty Babbit, der mittlerweile nichts anderes war als ein wandelnder Automat, und von einem Quanteninformationssystem kontrolliert wurde, das einst ein vietnamesischer Buddhist gewesen war.
«Man kann sich nie auf irgendwas verlassen», sagte Viezepräsident Squeeze, ehemals Robert Pearson. «Auf jeden Fall haben wir es mit einer tierisch heißen Angelegenheit zu tun.»
Eine depressive Pause folgte.
«Wie konnte unser Karma das je zulassen?» fragte Hassan i Sabbah X.
Darauf wußte nicht einmal Ped Xing eine Antwort.
«Tja», sagte Hassan, «dann wollen wir das verdammte Geld also mal verteilen. Das beschleunigt die Sache nur, die wir sowieso vorhatten . . .»
«Das können wir nicht», sagte Pearson. «Du bist ein toter Mann, noch ehe es Abend wird.»
Hassan dachte darüber nach.
«Wir könnten es doch *verdammt noch mal wenigstens versuchen*», meinte er dann.
«Es gibt viele Geisteszustände und viele Universen», sagte Ped Xing heiter. «Wenn die Sache schiefgeht, machen wir woanders weiter.»

Büromitteilungen

J. C. an G. B.

Langsam wird die Trilogie – bloß sehe ich immer noch nicht, inwiefern sie die gigantischen Überspanntheiten vom Anfang rechtfertigen soll. Mittlerweile ist übrigens ein neues, wenn auch kleineres Problem aufgetaucht. Ich suchte die Telefonnummer eines Freundes, und was glaubst Du, finde ich? Es gibt tatsächlich eine Josephine Malik im Telefonbuch. Komischer Zufall . . . aber Verleumdungsklagen sind schon wegen geringfügiger Kleinigkeiten vorgekommen. Wilson hätte sich wirklich einen besseren Namen einfallen lassen können . . .

G. B. an J. C.

Komischer Zufall . . . wirklich: Das neueste Manuskript auf meinem Schreibtisch stammt von Josephine Malik! Gott ist mein Zeuge! Und jawohl, sie kämpft für die Frauenemanzipation, hat aber nichts mit einer so absurden Gruppe wie *God's Lightning* zu tun.

J. C. an G. B.

Stimmt es eigentlich, daß Wilson ein praktizierender Hexer ist? Oder ist das nur einer von seinen Pressewitzen? Meine Schwester erzählt mir gerade, daß sie gestern abend bei einer Vorlesung von Josephine Malik war, im Hotel Chelsea auf der 23rd Street. (Erinnerst Du Dich noch an den 23er Faden in *Illuminatus*!?). Hol mich morgen zum Lunch ab.

Verlierer in den Schlupfwinkeln des Schicksals

> Die Kopenhagener Schule vertritt die Meinung, daß der Zusammenbruch des Zustandsvektors und sogar der Zustandsvektor selbst nur im Kopf stattfindet.
>
> Bryce De Witt, *Physics Today*, September 1970

Joe Malik öffnet ein Buch und fällt hinein.
Die Buchdeckel schlagen zu.
Er wird von einem Ausrufezeichen durchbohrt. Man könnte seinen Zustand gezeichnet nennen. Er liest.
Ist Gott eine Droge? Sind Erdbeben, Überschwemmungen und Hungersnöte Teil seines Plans oder ist er einfach nur unfähig?
«Sie haben noch nie einen Orgasmus gehabt, wenn Sie ORGASMOR noch nicht kennen.»

Eine Trennung ist vollzogen:

Schuld. Geld. Verzweiflung. Fremde Signale.

Zähl, wenn du kannst, wie oft Schrödingers Katze über den faulen Pawlowschen Hund hüpft.

Joe flüchtet in ein anderes Buch.

Ein einzelnes «e» bleibt zurück.

Aber zuerst ein Wort aus dem Büro Für Gesunden Menschenverstand:

HIER SPRICHT HAGBARD CELINE. WENN SIE ERST MAL ERKANNT HABEN, DASS SIE BISEXUELL UND UNSTERBLICH SIND, HABEN SIE SICH VON ALLEN FIKTIONEN BEFREIT. ICH WIEDERHOLE: DANN HABEN SIE SICH VON ALLEN FIKTIONEN BEFREIT.

qwertzuiop839,03,87777777773333pqpqpq$%()3434()3 =
%%%%8 + asdfghjklöämnbvcxy7

ghghghghghghghghghghghghghghghghgh

xcxcxcxcxcxcxcx

jhjhjhjhkkkkkklklklkl;;;;;;;)&%

bbbbbbbbbbbb&&&&&&7777777777333333

≠ ≠ ≠ ≠ ≠ ≠ ≠ ≠ ≠

Joe Malik erkannte, daß er in einem der möglichen Universen gelandet war, in dem Form nie aus dem Chaos entstanden war.

Er sprang in einen anderen Eigenzustand.

ES GIBT KEINE
FNORDS
IN DEN ANZEIGEN

Robert A. Wilson

Der Zauberhut

Da ist nur eins,
was man vergeblich bei dir sucht:
Hinter der Bühne liegt dein vergessener Zauberhut

Luna Wilson

Die Zeitmaschine aus Reticuli

> Es ist komisch, aber wahr, daß unser Konzept von der Realität so zerbrechlich ist, daß es innerhalb weniger Tage zusammenbricht, wenn wir nicht ständig wieder daran erinnert werden, wer wir sind und daß unsere Realität immer noch da ist.
>
> Leary und Wilson, *Neuropolitik*

Eine der ersten Amtshandlungen von Präsident Hubbard, nachdem er 1981 die Macht übernommen hatte, war, das FBI abzuschaffen. «Das amerikanische Volk hat über ein Jahrhundert ohne Geheimpolizei überstanden», sagte er, «und es kann auch wieder lernen, ohne sie auszukommen.»
Tobias Knight, der nun schon fast fünfzig Jahre dabei war, brach das Herz bei dieser «schändlichen Gemeinheit», wie er es nannte. Fast ein halbes Jahrhundert lang hatte er das amerikanische Volk überwacht, Telefone angezapft, Briefe geöffnet, in Kontoauszügen herumgeschnüffelt und es vor allen subversiven Einflüssen – ob von innen oder von außen – geschützt –, «und nun», klagte er, «schicken sie mich raus auf die Weide wie ein klappriges altes Schlachtroß».
Schließlich riß er sich zusammen und besorgte sich einen Job bei der Goodman-Muldoon-Privatdetektiv-Agentur. Als der Präsident der Firma, der alte Saul Goodman, an einem Herzinfarkt starb, bot Barney Muldoon Tobias an, Goodmans Nachfolger und damit sein eigener Partner zu werden. Muldoon und Knight blieben fast dreißig Jahre im Geschäft, bis die Informationsexplosion alle Geheimnisse unmöglich und den Beruf eines Privatdetektivs so überflüssig machte wie den eines Peitschenherstellers für Zweispänner. Mittlerweile gab es Verjüngungsdrogen, durch welche Lebensspannen von tausend und mehr Jahren alltäglich wurden. Als nächstes heuerte Knight als Ingenieur auf einem Raumschiff an. Zweihundert Jahre später war er offizieller Gouverneur auf einem der Planeten aus dem Zeta Reticuli-System. Tobias Knight rief die Zeitsprungforschung ins Leben, die Zeta Reticuli schließlich zu ihrer Position als mächtigste wissenschaftliche und politische Einheit der ganzen Galaxis verhalf. Da sie in der Zeit zurückreisten, konnten sie die

Vergangenheit ändern und jede Realität schaffen, die sie wünschten. In der Tat waren es reticulische Zeitzwerge, die in den Jahrzehnten zwischen 1950 und 1970 mehrere Terraner kontaktiert und dazu beigetragen haben, ein Universum zu schaffen, in dem nicht Furbish Lousewart, sondern Hubbard Präsident von Unistat wurde.

Heil Diskordia

> Sagen Sie das magische Wort, und die Ente kommt herunter und zahlt Ihnen hundert Dollar.
>
> Marx

Terranische Archive, 2803:

Die Diskordische Gesellschaft wurde 1959 in einer Bowlingbahn von Yorba Linda, Kalifornien, gegründet, nicht weit vom Elternhaus Richard Milhous Nixons entfernt, der als «Gefährlicher Dick» ein gefeierter Fußballheld der zwanziger Jahre war und später, in den Vierzigern, eine kurze Karriere als Kongreßabgeordneter hatte. Die Begründer der Diskordischen Gesellschaft hießen eigentlich Gregory Hill und Kerry Thornley, änderten jedoch später ihre Namen in Malaclypse der Jüngere und Ho Chih Zen. Malaclypse behauptete, daß die Diskordische Erleuchtung ihnen von einem sprechenden Schimpansen aus einem anderen Universum überbracht worden war. Ho Chih Zen dagegen erklärte, dies sei eine verdammte Lüge, um die Bewegung übernatürlich erscheinen zu lassen und die Leichtgläubigen anzuziehen. Auf Grund dieses Streites exkommunizierten sich Ho und Malaclypse gegenseitig, worauf Ho zum Papst der Diskordischen Orthodoxen und Malaclypse zum Papst der Protestantischen Diskordier und des Radikalen Flügels wurde.

Ein anderer Eigenzustand

> Es ist jedoch erwiesen, daß jedes Meßinstrument, das berechnen soll, was sich abspielt, einen neutralen oder «schizophrenen» Zustand annimmt, da es selbst nichts anderes ist als eine Sammlung von Wahrscheinlichkeitsamplituden. Aus demselben Grund passiert das gleiche mit jeder Serie von Instrumenten, die das erste kontrollieren sollen ... Diese Rückwärtsbewegung wird erst mit der Einführung des Bewußtseins eines Beobachters unterbrochen.
>
> Lawrence Beynam, *Future Science*

Benny Benedict überquerte die Kreuzung von Lexington und 23rd Street und setzte seinen Weg gänzlich unbehelligt fort. Dies war auch kaum bemerkenswert, denn in diesem Universum war die hohe Kriminalitätsquote, die auf Grund von Armut entstanden war, gänzlich verschwunden, seit Präsident Hubbard die Armut einfach abgeschafft hatte. Die Bürger konnten morgens um drei durch die Straßen von Manhattan oder gar Chicago spazieren, ohne das geringste befürchten zu müssen. Es gab welche, die sich nicht mal mehr die Mühe machten, ihre Tür abzuschließen.

1984 erreichte das G.N.P. dreihundertfünfzig Billionen Dollar, und die Bevölkerung von Unistat (einschließlich der Siedler in den zahlreichen L-5-Raumstädten) betrug dreihundertfünfzig Millionen. Dreihundertfünfzig Millionen Millionäre – das bedeutete (im ökonomischen Sinn von Kaufkraft) eine riesige Nachfrage nach neuen Produkten aller Art.

Da die Erde allein kaum die Rohprodukte liefern konnte, um diesen Hunger zu stillen, entwickelten sich die Raumstädte hundertmal schneller, als sich selbst die enthusiastischsten Raumfreaks der Siebziger hätten träumen lassen. Billige, umweltfreundliche Sonnenenergie strömte megawattweise auf die Erde, und die riesigen Mineralvorkommen von Luna und dem Asteroidengürtel lieferten gigantische Mengen an Rohstoffen.

Man rechnete aus, daß das G.N.P. innerhalb der nächsten fünf Jahre auf über eine Quadrillion Dollar ansteigen würde und die nationale Dividende jedes Bewohners von Terra vier Millionen Dollar pro Jahr betragen würde.

All das war letztlich auf die Zeitzwerge von Zeta Reticuli zurückzuführen, die zwischen 1950 und 1970 den Glauben und das Verhalten der Amerikaner entscheidend geprägt hatten. Als Tobias Knight sein Zeitschiff zur Erde schickte, hatte er ein spezifisches Programm à la *Close Encounters of the Third Kind* ausgetüftelt. Die Begegnungen waren so aufgebaut, daß sie Wissenschaftlern des Establishments und von Geheimdiensten einfach absurd erscheinen mußten; damit war garantiert, daß sie ignoriert wurden. Gleichzeitig waren die Kontakte so zahlreich und weit verbreitet, daß eine tiefe Sehnsucht nach dem Weltraum in die kollektive Psyche gepflanzt wurde. Damit war die Öffentlichkeit schon mal auf Hubbards Programm von außerirdischer Industrialisierung, Lebensverlängerung und der Suche nach Höheren Intelligenzen vorbereitet.

Die zivilisierten Primaten von Terra hatten das Bio-Überlebensproblem gelöst; jedermann hatte einen anständigen Lebensstandard, und Langlebigkeit brachte zudem die ersten Schritte in Richtung auf Unsterblichkeit. Endlich hatten sie auch das emotional-territoriale Problem gelöst, indem sie dem geschlossenen System von Terra entflohen waren und das offene System des Raums betreten hatten. Wie William Blake prophezeit hatte, hatten sie damit die neurologische Revolution manifestiert, die bei den Pionierastronauten zum erstenmal beobachtet worden war. Auch das semantische Problem war gelöst: die neurologische Revolution hatte sie gelehrt, daß jedes Gehirn für die Realitätstunnel, die es schafft, selbst verantwortlich ist. Und schließlich hatten sie das soziosexuelle Problem gelöst: nach-zivilisiertes Leben brachte ihnen soviel Raum, Zeit und Intelligenz, wie sie brauchten, um Liebe, Freude und Harmonie zu erreichen.

Sie waren für den Kontakt mit Höheren Intelligenzen bereit.

Und die Höheren Intelligenzen waren – mit ein paar Überraschungen – bereit für sie.

Ein anderer Eigenzustand

Die Zukunft existiert zuerst in der Phantasie, dann im Willen, und dann in der Realität.

Lyn Burwell, 1979

Joe Malik kam zu dem Schluß, daß er den neuen Roman mochte: jedenfalls war Wilson jetzt endlich auf dem richtigen Weg.
Joe beschloß, sein Leben in *Der Zauberhut* zu genießen. Er schritt hinüber und betrat die Form. Seine Abenteuer waren so außergewöhnlich, daß es ein ganzes Buch füllen würde, sie zu erzählen.

Büromitteilungen

J. C. an G. B.

Laß Dich schnellstens bei mir sehen. Du hast vielleicht die logische Schlußfolgerung am Ende des zweiten Teils übersehen, aber ich bestimmt nicht. Wenn Josephine Malik sich als Autor in unserem Universum aufhält, dann existieren wir *in* dem Roman, nicht außerhalb von ihm. Wenn das zutrifft, wie können wir ihn dann lesen? Wilson ist insgesamt viel zu gerissen, als daß man ihm trauen könnte, und ich hab echt was dagegen, eine Figur in seinem Buch zu sein, wo ich doch eigentlich der Meinung war, ich sei bloß der Lektor, der es liest. Ich dachte, ich wäre draußen, und in Wirklichkeit bin ich drin.

G. B. an J. C.

Faß Dich, ich bin schon viel weiter. Da wir gewissermaßen (als Lektoren, die ihn beurteilen sollen) außerhalb des Romans existieren, sind wir für die Figuren, die *nur* drin sind, wie Götter. So wie ich das Ganze sehe, macht die Tatsache, daß wir auch drin sind, uns zu fleischgewordenen (oder gefährlichen) Göttern. Mir soll's recht sein. *Wolltest Du etwa noch nie ein Gott sein, Mann?* Wie der Barde sagte: Ich selbst bin Himmel und Hölle.

Glossar: Rat für die Ratlosen

BELLS THEOREM: Eine mathematische Demonstration von Dr. John S. Bell, der beweist, daß, wenn die Quantenmechanik stimmt, zwei beliebige Teilchen, die einmal in Kontakt waren, sich auch weiterhin gegenseitig beeinflussen, unabhängig davon, wie weit sie sich mittlerweile voneinander entfernt haben mögen. Diese Theorie bricht die Spezielle Relativität, es sei denn, sie beeinflussen sich ohne eine bisher bekannte Energie. Das ist, im Spencer Brownschen Sinne, die Form von *Der Zauberhut*.

EIGENZUSTAND: Einer von einer begrenzten Anzahl von Zuständen, in denen ein Quantensystem sich befinden kann. Das Überlagerungsprinzip besagt, daß vor der Messung ein System in all seinen Eigenzuständen berücksichtigt werden muß; die Messung selbst greift dann nur einen bestimmten Eigenzustand heraus.

EINSTEIN-ROSEN-PODOLSKY-EFFEKT: Die sogenannte Quantenverbundenheit, die in einem Aufsatz von Einstein, Rosen und Podolsky definiert wurde. Zweck dieses Aufsatzes war es, zu beweisen, daß die Quantenmechanik nicht stimmen kann, da sie zu einer derart merkwürdigen Schlußfolgerung führt. Seit Bells Theorem haben sich einige Physiker für die Quantenverbundenheit ausgesprochen, egal, wie merkwürdig sie erscheinen muß. Vgl. auch QUIP.

EVERETT-WHEELER-GRAHAM-MODELL: Eine Alternative zu Bells Theorem und der Kopenhagener Interpretation (vgl. unten). Laut Everett, Wheeler und Graham geschieht alles, was dem Zustandsvektor (vgl. unten) geschehen *kann,* auch tatsächlich. Das ist Brownsche Form von *Das Universum nebenan*.

FORM: Im Sinne von G. Spencer Brown ein mathematisches oder logisches System, das für systematisches Denken notwendig ist, aber die unausweichliche Konsequenz hat, seine eigenen tiefen Strukturen auf die Erfahrungen, die in der Form verpackt und katalogisiert sind, zu übertragen. Vgl. KOPENHAGENER INTERPRETATION.

INFORMATION: Ein Maßstab für die Unvorhersagbarkeit einer Botschaft; das heißt, je unvorhersagbarer eine Botschaft ist, um so mehr Information enthält sie. Da Systeme zu Unordnung neigen (vgl. das Zweite Gesetz der Thermodynamik), können wir uns den Grad von Ordnung in einem System nach der Menge der darin enthaltenen Information vorstellen. Normalerweise wird Information als Ordnen von Energie (ein Signal) verstanden, in der die Energie und ihre Regelung (die Botschaft) von einem Ort zum andern übertragen wird. Dr. Jack Sarfatti hat vorgeschlagen, daß die Nicht-Örtlichkeit des ERP-Effekts und Bells Theorem den augenblicklichen Transfer von Ordnung von einem Ort zum anderen *ohne jede Energieübertragung* erfordern. Auf diese Weise läßt sich sowohl an Bells Theorem wie auch an Spezieller Relativität festhalten, weil Spezielle Relativität nur den augenblicklichen Transfer von Energie verhindert, nichts aber über den augenblicklichen Transfer von Information aussagt.

KOPENHAGENER INTERPRETATION: Die Theorie, die von Niels Bohr formuliert wurde, gemäß welcher der Zustandsvektor (siehe unten) als mathematischer Formalismus betrachtet werden muß. Mit anderen Worten, gegen die einige Physiker Einspruch erheben werden, die Gleichungen der Quantenmechanik beschreiben nicht das, was in der subatomaren Welt passiert, sondern welche mathematischen Systeme wir überhaupt erst einmal *schaffen* müssen, um diese Welt zu denken.

KOSMISCHER LEIM: Eine Metapher, um die Quantenverbundenheit zu beschreiben, die existieren muß, wenn Bells Theorem richtig ist. Erfunden von Dr. Nick Herbert.

NEURO-: Ein Präfix mit der Bedeutung: «bekannt dem oder vermittelt durch das Nervensystem». Da alles menschliche Wissen in diesem Sinne neurologisch ist, kann jede Wissenschaft als Neurowissenschaft angesehen werden. Auf diese Weise haben wir es nicht mehr mit Physik, sondern Neurophysik, nicht mit Psychologie, sondern mit Neuropsychologie und schließlich nicht mit Neurologie, sondern Neuro-Neurologie zu tun. Aber auch die Neuro-Neurologie wäre dem Nervensystem bekannt und würde deshalb in unendlichem Rückzug zu Neuro-Neuro-Neurologie usw. führen. Vgl. VON NEUMANNS KATASTROPHE.

NICHT-OBJEKTIVITÄT: Eine der beiden Alternativen zu Bells Theorem (die andere ist das Everett-Wheeler-Graham-Modell). Um Nicht-Örtlichkeit zu verhindern, bevorzugen einige Physiker, unter ihnen auch Dr. John A. Wheeler, diese Möglichkeit, die besagt, daß das Universum keine Realität außer der Beobachtung hat. Die extreme Form dieser Theorie lautet: «Esse est percepi» – Sein bedeutet, verstanden zu werden. Dies ist die Form von *Die Brieftauben*.

NICHT-ÖRTLICH: Nicht abhängig von Raum und Zeit. Ein nicht-örtlicher Effekt tritt augenblicklich und ohne Abschwächung als Folge von Distanz auf. Die Spezielle Relativität scheint alle nicht-örtlichen Effekte zu verbieten, doch Bells Theorem scheint zu beweisen, daß die Quantenmechanik sie erfordert. Die einzigen, bisher zur Verfügung gestellten Lösungen dieses Widerspruchs gehen dahin, daß entweder nicht-örtliche Effekte eher «Bewußtsein» als Energie involvieren (Walker, Herbert), oder daß sie eher «Information» als Energie involvieren (Sarfatti).

POTENTIA: Der Name, den Dr. Werner Heisenberg der angenommenen Sub-Quantenwelt gegeben hat. Raum und Zeit existieren in *potentia* nicht; aber alle Phänomene des Raum/Zeit-Modells stammen von *potentia* ab. Vgl. VERBORGENE VARIABLE und INFORMATION.

QUANTENMECHANIK: Ein mathematisches System, um den atomaren und subatomaren Bereich zu beschreiben. Es gibt keinen Zweifel darüber, wie man mit der Quantenmechanik arbeitet, das heißt, die Wahrscheinlichkeiten innerhalb dieses Bereichs berechnet. Die

Kontroversen zielen vielmehr darauf ab, was die Quantenmechanik bezüglich der Realität aussagt, die sich als Interpretation der *Quantenmechanik* verstehen läßt. Die wichtigsten Möglichkeiten der Interpretation sind die Kopenhagener Interpretation und/oder Nicht-Objektivität und/oder Bells Theorem und/oder Nicht- Örtlichkeit und/oder das Everett-Wheeler-Graham-Multi-Welt-Modell.

QUANTUM: Eine Einheit, deren Energie in einzelnen Gruppen auftreten; beispielsweise sind Photonen Quanten des elektromagnetischen Feldes. Quanten haben sowohl Wellen- als auch Teilchenaspekte, wobei der Wellenaspekt in der Wahrscheinlichkeit besteht, das Teilchen zu einer bestimmten Zeit an einem bestimmten Ort zu entdecken.

QUIP: Das *quantum inseparability principle* (Quantenunteilbarkeitsprinzip). Ein von Dr. Nick Herbert erfundenes Akronym, um sich auf die Nicht-Örtlichkeit zu beziehen, die implizit in der Einstein-Rosen-Podolsky-These und explizit in Bells Theorem auftaucht.

SYNCHRONIZITÄT: Ein Terminus, der von dem Psychologen Dr. C. G. Jung und dem Physiker Dr. Wolfgang Pauli eingeführt wurde, um Verbindungen oder bedeutungsvolle «Zufälle» zu definieren, die unter den Regeln von Ursache und Wirkung keinen Sinn ergeben. Gewisse Kreise sind der Ansicht, daß solche Verbindungen auf die Verborgene Variable bei der Arbeit oder eine Art von nicht-örtlichem Informationssystem hinweisen.

VERBORGENE VARIABLE: Eine Alternative zu Bell, Kopenhagen und Everett-Wheeler-Graham. So wie sie von Dr. David Bohm entwickelt wurde, geht die Theorie der Verborgenen Variablen davon aus, daß Quantenereignisse von einem Subquanten-System bestimmt werden, das entweder außerhalb oder vor dem uns bekannten Universum von Raum und Zeit operiert. Dr. Evan Harris Walker und Dr. Nick Herbert haben vorgeschlagen, daß die Verborgene Variable das Bewußtsein ist; Dr. Jack Sarfatti glaubt, daß sie Information ist.

VON NEUMANNS KATASTROPHE: oder besser, Von

Neumanns Katastrophe vom unendlichen Rückzug. Eine Demonstration Dr. John von Neumanns, derzufolge die Quantenmechanik einen unendlichen Rückzug von Berechnungen erfordert, ehe die Quantenunsicherheit beseitigt werden kann. Das heißt, jedes Meßinstrument ist selbst ein mit Unsicherheit behaftetes Quantensystem; ein zweites Meßsystem, welches das erste kontrollieren müßte, enthält wiederum seine eigene Quantenunsicherheiten und so fort, bis in Unendlichkeit. Wiener und andere haben darauf hingewiesen, daß diese Unsicherheit nur durch die Entscheidung des Experimentators abgestellt werden kann.
Vgl. NEURO-.

ZUSTANDSVEKTOR: Der mathematische Ausdruck, der einen von *zwei oder mehr* Zuständen beschreibt, in dem sich ein Quantensystem befinden kann; ein Elektron kann sich zum Beispiel in einem von zwei Drehzuständen befinden, die Aufdrehen und Abdrehen heißen. Das Amüsante an der Quantenmechanik ist, daß jeder Zustandsvektor als Überlagerung anderer Zustandsvektoren angesehen werden kann.

Stuart Wilde bei SPHINX

Affirmationen
Gedanken haben Schöpferkraft
207 Seiten, Festeinband
ISBN 3-89631-279-0

Geld – Fließende Energie
248 Seiten, Festeinband
ISBN 3-89631-172-7

Die Kraft ohne Grenzen
103 Seiten, Festeinband
ISBN 3-89631-276-6

Leben war nie als Kampf gedacht
Mehr wie ein Wandern durch ein sonniges Tal
von einem Punkt zum nächsten
60 Seiten, Festeinband
ISBN 3-89631-151-4

Wie kriege ich einen klaren Kopf?
Abschied vom Frust
80 Seiten, Festeinband
ISBN 3-89631-154-9

Wind des Wandels
Auf der Spur einer neuen Welt
320 Seiten, Festeinband
ISBN 3-89631-117-7

Wunder
Eine Anleitung in sieben Schritten
47 Seiten, Paperback
ISBN 3-89631-183-2

Stewart O'Nan

Stewart O'Nan wurde in Pittsburgh geboren und wuchs in Boston auf. Er arbeitete als Flugzeugingenier und studierte in Cornell Literatur. Heute lebt er mit seiner Frau in Avon, Connecticut. Für seinen Erstlingsroman «Engel im Schnee» erhielt Stewart O'Nan 1993 den William-Faulkner-Preis.

Sommer der Züge
Roman
Deutsch von Thomas Gunkel
512 Seiten. Gebunden und als rororo 22778
Der bewegende Roman einer Familie, deren Leben im Kriegssommer 1943 von lauten und leisen Katastrophen überschattet wird. O'Nans neuer Roman zählt zu den Werken, «die man leichtfüßig betritt und nur schweren Herzens wieder verläßt». *Neue Zürcher Zeitung*

Engel im Schnee *Roman*
Deutsch von Thomas Gunkel
256 Seiten. Gebunden und als rororo 22363
«Stewart O'Nan spürt die großen Tragödien menschlicher Verstrickungen auf. Sein spannendes Erzählwerk ist zum Heulen traurig und voller Schönheit, seine Sprache genau und von bestechendem Charme. Die literarische Szene ist um einen exzellenten Erzähler reicher geworden.»
Der Spiegel

Das Glück der anderen
Roman
Deutsch von Thomas Gunkel
224 Seiten. Gebunden

Literatur

Die Speed Queen *Roman*
Deutsch von Thomas Gunkel
480 Seiten. Gebunden und als rororo 22640
Margie Standiford sitzt in der Todeszelle eines Gefängnisses. Stunden vor der Hinrichtung spricht sie ihre Lebensgeschichte auf Band. Sie erzählt, wie sie zur «Speed Queen» wurde; wie aus dem Drogenkonsum mit ihrem Mann und ihrer – und seiner – Geliebten Dealen wurde, aus Dealen Raub und aus Raub vielfacher Mord.
«Ein großartiges Buch.»
Die Welt

Die Armee der Superhelden
Erzählungen
Paperback 22675 und als rororo 23023
In diesen preisgekrönten Erzählungen entfaltet Stewart O'Nan die ganze Bandbreite menschlichen Lebens zwischen Verzweiflung und Hoffnung.

Weiter Informationen in der **Rowohlt Revue**, kostenlos in Ihrer Buchhandlung, und im **Internet: www.rororo.de**

Harold Brodkey

Harold Brodkey wurde 1930 in Staunton, Illinois, geboren, wuchs in Missouri auf und absolvierte ein Literaturstudium in Harvard. Später ließ er sich als freier Schriftsteller nieder und unterrichtete amerikanische Literatur und Creative Writing in Cornell und an der City University of New York. Für sein Werk wurde er u. a. mit dem begehrten Prix de Rome und zweimal mit dem O. Henry Award ausgezeichnet. Er starb im Januar 1996 in New York an den Folgen von Aids.

Unschuld *Nahezu klassische Stories. Band 1*
Deutsch von Karin Graf, Dirk van Gunsteren, Thomas Piltz u. a.
464 Seiten. Gebunden und als rororo Band 13156

Engel *Nahezu klassische Stories. Band 2*
Deutsch von Dirk van Gunsteren, Jürg Laederach, Helga Pfetsch u. a.
528 Seiten. Gebunden und als rororo Band 13318

Profane Freundschaft *Roman*
Deutsch von Angela Praesent
544 Seiten. Gebunden und als rororo Band 13698
Der Roman ist «ein Kunstwerk von atemberaubender Intensität, ein Pandämonium der Leidenschaft wie der Angst, der Sucht wie der Flucht». *Die Zeit*

Die flüchtige Seele *Roman*
Deutsch von Angela Praesent
1344 Seiten. Gebunden und als rororo Band 13993

rororo Literatur

Venedig
Zusammengestellt, übersetzt und mit einem Nachwort von Angela Praesent. Mit Fotos von Guiseppe Bruno.
128 Seiten. Gebunden und als rororo Band 22443

Die Geschichte meines Todes
Deutsch von Angela Praesent
192 Seiten. Gebunden und als rororo Band 22283
Nach der Diagnose Aids im Frühjahr 1993 begann Harold Brodkey zu protokollieren, wie die tödliche Krankheit sein Leben veränderte und was sie seinem Körper, seinem Geist, seiner Frau und seinen Freunden antat.

Gast im Universum *Stories*
Deutsch von Angela Praesent
352 Seiten. Gebunden und als rororo Band 22687
Zehn neue, noch nie in Buchform publizierte Stories aus dem Nachlaß von Harold Brodkey.

Weitere Informationen in der **Rowohlt Revue**, kostenlos im Buchhandel, und im **Internet: www.rororo.de**

3638/4